神奇的几何辅助线

周春荔　编著

電子工業出版社
Publishing House of Electronics Industry
北京 · BEIJING

内 容 简 介

本书集周春荔教授毕生所学，将几何辅助线的添加方法和原理娓娓道来，充分体现"数学是智力的磨刀石，对于所有信奉教育的人而言，是一种不可缺少的思维训练”的育人作用。几何定理的证明，除少数简易的以外，必须添加有用的辅助线，否则就无从着手。辅助线的作法，千变万化，没有一定的方法可以遵循，所以是证题时最困难的一件事。在普通几何书中，很少有将几何辅助线的原理、方法和建构讲得如此清晰明了的，学生系统学习后，会得心应手解决几何相关问题。

图书在版编目（CIP）数据

神奇的几何辅助线 / 周春荔编著. —北京：电子工业出版社，2023.3
ISBN 978-7-121-45283-3

Ⅰ. ①神…　Ⅱ. ①周…　Ⅲ. ①几何－研究　Ⅳ. ①O18

中国国家版本馆 CIP 数据核字（2023）第 049825 号

责任编辑：葛卉婷　　　　　文字编辑：邓　峰
印　　刷：天津嘉恒印务有限公司
装　　订：天津嘉恒印务有限公司
出版发行：电子工业出版社
　　　　　北京市海淀区万寿路 173 信箱　　　邮编：100036
开　　本：787×1092　1/16　印张：11.5　字数：294.4 千字
版　　次：2023 年 3 月第 1 版
印　　次：2024 年 2 月第 2 次印刷
定　　价：49.80 元

凡所购买电子工业出版社图书有缺损问题，请向购买书店调换。若书店售缺，请与本社发行部联系，联系及邮购电话：（010）88254888，88258888。

质量投诉请发邮件至 zlts@phei.com.cn，盗版侵权举报请发邮件至 dbqq@phei.com.cn。

本书咨询联系方式：（010）88254052，dengf@phei.com.cn。

前　　言

著名数学教育家许莼舫先生（1906—1965）在《几何定理和证题》一书中曾写道："几何定理的证明，除少数简单的题目外，都需要添加辅助线. 辅助线的作法千变万化，没有一定的方法可以遵循，所以如何作辅助线是证明几何题时最困难的一件事. 由于无从谈起作辅助线的方法，所以很多几何书中宁可不说也不肯乱说，这使学生感觉十分头痛." 许老先生在书中为初学几何者叙述了一些作辅助线的大要，提纲挈领地提出了 10 点. 许老先生的提示，使作者从初中学几何时就不断思索并积累添加辅助线的方法. 与"教学有法，教无定法"类似，添加辅助线总体有法（规律），但对具体问题又无定法，会因人而异、因题而异. 数学老师在教学中总结了各种添加辅助线的模型，我们要进一步探索这些模型背后的图形变换原理与思维方式. "会当凌绝顶，一览众山小"，只有对规律有更深层次的理解，才能对几何证题和神奇的辅助线有更深刻的认识.

其实，学任何一门学科都要刻苦、认真，勤于思索，善于总结. 找到了学科的本质、方法的精髓，熟能生巧，最后总能够融会贯通，有所发现，有所创新，学习平面几何也是如此.

不会解几何题，根源并不在不会添加辅助线，要害在于对解题思维的基本理论知识和基本方法不够了解，或理解不够深刻. 因此，为了帮助大家学习如何添加辅助线，第 1 章我们先讲"几何证题知识概述"，简要介绍命题的四种形式与充分必要条件，解数学题的分析思路和几种探索证明途径. 按分析思路逐步实行，就可以顺利地解题成功. 而添加辅助线只是在展开思路遇阻时起到逢山开路，遇水架桥的作用，应是应运而生的，涉及的方法包括平面几何的初等变换（本书只限合同变换、位似变换、等积变形）、分合割补、运动变化等. 这些方法以简驭繁，能够像七巧板拼图那样变化出多彩奇妙的几何图形.

第 2 章“神奇的几何辅助线”，我们先通过简单的例题说明各种初等几何变换对添加辅助线的作用，然后通过讲解典型的几何问题，洞悉前人思考添加辅助线的秘密. 有诗为证：图形割补勾股弦，几何变换简驭繁，折叠剪拼难化易，学好规矩绘方圆.

从操作角度分析，添加辅助线是在构造图形，从思维角度看是数学的“建构思维”，将建构思维中通过添加辅助线解题的方法进一步升华，就是构造图形解题. 这就是第 3 章“例说构造图形解题”中要介绍的内容.

以上只是作者学习几何的一点儿粗浅体会，愿与读者交流共勉，希望能对几何爱好者有所助益，并期待与大家进一步深入展开对几何解题添加辅助线问题的探索.

首都师范大学数学科学学院
周春荔

2021 年 11 月 11 日

目　录

第1章　几何证题知识概述

著名数学家、数学教育家G. 波利亚（G.polya，1887—1985）在《怎样解题》一书中提出了解题的四个步骤：

G. 波利亚（polya 1887—1985）

1. 理解题意；
2. 制订解题计划；
3. 实施计划；
4. 检验、研究所得的解.

这四个步骤，第一步是基础，第二步是关键，包括解题能力、审题能力、分析能力、表达能力、检验与判断能力等，而其中最为重要的是寻求解题思路的分析能力，这是我们讨论的重点.

一个数学问题由已知（条件）和未知（所求结论）两部分组成. 分析问题，寻求解题思路，就是连通从已知到未知的逻辑通路. 寻求解题方法，对数学而言主要是运用形式逻辑的思维手段进行必要的探索，如推理小说中寻求破案线索一样，根据题设条件所提供的信息，用推理的方法来寻求解题的正确的思路和技巧. 菲尔兹奖获得者陶哲轩（Terence Tao）教授说："数学题或智力题，对现实中的数学（解决实际生活问题的数学）是十分重要的，如同寓言、童话和奇闻轶事对年轻人理解现实生活的重要性一样. 如果把学习数学比作勘探金矿，那么解决一个好的数学问题就近似于在寻找金矿时完成了一个'捉迷藏'的过程：你要去寻找一块金子，同时给了你挖掘它的合适工具（如已知条件）. 因为金子隐藏在一个不易发现的地方，要找到它，比随意挖掘更重要的是考虑正确的思路和技巧."

1.1 命题的四种形式与充分必要条件

1.1.1 命题的四种形式

一个数学问题，一般包括条件与结论两部分，记为“如果 A，那么 B”（或“若 A，则 B”）的形式，我们称它为一个**命题**. 一个命题可能是正确的（真），也可能是不成立的（假）. 我们的研究工作，就是要设法确认命题的真与假.

给出一个数学命题：“如果 A，那么 B”，其中 A 为命题的条件，B 为命题的结论. 我们将这个命题“如果 A，那么 B”当作**原命题**. 若交换它的条件与结论，即“如果 B，那么 A”，则称该命题为原命题的**逆命题**. 若否定原命题的条件和结论，用 $\overline{A}$ 表示“非 A”，$\overline{B}$ 表示“非 B”，可以即“如果 $\overline{A}$，那么 $\overline{B}$”，则称该命题为原命题的**否命题**. 若交换否命题的条件和结论，即“如果 $\overline{B}$，那么 $\overline{A}$”，则称该命题为原命题的**逆否命题.** 给定一个数学命题“如果 A，那么 B”作为**原命题**，一定可以写出它的**逆命题**、**否命题和逆否命题**.

请看下面例题，并判定各种形式的命题的真假.

例 1

给出命题：对顶角相等.

我们改写为“如果……，那么……”的形式.

原命题：如果两个角是对顶角，那么这两个角相等.（真）

逆命题：如果两个角相等，那么这两个角是对顶角.（假）

否命题：如果两个角不是对顶角，那么这两个角不相等.（假）

逆否命题：如果两个角不相等，那么这两个角不是对顶角.（真）

例 2

原命题：如果两个三角形的面积相等，那么这两个三角形全等.（假）

逆命题：如果两个三角形全等，那么这两个三角形的面积相等.（真）

否命题：如果两个三角形的面积不相等，那么这两个三角形不全等．（真）

逆否命题：如果两个三角形不全等，那么这两个三角形的面积不相等．

（假）

例 3

原命题：在$\triangle ABC$中，如果$\angle ACB=90^\circ$，那么$AC^2+BC^2=AB^2$．（真）

逆命题：在$\triangle ABC$中，如果$AC^2+BC^2=AB^2$，那么$\angle ACB=90^\circ$．（真）

否命题：在$\triangle ABC$中，如果$\angle ACB\neq 90^\circ$，那么$AC^2+BC^2\neq AB^2$．（真）

逆否命题：在$\triangle ABC$中，如果$AC^2+BC^2\neq AB^2$，那么$\angle ACB\neq 90^\circ$．（真）

例 4

原命题：如果线段$AB=CD$，那么线段AB与CD相交．（假）

逆命题：如果线段AB与CD相交，那么线段$AB=CD$．（假）

否命题：如果线段$AB\neq CD$，那么线段AB与CD不相交．（假）

逆否命题：如果线段AB与CD不相交，那么线段$AB\neq CD$．（假）

由上面的例题可以看出以下几点．

第一，一个命题无论真与假、对与错，它都由已知条件和结论两部分组成，可以一般地写为$A\to B$．

第二，任意一个数学命题，都可以变化出四种形式：

原命题：$A\to B$；　　逆命题：$B\to A$；

否命题：$\overline{A}\to\overline{B}$；　　逆否命题：$\overline{B}\to\overline{A}$．

第三，原命题与逆否命题**同真同假**；逆命题与否命题互为**逆否命题**，它们也**同真同假**．四种命题的关系如下图所示．

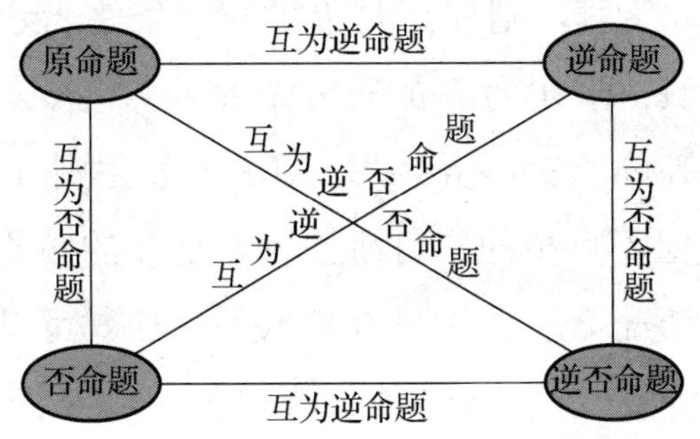

第四，由上图可知，要证明四个命题都成立，只需证其中互逆的一对命题成立即可.

第五，在数学中，被证明为真的命题，我们称为**定理**. 要证明一个命题为真命题，总要以前面已经被证明为真的命题为根据. 也就是说，后证明的定理，总要以前面的定理为根据，这样追溯下去，最前面总要有这样的命题是无法利用逻辑推理证明的. 这些排在最前面的不加逻辑证明而直接采用的命题：即"**数学需要用作自己出发点的少数思想上的规定**"（恩格斯语），在数学上称之为**公理**.

1.1.2 充分条件与必要条件

如果命题 $A \to B$ 为真，那么 A 与 B 之间有什么关系？

如果命题 $A \to B$ 为真，表明具备条件 A 时条件 B 必然成立，即条件 A 充分保证了条件 B 的出现，或者说条件 A 对条件 B 的成立起着充分保证的作用. 习惯上，称 A 是 B 的充分条件. 可见，一个数学定理的题设都是其题断的充分条件，数学定理一般是充分条件式的假言判断.

我们定义 A 为真，记为真值"1"，A 为假，记为真值"0"，见右表.

	A	B	$A \to B$
①	1	1	1
②	1	0	0
③	0	1	1
④	0	0	1

当 $A \to B$ 为真时，由 A 为真一定可以推出 B 为真，如若不然，如果 A 为真且 B 为假，将得出（由②）$A \to B$ 为假. 因此，$A \to B$ 为真且 A 为真，B 不能是假，所以 $A \to B$ 为真时，A 为真充分保证了 B 为真.

结论：如果 $A \to B$ 为真，则称 A 是 B 的充分条件. 反之，如果 A 是 B 的充分条件，则 $A \to B$ 为真. 即 A 为 B 的充分条件 $\xleftrightarrow{\text{等价于}}$ $A \to B$ 为真.

由于 $A \to B$ 为真等价于 $\overline{B} \to \overline{A}$ 为真. 即 B 不发生则 A 一定不发生，也就是具备 B 对 A 的发生是必不可少的，习惯上称 B 是 A 的必要条件.

当 $A \to B$ 为真的情况下，看 B 对 A 的关系，由③可见，B 为真，A 可能是假的，也就是 B 为真不一定能确保 A 为真，但 $A \to B$ 为真时，B 为假，则 A

必为假.

如若不然，若 A 为真且 B 为假，则 $A\to B$ 为假，与 $A\to B$ 为真矛盾. 所以 B 为真对 A 为真来说是必不可少的.

结论：当 $A\to B$ 为真时，B 是 A 的必要条件，反之，如果 B 是 A 的必要条件，则 $A\to B$ 为真. 即 B 是 A 的必要条件 $\xleftrightarrow{\text{等价于}}$ $A\to B$ 为真.

定义：“若 A，则 B”为真，则称 A 为 B 的充分条件，B 为 A 的必要条件.

定义：若“ $A\leftrightarrow B$ ”为真，则 A 为 B 的充分且必要条件，即充要条件.

如果给出两个条件 A 与 B，判定 A 是 B 或 B 是 A 的什么条件，可按如下步骤进行.

1. 组成命题 $A\to B$，与 $B\to A$.

2. 判断 $A\to B$ 的真假.

如果 $A\to B$ 为真，则 A 是 B 的充分条件，B 是 A 的必要条件.

如果 $A\to B$ 为假，再判断 $B\to A$.

如果 $B\to A$ 为真，则 B 是 A 的充分条件，A 是 B 的必要条件.

若 $A\to B$ 为真且 $B\to A$ 为真，即 $A\leftrightarrow B$ 为真，则 A 与 B 互为充要条件，即 A 与 B 等价.

若 $A\to B$ 为假，且 $B\to A$ 为假，则 A 不是 B 的充分条件，A 也不是 B 的必要条件.

以上步骤可简化为：

1. 组成命题 $A\to B$ 与命题 $B\to A$.

2. 判定命题 $A\to B$ 与命题 $B\to A$ 的真假.

3. 根据下表判定结论.

$A\to B$	1	0	1	0
$B\to A$	0	1	1	0
A 是 B 的……条件	充分不必要条件	必要不充分条件	充分且必要条件	既不充分也不必要条件

例 1

A：三角形三条边的比为 $3:4:5$.

B：这个三角形为直角三角形.

问：A 是 B 的什么条件？

解：① 考察 $A \to B$，三角形三条边的比为 $3:4:5$，显然这个三角形是直角三角形. 所以 $A \to B$ 真值为 1.

② 考察 $B \to A$，三角形为直角三角形，其三条边的比未必为 $3:4:5$，易知 $B \to A$ 真值为 0.

③ 对照判定表格，得 A 是 B 的充分不必要条件.

即三角形三条边的比为 $3:4:5$，是这个三角形是直角三角形的充分不必要条件.

例 2

在 $\triangle ABC$ 中，A：$\angle A = 100°$ 且 $\angle B = 40°$；B：$AB=AC$.

问：A 是 B 的什么条件？

解：① 考察 $A \to B$，在 $\triangle ABC$ 中，$\angle A = 100°$ 且 $\angle B = 40°$，则有 $\angle C = 40°$，所以 $AC=AB$. 所以 $A \to B$ 的真值为 1.

② 考察 $B \to A$，一个三角形中 $AB=AC$，未必有 $\angle A = 100°$ 且 $\angle B = 40°$，易知 $B \to A$ 的真值为 0.

③ 对照判断表格，得 A 是 B 的充分不必要条件.

即在 $\triangle ABC$ 中，$\angle A = 100°$ 且 $\angle B = 40°$，是 $AB=AC$ 的充分不必要条件.

例 3

A：三角形是直角三角形.

B：其三条边长等于 3，4，5.

问：A 是 B 的什么条件？

解：① 考察 $A \to B$，三角形是直角三角形，其三边可以是 5，12，13，不

一定是 3，4，5. 易知 $A\to B$ 的真值为 0.

② 考察 $B\to A$，三条边长等于 3，4，5 的三角形一定是直角三角形. 所以 $B\to A$ 的真值为 1.

③ 对照判断表格，得 A 是 B 的必要不充分条件.

即三角形是直角三角形为其三条边长等于 3，4，5 的必要不充分条件.

例 4

A: 两个三角形有一边及另外两边上的高线对应相等.

B: 这两个三角形全等.

问： A 是 B 的什么条件？

解： ① 考虑 $A\to B$，如图 1-1 所示，$\triangle ABT$ 与 $\triangle ACT$ 中，$\angle BAT=\angle CAT$，有边 $AT=AT$，高线 $TD=TE$，$AH=AH$，但 $\triangle ABT$ 与 $\triangle ACT$ 并不全等，所以 $A\to B$ 的真值为 0.

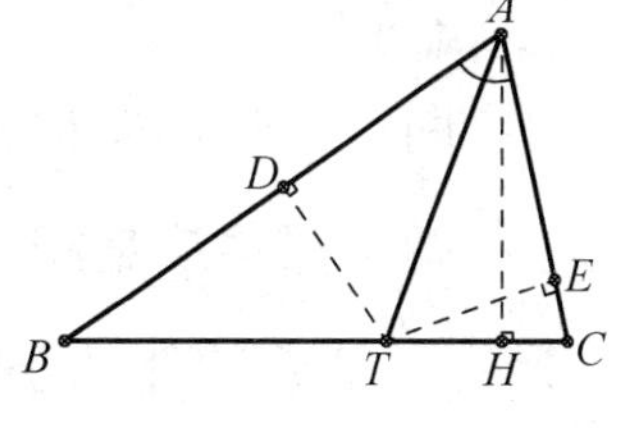

图 1-1

② 研究 $B\to A$，易知 $B\to A$ 的真值为 1.

③ 对照判断表格，得 A 是 B 的必要不充分条件.

即两个三角形有一边及另外两边上的高线对应相等，是两个三角形全等的必要不充分条件.

例 5

A：在 $\triangle ABC$ 中，三边 a，b，c 满足 $a^2+b^2=c^2$.

B：$\triangle ABC$ 为直角三角形.

问：A 是 B 的什么条件？

解： ① 考察 $A\to B$，根据勾股定理知 $A\to B$ 的真值为 1.

② 考察 $B\to A$，根据勾股定理逆定理知 $B\to A$ 的真值为 1.

③ 对照判断表格，得 A 是 B 的充分必要条件.

即 $\triangle ABC$ 三边 a，b，c 满足 $a^2+b^2=c^2$，是这个三角形为直角三角形的充要条件.

例 6

A：在$\triangle ABC$中，$AB=AC$.

B：$\angle ACB=\angle ABC$.

问：A是B的什么条件？

解：① 考察$A\to B$，根据等腰三角形两底角相等，知$A\to B$的真值为1.

② 考察$B\to A$，根据三角形中等角对等边，知$B\to A$的真值为1.

③ 对照判断表格，得A是B的充分必要条件.

即$\triangle ABC$中边$AB=AC$，是$\angle ACB=\angle ABC$的充分必要条件.

例 7

A：两个三角形面积相等.

B：两个三角形是相似三角形.

问：A是B的什么条件？

解：① 考察$A\to B$，面积相等的两个三角形未必相似，易知$A\to B$的真值为0.

② 考察$B\to A$，相似的两个三角形面积未必相等，易知$B\to A$的真值为0.

③ 对照判断表格，得A是B的既不充分也不必要条件.

即两个三角形面积相等，是这两个三角形相似的既不充分也不必要的条件.

例 8

$\triangle ABC$的三边为a，b，c，面积为S. $\triangle A_1B_1C_1$的三边为a_1，b_1，c_1，面积为S_1.

A：$a<a_1, b<b_1, c<c_1$.

B：$S<S_1$.

问：A是B的什么条件？

解：① 考察$A\to B$. 作$\triangle ABC$，使得$AB=BC=CA=100$，如图1-2所示. 作$\triangle A_1B_1C_1$，使得$B_1C_1=200$，$A_1B_1=A_1C_1=101$. 易知$S=\dfrac{\sqrt{3}}{4}\times 100^2>4000$.

而$\triangle A_1B_1C_1$中，B_1C_1边上的高$h=\sqrt{101^2-100^2}=\sqrt{201}<15$，$S_1=\dfrac{1}{2}\times 200\times h<$

$\dfrac{1}{2}\times 200\times 15=1500$．因此 $S>S_1$．由此表明，$A\to B$ 的真值为 0.

② 考察 $B\to A$. 如图 1-3 所示，作△ABC，使得 $AB=c=\sqrt{26}$，$AC=b=\sqrt{26}$，$BC=a=10$，则 $S=5$.

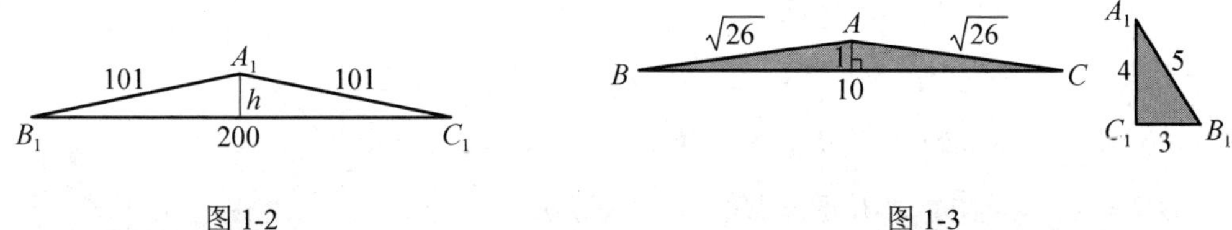

图 1-2　　　　图 1-3

作 Rt△$A_1B_1C_1$，$A_1B_1=c_1=5$，$A_1C_1=b_1=4$，$B_1C_1=a_1=3$，易知 $S_1=6$.

由 $S=5<6=S_1$，$a=10>3=a_1$，$b=\sqrt{26}>4=b_1$，$c=\sqrt{26}>5=c_1$，可知 $B\to A$ 的真值为 0.

③ 对照判断表格，得 A 是 B 的既不充分也不必要条件.

即在三边为 a，b，c，面积为 S 的△ABC，与三边为 a_1，b_1，c_1 面积为 S_1 的△$A_1B_1C_1$ 中，$a<a_1$，$b<b_1$，$c<c_1$，是 $S<S_1$ 的既不充分也不必要的条件.

在判定条件的问题中，构造反例是十分重要且困难的事情，对培训思维的严密性十分有益.

例 9

A：两个三角形的周长相等且面积也相等.

B：两个三角形全等.

问：A 是 B 的什么条件？

解： ① 研究 $A\to B$，如图 1-4 所示，这两个三角形周长相等，面积也相等，显然，它们并不全等. 所以 $A\to B$ 的真值为 0.

② 研究 $B\to A$，易知 $B\to A$ 的真值为 1.

③ 对照判断表格，得 A 是 B 的必要不充分条件.

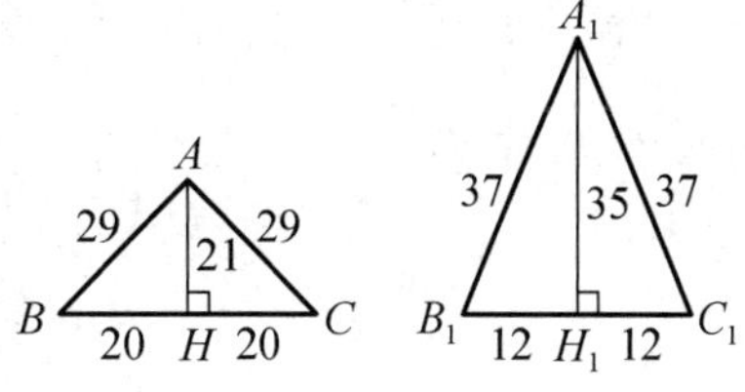

图 1-4

例 10

A：四边形的一组对边相等及一组对角相等.

B：四边形为平行四边形.

问：A 是 B 的什么条件？

解： ① 研究 $A\to B$，如图 1-5 所示，作$\triangle ABC_1$使 $AB=BC_1$，$\angle ABC_1=90^\circ$. 在 AC_1 上取点 D，使得$\angle ABD=30^\circ$，于是$\angle ADB=105^\circ$，$\angle C_1DB=75^\circ$.

作$\angle DBC=75^\circ$，$\angle BDC=60^\circ$. 易知$\triangle DBC_1\cong\triangle BDC$（ASA）. 所以 $DC=BC_1=AB$，$\angle C=\angle C_1=45^\circ=\angle A$.

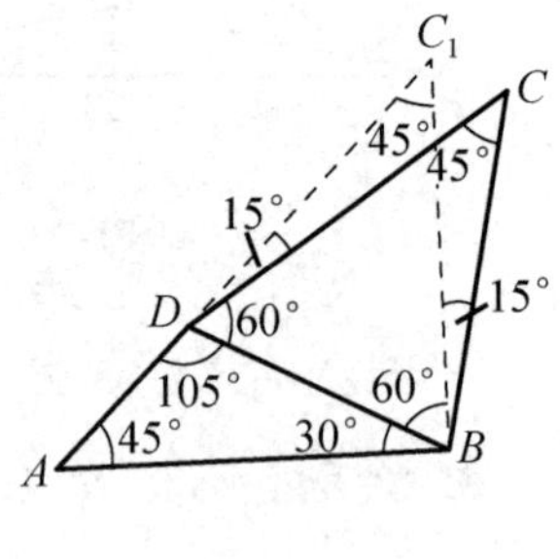

图 1-5

因此，四边形 $ABCD$ 中，$AB=DC$，$\angle A=\angle C$. 但 $ABCD$ 不是平行四边形.

所以 $A\to B$ 的真值为 0.

② 研究 $B\to A$，易知 $B\to A$ 的真值为 1.

③ 判断表格，得 A 是 B 的必要不充分条件.

例 11

A：三角形有两条外角平分线相等.

B：三角形是底和腰不等的等腰三角形.

问：A 是 B 的什么条件？

解： ① 研究 $A\to B$. 如图 1-6 所示，$\triangle ABC$ 中，$\angle A$ 的外角平分线交边 CB 的延长线于 D，$\angle B$ 的外角平分线交边 AC 的延长线于 E.

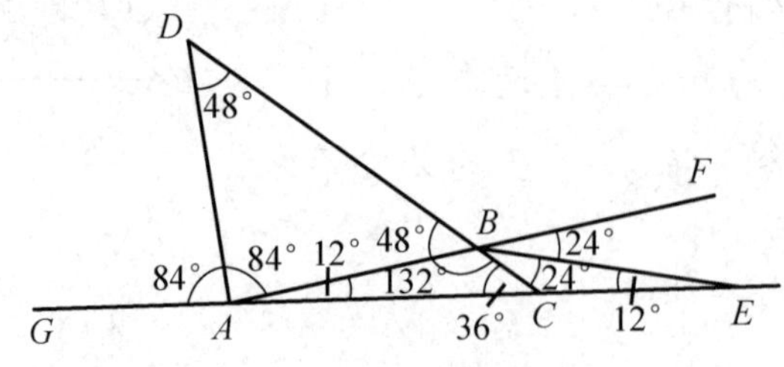

图 1-6

设 $AD=AB=BE$，令 $\angle BAC=\angle BEA=\alpha$，则 $\angle DAB=\dfrac{180^\circ-\alpha}{2}=90^\circ-\dfrac{\alpha}{2}$，$\angle ABD=\dfrac{180^\circ-\angle DAB}{2}=45^\circ+\dfrac{\alpha}{4}$.

另外，$\angle FBE=2\alpha$，所以 $\angle FBC=4\alpha$.

由 $\angle ABD=\angle FBC$ 得 $45^\circ+\dfrac{\alpha}{4}=4\alpha$，所以 $180^\circ=15\alpha$，即 $\alpha=12^\circ$.

进而可求得图中各角的度数，得出构造的图形. 因此 $A\to B$ 的真值为 0.

② 研究 $B\to A$，易知 $B\to A$ 的真值为 1.

③ 对照判断表格，得 A 是 B 的必要不充分条件.

1.2　分析数学题的思路

分析数学题目有分析与综合两种基本形式. 所谓分析，是从“未知”看“需知”，逐步靠拢“已知”；所谓综合，是从“已知”看“可知”，逐步推向“未知”. 本节重点介绍几种分析数学题思路.

1.2.1　倒推分析思路

倒推分析思路的要点是：假设题断成立，看“需知”什么条件成立. 一步一步探索使题断成立的充分条件，直到追溯到题设条件或显然成立的事实为止.

倒推分析思路，其实是由题断 B 出发的一个有向图（由“链”组成），每一步追溯的充分条件可能不止一个，有一些能一直追溯到条件 A，有些则不能.

用思维方法完成这个有向图的过程称为倒推分析. 其中，每个起于 B 的路称为一个逻辑链，而起于 B 止于 A 的逻辑链叫作一个倒推分析思路.

有的问题倒推分析思路比较简单，只有一条.

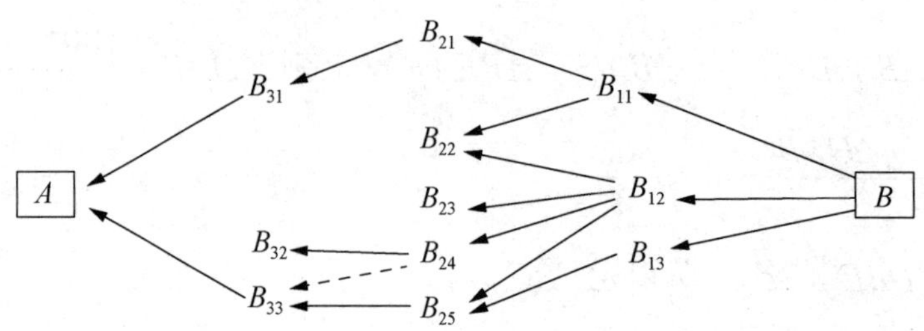

例 1

如图 1-7 所示，在△*ABC* 中，*AB*>*AC*，*D* 是中线 *AM* 上一点. 求证：$\angle DCB > \angle DBC$.

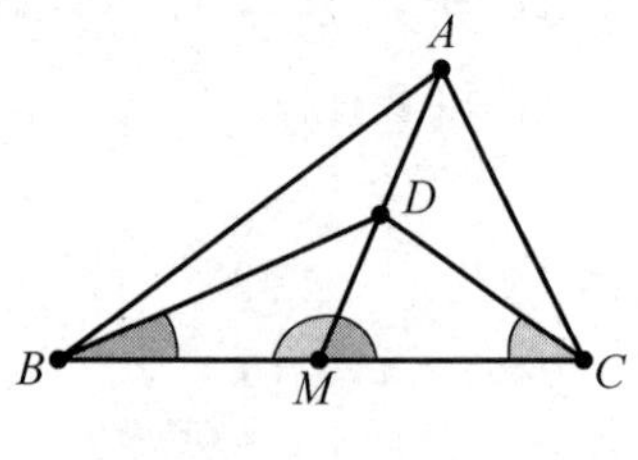

图 1-7

分析：要证 $\angle DCB > \angle DBC$，只需证明在△*DBC* 中，$DB > DC$.

在两对边对应相等（*BM*=*CM*，*DM*= *DM*）的两个三角形 *DBM* 与 *DCM* 中，要证 $DB > DC$，只需证明 $\angle BMD > \angle CMD$.

在两对边对应相等（*BM*=*CM*，*AM*=*AM*）的两个三角形 *ABM* 与 *ACM* 中，要证 $\angle BMD > \angle CMD$，只需证明 *AB*>*AC* 即可. 而这正是已知条件. 到此倒推思路已经清晰，正过来写即是证明.

这个问题的思路单一，比较容易掌握.

显然，如果一个问题的倒推分析思路不止一条，则题目的解法也就不止一种.

例 2

证明对任意直角三角形，成立关系式：$0.4 < \frac{r}{h} < 0.5$. 其中 *r* 是内切圆半径，*h* 是斜边上的高.

分析 1：设 *a*，*b* 为直角边，*c* 为斜边. 面积为 *S*. 如图 1-8 所示，有

$$\frac{a+b+c}{2} \cdot\ r = \frac{1}{2}hc.$$

$$\frac{r}{h} = \frac{c}{a+b+c}.$$

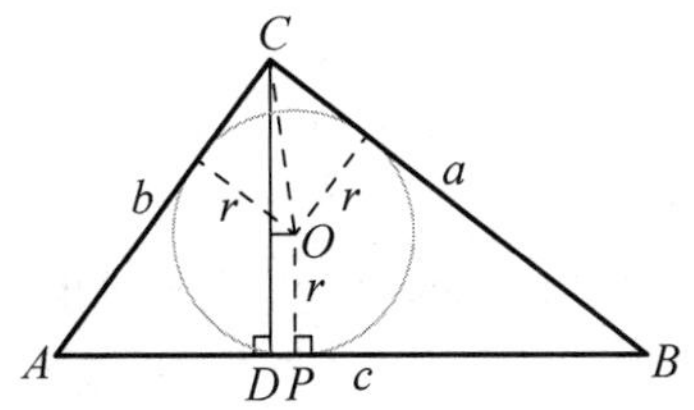

图 1-8

① 要证$\frac{r}{h}<0.5$，只需$\frac{c}{a+b+c}<\frac{1}{2}$，只需$2c<a+b+c$，只需$c<a+b$. 这是三角形不等式，显然成立.

② 要证$\frac{r}{h}>0.4$，只需$\frac{c}{a+b+c}>0.4$，只需$\frac{c}{a+b+c}\geqslant\sqrt{2}-1=\frac{1}{\sqrt{2}+1}$，只需$\sqrt{2}c+c\geqslant a+b+c$，只需$\sqrt{2}c\geqslant a+b$，只需$2c^2\geqslant(a+b)^2=a^2+2ab+b^2$，只需$2a^2+2b^2\geqslant a^2+2ab+b^2$，只需$a^2+b^2\geqslant 2ab$，只需$(a-b)^2\geqslant 0$. 这是显然成立的事实. 综合①，②，思路已经清晰，不难写出$0.4<\frac{r}{h}<0.5$的综合证明.

分析 2: ①要证$\frac{r}{h}<0.5$，只需证$2r<h$. 如图 1-8 所示，直角三角形斜边上的高大于内切圆的直径这是显然成立的事实.

②要证$\frac{r}{h}>0.4$，只需$\frac{c}{a+b+c}>0.4$，只需$\frac{r}{h}\geqslant\sqrt{2}-1=\frac{1}{\sqrt{2}+1}$，只需$(\sqrt{2}+1)r\geqslant h$. 如图 1-8 所示，有$CO=\sqrt{2}r$，$CO+OP=(\sqrt{2}+1)r$，只需$CO+OP\geqslant OD$. 这也是显然成立的事实. 综合①②，思路已经清晰，不难写出$0.4<\frac{r}{h}<0.5$的证明.

1.2.2　分析综合思路

这一思路的特点是：假设题断成立，看“需知”什么条件成立. 逐步上溯题断成立的充分条件；另一方面，从题设出发，看“可知”什么，逐步由题设推断出过渡性的结论. 如果在中间的某个环节，分析与综合到达同一个结论，这样就形成了一个分别起于 A 和 B，又都止于 C 的逻辑链：

$$A\to A_1\to A_2\to A_3\to\cdots\cdots\to C\leftarrow\cdots\cdots\leftarrow B_3\leftarrow B_2\leftarrow B_1\leftarrow B$$

这样的逻辑链叫作分析综合思路，也称为寻求“中途点”法.

例 1

若$x>0$，$y>0$，且$x+y=1$，求证：$\left(x+\frac{1}{x}\right)\left(y+\frac{1}{y}\right)\geqslant\frac{25}{4}$.

分析：若$\left(x+\frac{1}{x}\right)\left(y+\frac{1}{y}\right)\geqslant\frac{25}{4}$，只需$\left(\frac{x^2+1}{x}\right)\left(\frac{y^2+1}{y}\right)\geqslant\frac{25}{4}$

只需$4(x^2+1)(y^2+1)\geqslant 25xy$，

只需$4x^2y^2+4x^2+4y^2+4-25xy\geqslant 0$，

只需$4x^2y^2+4(x+y)^2+4-33xy\geqslant 0$，

因为$x+y=1$，所以只需$4x^2y^2-33xy+8\geqslant 0$，

只需$(xy-8)(4xy-1)\geqslant 0$，

因为$1=(x+y)^2=x^2+2xy+y^2=(x-y)^2+4xy$，

所以$4xy\leqslant 1$，则$4xy-1\leqslant 0$，更有$xy\leqslant\frac{1}{4}<8$，所以$xy-8<0$.

所以$(xy-8)(4xy-1)\geqslant 0$成立.

例 2

$\triangle ABC$的内切圆半径为r，边$BC=kr$. 由A点引向BC边的高等于$4r$. 试计算边AB、AC的值.

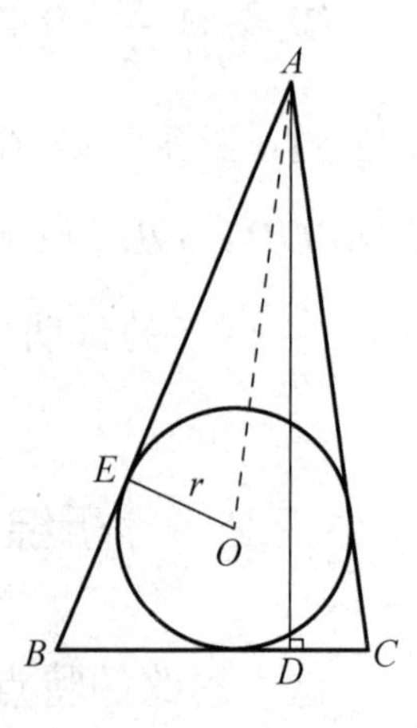

图 1-9

分析：如图 1-9 所示，因为$r=\frac{1}{2}AD\cdot BC=\frac{1}{2}4r\cdot kr=2kr^2$，其中$p=\frac{1}{2}$（$AB+BC+CA$），所以 $p=2kr$.

于是$AB+BC+AC=2p=4kr$，所以$AB+AC=4kr-kr=3kr$.

因此，要求AB，AC，只需设法求$AB\cdot AC$即可.

因为$\triangle ABC$面积$=\frac{1}{2}AB\cdot AC\sin A$

$$=\frac{1}{2}AD\cdot BC=2kr^2,$$

所以要求$AB\cdot AC$就要求$\sin A$. 而要求$\sin A$，只需知道$\frac{A}{2}$的三角函数值即可.

在 Rt$\triangle AOE$ 中，$OE=r$，$AE=p-BC=2kr-kr=kr$，

所以 $\tan\dfrac{A}{2}=\dfrac{OE}{AE}=\dfrac{r}{kr}=\dfrac{1}{k}$.

因此 $\sin A=\dfrac{2\tan\dfrac{A}{2}}{1+\tan^2\dfrac{A}{2}}=\dfrac{2k}{1+k^2}$，

所以由 $\dfrac{1}{2}AB\cdot AC\cdot\dfrac{2k}{1+k^2}=2kr^2$，可得 $AB\cdot AC=2(k^2+1)r^2$.

根据韦达公式，AB，AC 就是 $z^2-3krz+2(k^2+1)r^2=0$ 的两个根.

$$z_{1,2}=\frac{3kr\pm\sqrt{9k^2r^2-4\times2(k^2+1)r^2}}{2}=\frac{(3k\pm\sqrt{k^2-8})r}{2}$$

当 $k^2\geqslant8$ 时，即 $k\geqslant2\sqrt{2}$ 时问题有解：AB,AC 中的较大边为 $\dfrac{r(3k+\sqrt{k^2-8})}{2}$，较小边为 $\dfrac{r(3k-\sqrt{k^2-8})}{2}$.

1.2.3　反设分析思路

反设分析的要点是从题断的反面入手，因为题断的正面与其否定是对立的，二者又存在联系，是统一的. 证明题断的正确等价于证明题断否定的不正确.

例 1

给定一条线段 AB，大家都会用直尺和圆规画出它的中点 M. 这在数学上说明了线段 AB 中点的存在性.

请你证明线段 AB 的中点是唯一的.

大家会说："这还用证明吗？"一个东西若存在，并不能保证只有一个，即具有唯一性. 你怎么肯定线段 AB 的中点只有一个呢？因此需要我们讲出道理，以理服人，也就是必须证明.

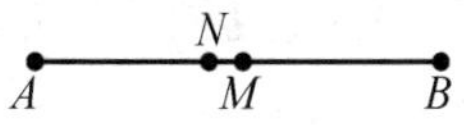

证明：如图 1-10 所示，已知 M 是线段 AB 的中点，即 $AM=MB$，设 AB 还有另一个中点 N，即 $AN=NB$，假设 N 不与 M 重合，不失一般性，不妨设 N 落在 M 左侧，

图 1-10

这样一来，$AM>AN=NB>MB$，与 $AM=MB$ 矛盾！所以点 N 必与点 M 重合，即线段 AB 的中点只能有一个. 于是我们证明了线段中点的唯一性.

例 2

在五边形 $ABCDE$ 中，$AB=BC=CD=DE=EA$，且 $\angle A \geqslant \angle B \geqslant \angle C \geqslant \angle D \geqslant \angle E$. 求证：$ABCDE$ 是正五边形.

分析：根据正五边形定义可知，要证五边形 $ABCDE$ 是正五边形，只需再证 $\angle A=\angle B=\angle C=\angle D=\angle E$ 即可.

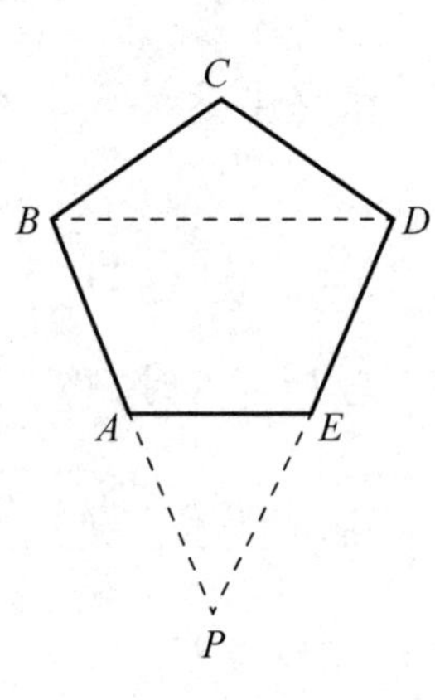

图 1-11

而已知 $\angle A \geqslant \angle B \geqslant \angle C \geqslant \angle D \geqslant \angle E$，所以只需再证 $\angle E \geqslant \angle A$ 就可以了.

直接证 $\angle E \geqslant \angle A$ 难以下手，不妨采用反设分析.

假设 $\angle E<\angle A$，如图 1-11 所示，延长 BA，DE 相交于点 P，则 $\angle EAP<\angle AEP$，因此 $AP>EP$.

连接 BD，在 $\triangle BPD$ 中，由 $BP>DP$ 得

$$\angle BDP>\angle DBP \quad ①$$

在 $\triangle BCD$ 中，由于 $BC=CD$，有

$$\angle CDB=\angle CBD \quad ②$$

①+②得

$\angle BDP+\angle CDB>\angle DBP+\angle CBD$，也就是 $\angle CDP>\angle CBP$，这与 $\angle D \leqslant \angle B$ 矛盾！

因此 $\angle E \geqslant \angle A$ 成立. 所以 $\angle A \geqslant \angle B \geqslant \angle C \geqslant \angle D \geqslant \angle E \geqslant \angle A$，即 $\angle A=\angle B=\angle C=\angle D=\angle E$. 又已知 $AB=BC=CD=DE=EA$，所以五边形 $ABCDE$ 是个正五边形.

例 3

给定五个半径不等的圆，其中任意四个圆都共点. 求证：这五个圆一定共点.

分析：设这五个圆的编号为①、②、③、④、⑤，假设这五个圆不共点，依题意可知其中任意四个圆都共点.

则设圆①、②、③、④有公共点 A;

②、③、④、⑤有公共点 B;

③、④、⑤、①有公共点 C.

由于假设这五个圆不共点，则 A，B，C 为两两不同的三个点.

但这三个点是圆③和圆④的公共点，也就是半径不同的两个圆③和④有三个不同的交点. 这与两圆相交至多有两个交点的结论相矛盾！所以这五个圆一定共点.

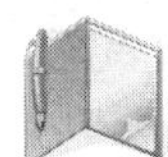 1.3　几种数学解题探索方法

1.3.1　试验发现法

从特殊、个别情况入手，发现规律，通过归纳概括等手段提出猜测而向一般情形推广，这是一种常用的方法.

例

四边形 $ABCD$ 的面积是 1. 在 BC 边上插入 $2n$ 个分点 P_1，P_2，…，P_{2n}，将 BC 边分为 $2n+1$ 等份. 在 AD 边上插入 $2n$ 个分点 Q_1，Q_2，…，Q_{2n}，将 AD 边分为 $2n+1$ 等份. 求四边形 $P_nP_{n+1}Q_{n+1}Q_n$ 的面积.

分析： 由简单情形入手，插入 2 个分点，如图 1-12 所示，寻找规律.

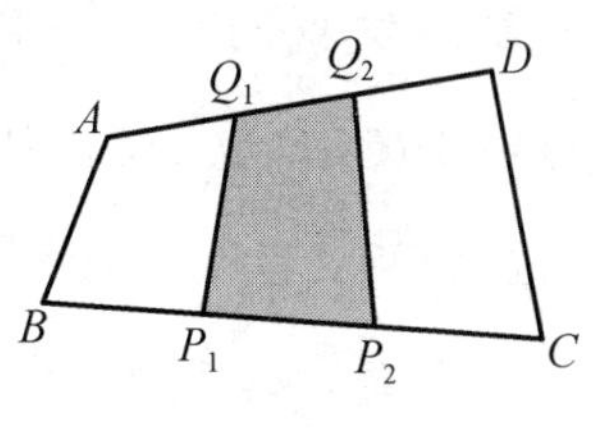

图 1-12

当在 BC 边插入 2 个等分点 P_1，P_2，在 AD 边插入 2 个等分点 Q_1，Q_2 时，易证四边形 $P_1P_2Q_2Q_1$ 的面积是 $\frac{1}{3}$.

当在 BC 边插入 4 个等分点 P_1，P_2，P_3，P_4，在 AD 边插入 4 个等分点 Q_1，Q_2，Q_3，Q_4，如图 1-13 所示，易证四边形 $P_2P_3Q_3Q_2$ 的面积是 $\frac{1}{5}$.

可以猜测，当在 BC 边插入 $2n$ 个等分点 P_1，P_2，…，P_{2n}，将 BC 边分为 $2n+1$ 等份，在 AD 边插入 $2n$ 个等分点 Q_1，Q_2，…，Q_{2n}，将 AD 边分为 $2n+1$ 等份，如图 1-14 所示，则四边形 $P_nP_{n+1}Q_{n+1}Q_n$ 的面积 $=\dfrac{1}{2n+1}$.

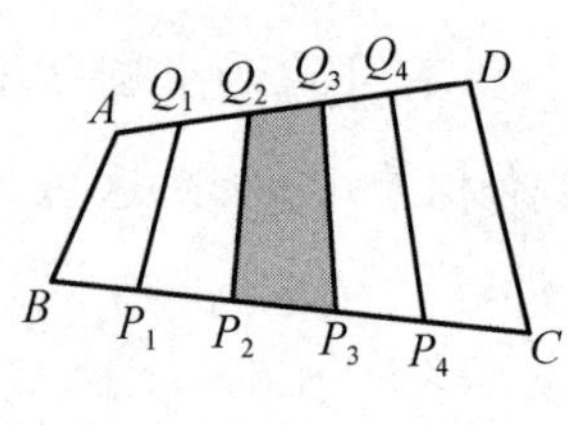

图 1-13

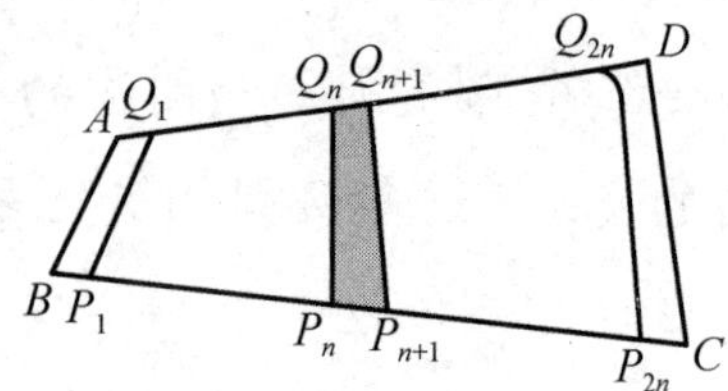

图 1-14

思考：若对边 AB，CD 也同时分为 $2n+1$ 等份，则中间交出的小四边形面积是多少？

1.3.2 联想类比法

联想类比法是寻求未知问题与我们已经学过的，或已经解决的问题的相似之处，从而找到解题的思路.

例

在 $\triangle ABC$ 内取一点 P，使 P 到三个顶点的距离之和 $PA+PB+PC$ 最小.

分析：正三角形内任一点到三边距离之和为定值，等于该正三角形的高. 考虑正三角形外接圆上一点到三个顶点距离的和何时最小. 联想这些已经会解的问题启发我们有如下解法，要取得最小值，根据经验猜测这一点位于 P_0，而 P_0 对 $\triangle ABC$ 三边 AB，BC，CA 的张角相等（$\angle AP_0B=\angle BP_0C=\angle CP_0A=120°$）时有最小值.

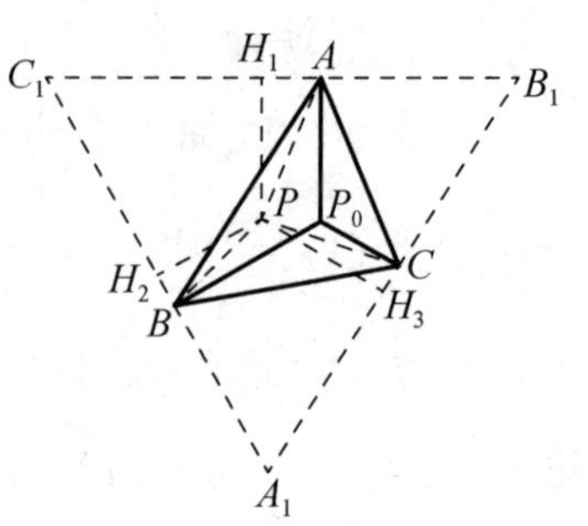

图 1-15

于是，过顶点 A，B，C 分别作 AP_0，BP_0，CP_0 的垂线，交成 $\triangle A_1B_1C_1$，则 $\triangle A_1B_1C_1$ 为正三角形. 如图 1-15 所示，$P_0A+P_0B+P_0C$ 为定值.

在 $\triangle ABC$ 内任取一点 P，连接 PA，PB，PC，P 到 $\triangle A_1B_1C_1$ 三边的距离分别为 PH_1，PH_2，PH_3，则

$PA \geqslant PH_1$，$PB \geqslant PH_2$，$PC \geqslant PH_3$，于是有

$$PA + PB + PC \geqslant PH_1 + PH_2 + PH_3 = P_0A + P_0B + P_0C.$$

这样就求得了问题的解.

1.3.3 反例证伪法

证伪有如证实，也是一种重要的科学方法. 对某一问题证伪，也就是对它的否命题进行证实. 证伪同样可以发现真理. 对一个命题证伪的方法主要是举反例.

例

设$\triangle ABC$的三边满足$AB+\frac{1}{AB}=BC+\frac{1}{BC}=CA+\frac{1}{CA}$，则$\triangle ABC$是正三角形，这个命题是真命题吗？

解：这个命题不是真命题，反例如下.

在$\triangle ABC$中，$AB=AC=2$，$BC=\frac{1}{2}$，满足$2+\frac{1}{2}=\frac{1}{2}+2=2+\frac{1}{2}$，但$\triangle ABC$不是正三角形（如图1-16所示）.

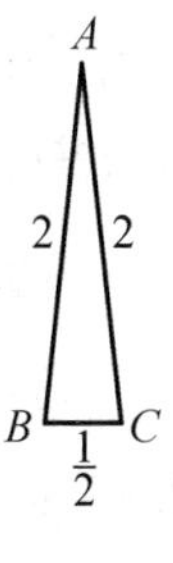

图1-16

1.3.4 图形解析法

数与形是数学中的两大柱石. 发现数与形的联系并加以应用，是学好数学的重要途径与方法. 小学生学习算术四则应用题时的图解法，已经体现了数与形的联系. 初中代数中数轴的引入，直接实现了数与形的统一，体现了数形结合的思想.

用勾股定理解题时，可以用线段作图来表示$\sqrt{a^2+b^2}$，其中$a>0$且$b>0$. 正实数可以用线段表示. 两个正数的和或差可以用两条线段的和或差表示. 正数a的平方可以表示为边长为a的正方形的面积. 当然，$\frac{a^2}{2}$可以用腰长为a的等腰直角三角形的面积来表示. 我们利用这些简单的基本关系式的图形表示及其组合，可以解决相关的数学问题.

例 1

今有雉兔同笼，上有三十五头,下有九十四足. 问雉、兔各几何?

这是我国古代记载最早的鸡兔同笼问题. 见于《孙子算经》里的下卷问题 31.

答曰：雉二十三，兔一十二.

图形巧解：我们可以这样考虑，既然雉、兔总头数为 35，如果能求得雉、兔头数之差，自然问题可转化为和差问题. 我们寻着这一思路进行探索.

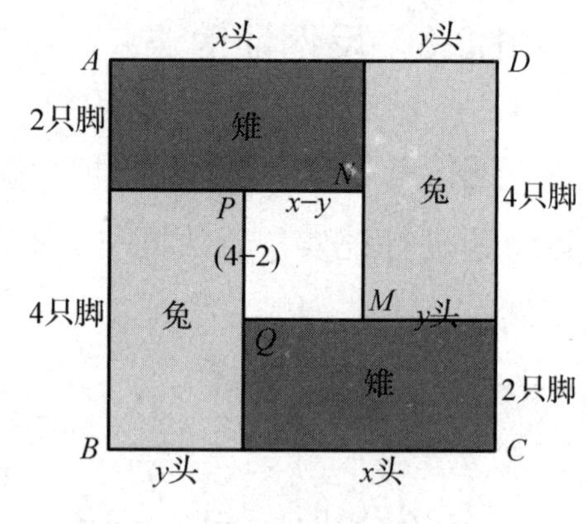

图 1-17

如图 1-17 所示，设雉 x 只，共 $2x$ 只脚（深色矩形），兔 y 只，共 $4y$ 只脚（浅色矩形）. 用两个深色矩形与两个浅色矩形拼成矩形 $ABCD$，中间空一个矩形 $PQMN$.

矩形 $ABCD$ 面积为 $(4+2)(x+y)=6x+6y=6(x+y)=6\times35=210$.

它等于两个深色矩形与两个浅色矩形面积之和再加上矩形 $PQMN$ 的面积 $2(x-y)$，因此 $210=2\times94+2(x-y)$，所以，$x-y=11$. 结合 $x+y=35$，立得雉的头数 $x=23$，兔的头数 $y=12$.

例 2

一组割草人要割掉两块草地的草. 大草地的面积是小草地的二倍. 全体割草人用半天时间割大草地，下午他们便对半分开，一半仍在大草地上，到傍晚时就把草割完；另一半到小草地上割草，到傍晚时还剩下一块. 这块地的草由一人用一天的时间就可以割完. 这组割草人共有多少个?

代数方法求解：设割草人总数为 x，每个割草人一天恰好能割完面积为 y 的草地上的草.

大草地上，上半天 x 个人共割了面积为 $\dfrac{xy}{2}$ 的草地，下午一半割草人又干了半天，再割了草地面积为 $\dfrac{xy}{4}$，这时大草地恰好割完，所以大草地面积为

$$\frac{xy}{2}+\frac{xy}{4}=\frac{3xy}{4}$$

我们再用 x，y 表示小草地，$\frac{x}{2}$个割草人割了半天，割草面积为$\frac{xy}{4}$，还剩下的一块恰好一个人一天可以割完，面积应为 y. 所以小草地面积为$\frac{xy}{4}+y=\frac{xy+4y}{4}$.

等量关系是“大草地的面积是小草地的二倍”，于是列出方程

$$\frac{3xy}{4}=2\times\frac{xy+4y}{4}$$

消去 y，得 $3x=2x+8$，也就是 $x=8$. 所以共有 8 个割草人.

要独立想到这个列方程的解法，一般说来并不轻松. 如果我们结合**直观图的算术解法**，就要简单得多.

如图 1-18 所示，因为大草地得用全体割草人割半天，还要半数割草人再割半天，很清楚，半数割草人半天能割这片大草地的$\frac{1}{3}$. 因此小草地上留下未割的一块是$\frac{1}{2}-\frac{1}{3}=\frac{1}{6}$，恰可由一个人一天割完. 也就是一个人一天割草面积为大草地的$\frac{1}{6}$，当天的割草地面积是$\frac{6}{6}+\frac{1}{3}=\frac{8}{6}$，所以割草人数应为 8 人.

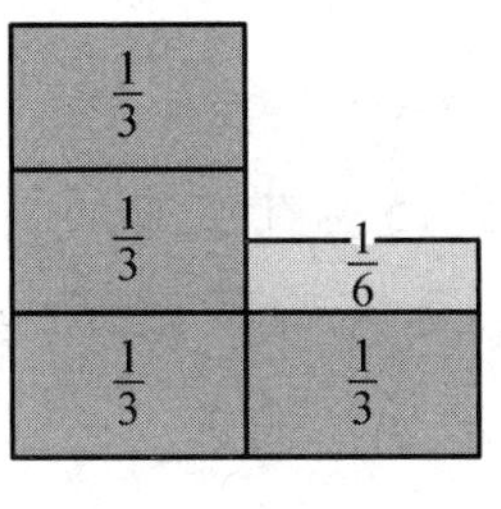

图 1-18

例 3

一个牧场，场上的草可供 27 头牛吃 6 个星期，或 23 头牛吃 9 个星期. 若给 21 头牛去吃，可几个星期吃完？（假定每星期新生的草量相等，每头牛每星期吃的草量也相等）.

分析：如图 1-19 所示，*AEFG*=23 头牛 9 星期吃的草. *ABCD*=27 头牛 6 星期吃的草. 我们知道牛吃去的草，一部分是原有的草，另一部分是新生的草，因此 *ABCD* 和 *AEFG* 里都包括两部分草. 因为假定每星期新生的草量相等，我们可以设 *AH* 代表每星期所生的新草（就是相当于 *AH* 头牛所吃去的草）. 作直线 *HI*，则 *AHJD* 就是 6 星期所生的新草，*HBCJ* 就是原有的草. 同样 *AHIG* 是 9 星期所生的新草，*HEFI* 就是原有的草. 原有的草量相等，因此 *HBCJ*=*HEFI*.

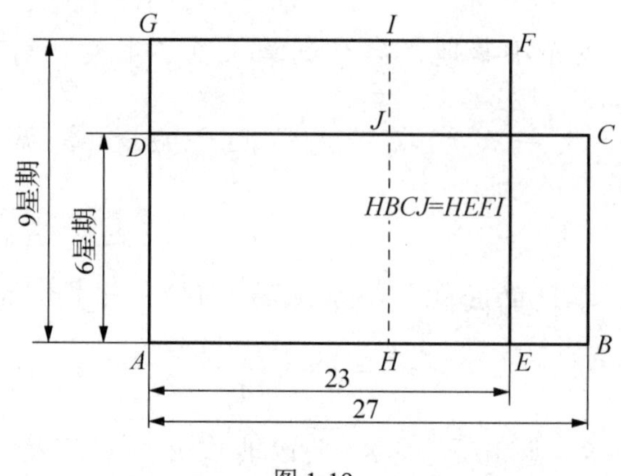

图 1-19

因此 $AEFG - ABCD = (AHIG + HEFI) - (AHJD + HBCJ) = AHIG - AHJD$

$$= 23\times9 - 27\times6 = 207 - 162 = 45.$$

$DG=9-6=3$，所以 $DJ = 45\div3=15$，即 $AH=15$. 也就是说，每星期新生的草相当于 15 头牛吃去的草.

原有的草 $HEFI = HE\times HI = (23-15)\times9 = 72$. 即原有的草相当于一头牛 72 星期吃的草.

这时我们就可以求 21 头牛吃的草了：因为每星期新生的草相当于 15 头牛一星期吃去的草，现 21 头牛吃草，可以把当中的 15 头牛看作专吃新生的草，余下的 6 头牛专吃原来的草，因此原来的草吃完的星期数，就是 21 头牛可以吃的星期数. 所求的答数是 72÷6=12（星期）. 就是 21 头牛可吃 12 个星期.

综和列式：

$\{[23-(23\times9-27\times6)\div(9-6)]\times9\}\div[21-(23\times9-27\times6)\div(9-6)]=12$（星期）.

例 4

正数 a，b，c，A，B，C 满足条件 $a+A=b+B=c+C=k$. 求证：$aB+bC+cA<k^2$.

这是第 21 届全苏数学竞赛八年级的一道试题. 我们先给出出题人给出的原代数解法，然后可以与我们的几何解法比较，更好地领悟几何图形解法的妙处.

代数解法：因为 $k^3=(a+A)(b+B)(c+C)$

$$=abc+Abc+acB+ABc+abC+AbC+aBC+ABC$$

$$= abc + ABC + aB(c+C) + cA(b+B) + bC(a+A)$$
$$> aBk + bCk + cAk = k(aB + bC + cA)$$

又因为 $k>0$，所以 $k^2>aB+bC+cA$，即 $aB+bC+cA<k^2$.

不难见到，完成以上代数解法，要求具备很好的因式分解的基本功.

几何证法 1: 将 k^2 看成边长为 k 的正方形面积. 先作一个边长为 k 的正方形 $PQMN$，设 $PQ=b+B$，$QM=a+A$.

若 $a\leqslant C$，则令 $PN=C+c$，$MN=A+a$，在正方形 $PQMN$ 内，如图 1-20 所示，构造面积为 aB，bC，cA 的三个长方形，三个未涂阴影的长方形面积之和恰为 $aB+bC+cA$，显然小于正方形 $PQMN$ 的面积 k^2.

若 $a>C$，则如图 1-21 所示，构造面积为 aB，bC，cA 的三个长方形，三个未涂阴影的长方形面积之和恰为 $aB+bC+cA$，显然也小于正方形 $PQMN$ 的面积 k^2.

这个证法简单明快，直观有趣，小学生也可以理解.

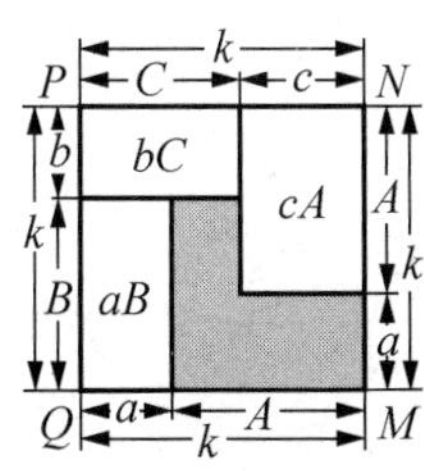

图 1-20

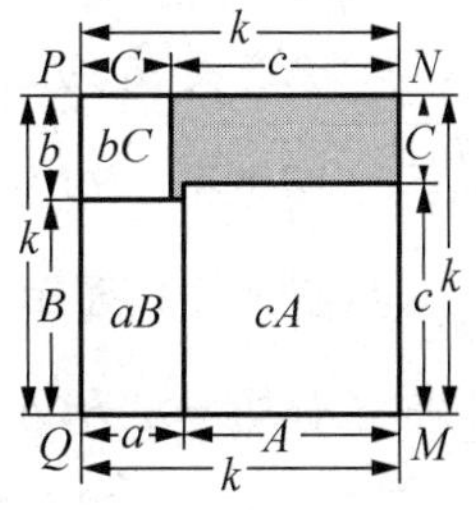

图 1-21

几何证法 2：注意条件 $a+A=b+B=c+C=k$ 和结论 $aB+bC+cA<k^2$，发现等价于 $\frac{1}{2}aB\sin 60^\circ+\frac{1}{2}bC\sin 60^\circ+\frac{1}{2}cA\sin 60^\circ<\frac{1}{2}k^2\sin 60^\circ$. 可以设法构造边长为 k 的等边三角形尝试解题.

如图 1-22 所示，作边长为 k 的等边三角形 MNT，在边 MN，NT，TM 上分别取点 P，Q，W. 使 $MP=A$，则 $PN=a$；$NQ=B$，则 $QT=b$；$TW=C$，则 $WM=c$. 连接 PQ，QW，WP.

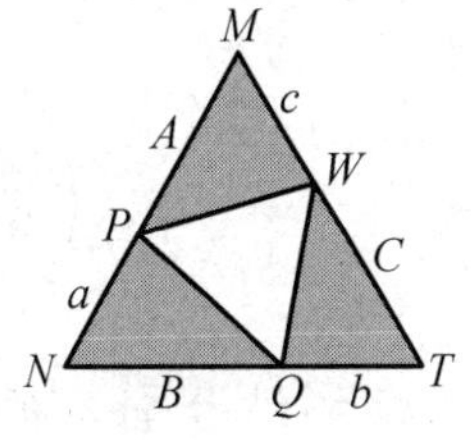

图 1-22

显然 $S_{\triangle NPQ}+S_{\triangle TQW}+S_{\triangle MPW}<S_{\triangle MNT}$，即

$$\frac{1}{2}aB\sin 60^\circ+\frac{1}{2}bC\sin 60^\circ+\frac{1}{2}cA\sin 60^\circ<\frac{1}{2}k^2\sin 60^\circ.$$

因为$\frac{1}{2}\sin 60^\circ>0$，约去$\frac{1}{2}\sin 60^\circ$，即得证$aB+bC+cA<k^2$.

如果题目条件中的数量关系有明显的几何意义，或以某种方式可与几何图形建立联系，则可设法构造图形，将题设条件中的数量关系直接在图形中实现，用构造的图形寻求所证的结论，称为构造图形解题法.

构造图形帮我们解题，重要的一点是熟悉基本代数关系式的几何意义. 证题过程实质是代数语言向图形语言的转换. **正如大数学家希尔伯特所说：算术符号是写出来的图形，而几何图形则是画出来的公式.** 其中的巧思构造会增加解题的美感，构造图形解题是发展数学创造性思维的一个有效途径.

例 5

若$x>0$，$y>0$，$z>0$. 求证：$\sqrt{x^2-xy+y^2}+\sqrt{y^2-yz+z^2}>\sqrt{z^2-zx+x^2}$.

解：注意到$x>0$，$y>0$，$z>0$，而$\sqrt{x^2-xy+y^2}=\sqrt{x^2+y^2-2xy\cos 60^\circ}$，可以表示以$x$，$y$为边夹角为$60^\circ$的三角形的第三边.

同理$\sqrt{y^2-yz+z^2}$，$\sqrt{z^2-zx+x^2}$也有类似的几何意义. 这样，如图 1-23 所示，构造顶点为O的四面体$O\text{-}ABC$，使得$\angle AOB=\angle BOC=\angle COA=60^\circ$，$OA=x$，$OB=y$，$OC=z$. 则有$AB=\sqrt{x^2-xy+y^2}$，$BC=\sqrt{y^2-yz+z^2}$，$CA=\sqrt{z^2-zx+x^2}$.

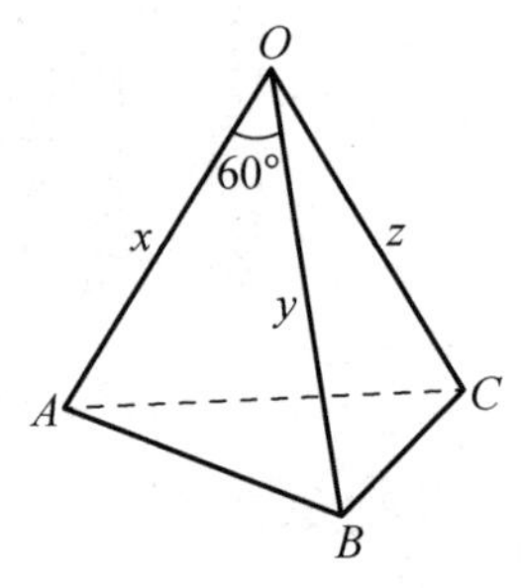

图 1-23

由△ABC中，$AB+BC>AC$，

所以$\sqrt{x^2-xy+y^2}+\sqrt{y^2-yz+z^2}>\sqrt{z^2-zx+x^2}$.

构造图形解题过程的程序框图是：

题设条件分析特点 —（几何作图 / 几何意义）→ 构造图形 —（在图形中寻求 / 或间接推理）→ 所求结论

数形结合引入的构造图形法体现了构造思想，可以进一步推广到其他的数学对象中，成为构造数学对象的极有特色的解题方法. 我们在本书第三章还要进一步研究该方法.

第 2 章　神奇的几何辅助线

解几何问题，往往需要在图中另外添加一些线，通常称为辅助线，在图中一般画为虚线. 常见的辅助线有直线、线段、射线、圆或圆弧等.

 2.1　添加辅助线的目的

解几何题是从题设条件出发，运用正确的逻辑推理，得到题断的结果.我们碰到的几何题有的不需要添加辅助线，有些则需要添加辅助线. 为什么有的几何题一定要添加辅助线？我们从具体例题谈起.

例 1

证明：如果一个锐角的两边分别平行于另一个锐角的两边，那么这两个锐角相等.

我们按以下四个步骤进行讲解.

第一步：画出图形（如图 2-1（a）、（b）所示）.

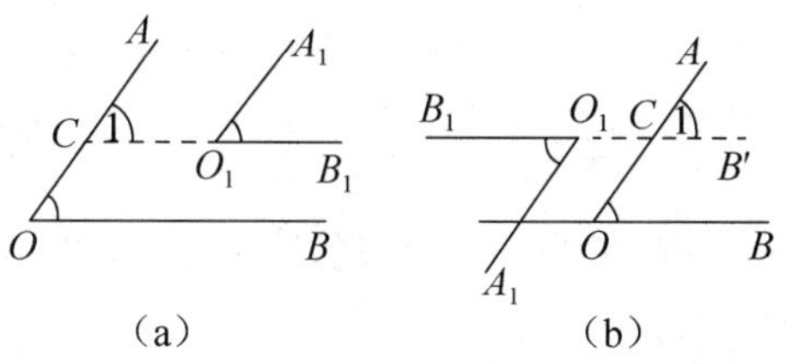

图 2-1

第二步：结合图形写出已知、求证. 已知$\angle AOB$，$\angle A_1O_1B_1$都是锐角，它们

的边 $OA//O_1A_1$，$OB//O_1B_1$. 求证：$\angle AOB=\angle A_1O_1B_1$.

第三步：分析. 要证 $\angle AOB=\angle A_1O_1B_1$，直接证有困难，但 $OA//O_1A_1$，$OB//O_1B_1$，设法构成两平行线被第三条直线所截的“基本图”，为此反向延长 O_1B_1 交 OA 于点 C，在图 2-1（a）中形成 $\angle ACB_1$（$\angle 1$），在图 2-1（b）中形成 $\angle ACB'$（$\angle 1$）. 这时，平行线 OA，O_1A_1 被直线 CB_1 所截，平行线 OB，O_1B_1 被直线 OA 所截，这样构成可应用平行线性质定理的情境.

第四步：写出证明. 反向延长 O_1B_1 交 OA 于点 C，在图 2-1（a）中记 $\angle ACB_1=\angle 1$.

因为 $CB_1//OB$（已知），

所以 $\angle AOB=\angle 1$（两直线平行，同位角相等）.

又因为 $OA//O_1A_1$（已知），

所以 $\angle 1=\angle A_1O_1B_1$（两直线平行，同位角相等）.

所以 $\angle AOB=\angle A_1O_1B_1$（等量代换）.

说明：对图 2-1（b）的情形，证法书写完全相同，只是 $\angle 1=\angle A_1O_1B_1$ 的理由应注：两直线平行，外错角相等.

以上四个步骤中，有时题目中直接给出图形，第一步可以省略，这时第二步中的已知与求证都由题目结合图形直接给出.第三步的分析并不一定要写出，而第四步的证明，大家在初学证明的阶段一定要认真写理由和根据，一方面对定义、定理的理解有强化作用，另一方面也便于检查推理是否正确，便于发现问题.

例 1 的结论以后可以作为定理使用，若将两个锐角改成两个钝角结论依然成立. 即如果一个钝角的两边分别平行于另一个钝角的两边，那么这两个钝角相等.

例 2

在四边形 $ABCD$ 中，$AB//CD$. M 为 AC 中点，N 为 BD 中点.

求证：$MN=\frac{1}{2}(AB+CD)$.

分析：MN 是梯形 $ABCD$ 的中位线.想到它与我们学过的三角形中位线定理. “在△ABC 中，M 为 AB 中点，N 为 AC 中点.则 $MN=\frac{1}{2}BC$” 十分类似，如

果将梯形的 D 点与 A 点重合，就变成了三角形的中位线定理，这使我们必然会想到能否将梯形中位线定理转化为应用三角形中位线定理来证明. 为此可以有多种途径实现这个想法，我们列举其中的 3 种.

① 如图 2-2（a）所示，连接 AN 并延长，交 CD 的延长线于点 E.

易证$\triangle ABN \cong \triangle EDN$，所以 $AB=DE$, $AN=EN$. 即 MN 是$\triangle ACE$ 的中位线，所以 $MN=\dfrac{1}{2}CE$，又因为 $CE=CD+DE=AB+CD$，所以 $MN=\dfrac{1}{2}(AB+CD)$.

② 如图 2-2（b）所示，将梯形 $ABCD$ 绕点 N 旋转$180°$，如图拼成平行四边形 ACA_1C_1. 易知 $2MN=MM_1=AC_1=AB+BC_1=AB+CD$，所以 $MN=\dfrac{1}{2}(AB+CD)$.

③ 如图 2-2（c）所示，过 N 作 $EF//AC$，交 CD 于 E，交 AB 延长线于 F.

则$\triangle BFN \cong \triangle DEN$，$AF=MN=CE$，

所以 $2MN=AF+CE=(AB+BF)+(CD-ED)=AB+CD$，

即 $MN=\dfrac{1}{2}(AB+CD)$.

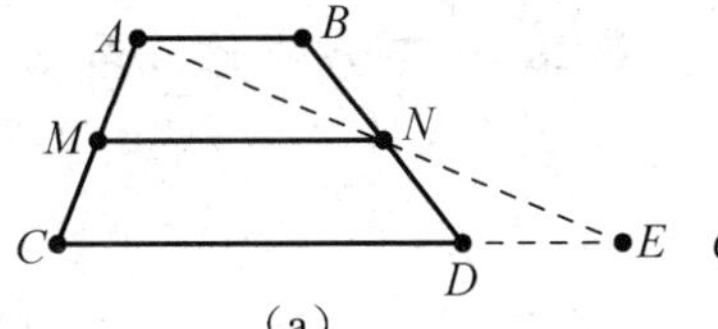

（a）

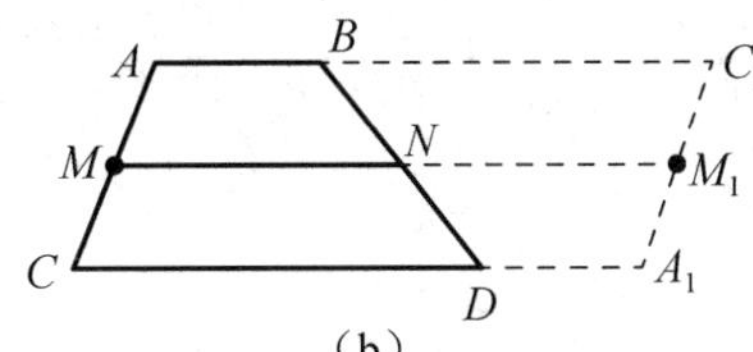

（b）

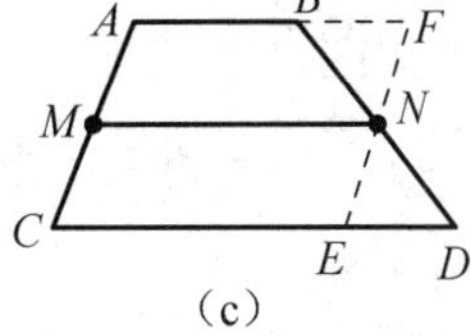

（c）

图 2-2

例 3

如图 2-3 所示，在$\triangle ABC$ 中，$AC>AB$，在 AC 上取一点 D，使 $CD=AB$，E 为 AD 中点，F 为 BC 中点，连接 FE 交 BA 的延长线于点 G. 求证 $AE=AG$.

分析： 如图 2-4 所示，要证 $AE=AG$，只需证$\angle 1=\angle 2$，问题的关键在于如何由 $CD=AB$ 等题设条件来证明$\angle 1=\angle 2$. 由于 AB，CD 位置分散，它们与$\angle 1$，$\angle 2$ 的联系不易直接观察到. 因此，必须设法添加辅助线使它们由分散状态变为相对集中的状态，使它们之间的联系由隐蔽变为明显.为此，连接 BD，取 BD 的中点 O，连接 OE，OF，这样就将$\angle 1$ “搬”到了$\angle 3$，$\angle 2$ “搬”到了$\angle 4$，AB，CD 的一半 “搬” 到了 OE 和 OF. 于是就把已知、求证中有关的元素相对集中在$\triangle OEF$ 中了. 容易见到，只要证得$\angle 3=\angle 4$，问题即可迎刃而解.

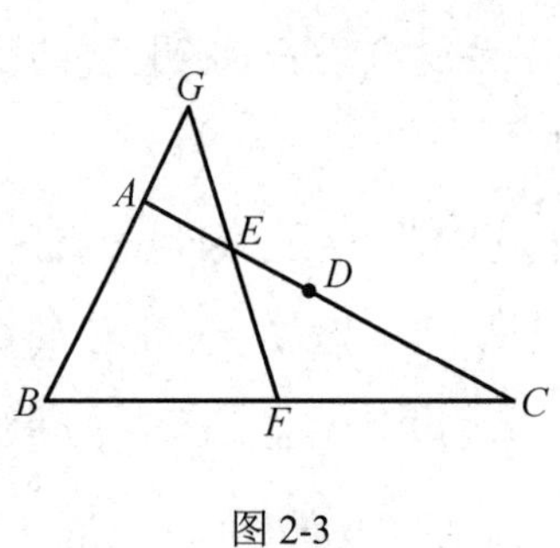

图 2-3

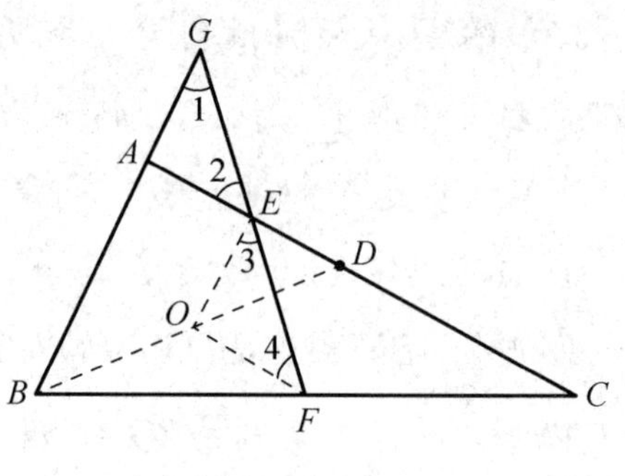

图 2-4

例 4

如图 2-5 所示，在四边形 $ABCD$ 中，$AB//DC$，$AD=DC=DB=p$，$BC=q$，求对角线 AC 的长.

分析： 注意题设 $AD=DC=DB=p$，易知 B，C，D 在以 D 为圆心，p 为半径的圆上. 因此以 D 为圆心，p 为半径作辅助圆，使隐蔽在题中的关系跃然纸上.

如图 2-6 所示，延长 CD 交圆于点 E，连接 AE. 易知，CE 为所作圆的直径，$CE=2p$，$\angle CAE=90°$.

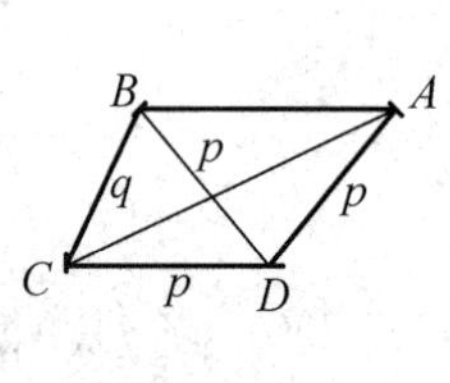

图 2-5

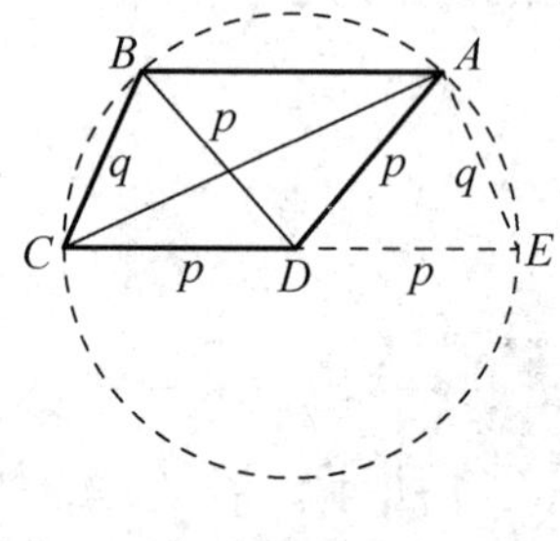

图 2-6

又因为 $BA//CE$，$AE=BC=q$，所以由勾股定理可以计算出 $AC^2=CE^2-AE^2=(2p)^2-q^2$，所以 $AC=\sqrt{4p^2-q^2}$.

例 5

在$\triangle ABC$中，$\angle B=2\angle A$，求证$b^2=a^2+ac$（其中 a，b，c 分别是$\angle A$，$\angle B$，$\angle C$ 的对边）.

分析： 要证$b^2=a^2+ac$，只需$b^2=a(a+c)$，即只需$b:a=(a+c):b$.

而要证$b:a=(a+c):b$，只需证b，a，$a+c$，b分别为一对相似三角形的两组对应边，且这对三角形要满足：①以b为公共边；②其中一个三角形要有一边为$a+c$.

“$a+c$”告诉我们要延长CB到D（如图 2-7 所示），使$BD=AB$（构造$CD=a+c$），连接AD，此时我们看到

要证$b:a=(a+c):b$，只需$\triangle ABC\backsim\triangle DAC$.

因为$\angle C$为公共角，所以只需证$\angle CAB=\angle D$.

而事实上，$\angle D=\frac{1}{2}\angle ABC$（因为$AB=BD$），所以只需$\angle CAB=\frac{1}{2}\angle ABC$，即$2\angle CAB=\angle ABC$就可以了. 这正是已知条件中给出的. 到此思路已经清晰，不难写出证明.

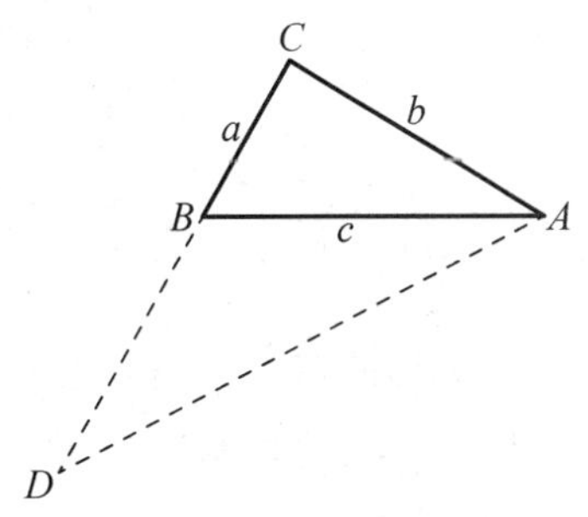

图 2-7

在例 5 中，若直接写出证明，你可能会觉得莫名其妙，图 2-7 中的辅助线真是从天而降的！但如果仔细研究探索过程，就会觉得顺理成章，非常自然. 探索的过程正体现了分析法，证明的过程则体现了综合法.

上述诸例表明，解几何题就是由已知出发，用形式逻辑的推理与量的计算，来探求新的、未知的结果. 一句话，就是要创造条件实现从已知向结论的转化. 实现这一转化，要求我们具体问题具体分析，而添加辅助线，正是我们创造转化条件的一部分，是为了联系几何元素之间的关系而架设的桥梁.

添加辅助线的总目的在于厘清解题思路，创设由已知条件向所求结论过渡的桥梁.

添加辅助线的作用：

（1）使复杂的问题化为我们所熟悉或早已掌握、解决的问题（如例 2 证明梯形中位线定理时通过添加辅助线把问题转化为三角形中位线定理）；

（2）使图形中隐蔽的关系显现出来（如例 4、例 5）；

（3）使不直接联系的元素发生联系（如例 1、例 3）.

添加辅助线既不可随心所欲地胡添乱画，也不可生硬地机械照搬.而是随着解题思路的展开，当碰到某些条件不能直接与结论发生联系时，为发掘、创设

与这些条件联系的途径，来设想和决定在图中添加什么辅助线与怎样去添加辅助线. 这正是理解添加辅助线方法的精髓.

2.2 添加辅助线的原则

原则一 化繁为简

添加辅助线有助于①把复杂的图形分解成简单的图形；②把复杂问题分割为若干个简单问题；③把不规则图形转化为规则图形.

无论添加辅助线怎样复杂，仔细分析，都是为了把某方面的“繁”化为“简”，从而以“简”来驾驭“繁”.

例 1

如图 2-8 所示，在$\triangle ABC$中，E是AC的中点，D是BC边上一点. 已知$BC=1$，$\angle ABC=60°$，$\angle BAC=100°$，$\angle CED=80°$. 求$\triangle ABC$的面积与 2 倍$\triangle CDE$的面积之和.

分析: 设$k=S_{\triangle ABC}+2S_{\triangle CDE}$，由于$\angle BCA=20°$，$\angle EDC=80°$，所以$CE=CD$.

直接计算两个三角形的面积很困难，会碰到求特殊角的三角函数值的问题. 但注意$\angle ABC=60°$这个条件，可以把$\triangle ABC$复原为一个边长为 1 的正三角形. 为此，如图 2-9 所示，延长BA到G，使$BG=BC=1$，连接CG，在AG上取点F，使$BA=GF$，连接CF，则易知$\triangle ABC\cong\triangle FGC$且$AC=FC$，$\angle ACF=20°$，于是$\triangle ACF\backsim\triangle ECD$，但$CA=2CE$，所以$S_{\triangle ACF}=4S_{\triangle CDE}$.

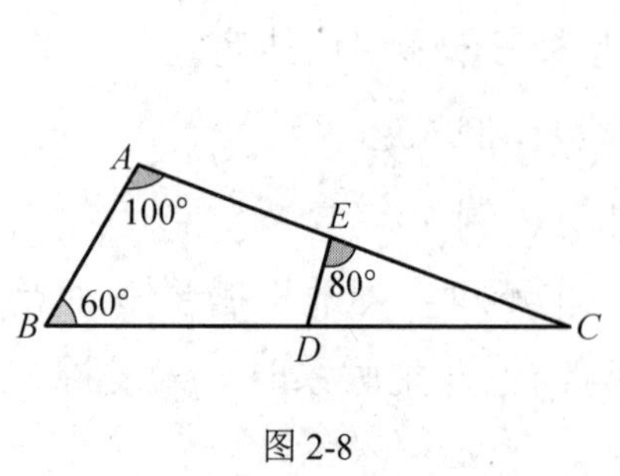

图 2-8

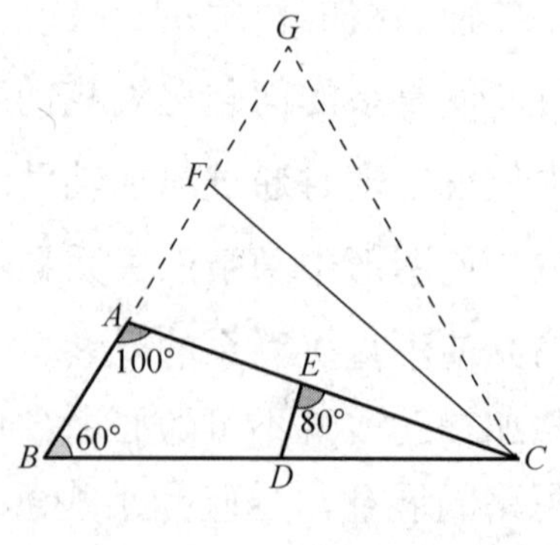

图 2-9

这时看到$S_{\triangle BCG}=2S_{\triangle ABC}+4S_{\triangle CDE}=\frac{\sqrt{3}}{4}$，

所以$k=S_{\triangle ABC}+2S_{\triangle CDE}=\frac{1}{2}S_{\triangle BCG}=\frac{\sqrt{3}}{8}$.

例 2

如图 2-10 所示，在四边形 *ABCD* 中，$\angle BCD=\angle BAD=90^\circ$，*BC*=*CD*.

求证：$AC=\frac{\sqrt{2}}{2}(AB+AD)$.

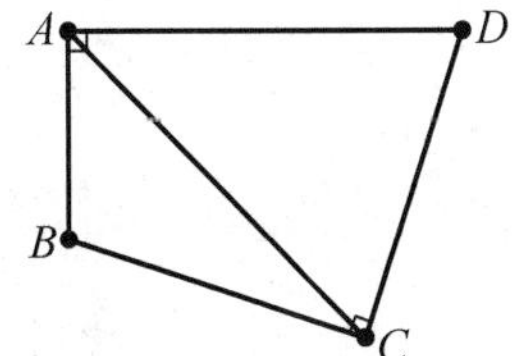

图 2-10

分析： 因为图中有两个直角，且 *BC*=*CD*，结论中有 *AB*+*AD*，因此设法将 *AB* 与 *AD* 拼接在一起.

如图 2-11 所示，将四边形 *ABCD* 绕 *C* 点接连 3 次旋转90°，由四个四边形 *ABCD* 组成正方形 *AEFG*.

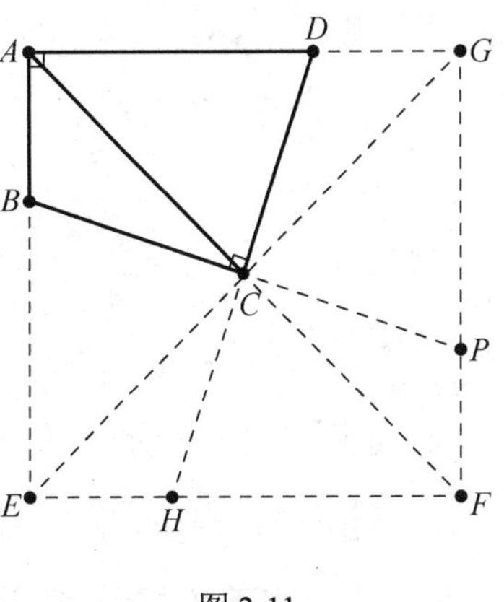

图 2-11

正方形的边长为 *AG*=*GD*+*AD*=*AB*+*AD*，*C* 为正方形 *AEFG* 的中心，*AC* 等于正方形 *AEFG* 对角线 *AF* 的一半.

所以$AC=\frac{1}{2}AF=\frac{1}{2}\left(\sqrt{2}AG\right)$，

因此$AC=\frac{\sqrt{2}}{2}(AB+AD)$.

该问题的证明是在补形后的正方形中实现的.

原则二　相对集中

添加辅助线常常要将已知和未知中的有关元素集中在同一个三角形中或集中在两个相关的（全等、两对边对应相等、相似）三角形中. 只有元素相对集中，才便于联系与比较，才能充分应用有关的几何定理.

例 3

如图 2-12 所示，在$\triangle ABC$中，经过 *BC* 中点 *M*，由垂直相交于 *M* 的两条直线，它们与 *AB*，*AC* 分别交于点 *D*，*E*. 求证：$BD+CE>DE$.

分析： 要证 $BD+CE>DE$，需要设法把这三条线段集中到同一个三角形中．为此，由 M 是 BC 的中点，$DM\perp EM$，使我们联想到用轴对称“翻折”的方法．

如图 2-13 所示，在 DM 的延长线上取 D'，使 $MD'=MD$，连接 ED'，CD'．易证 $ED'=DE$，$CD'=BD$．最终把 BD，DE，CE 三条线段以 CD'，ED'，CE 的“身份”集中到了$\triangle ECD'$中，根据三角形不等式，可得出 $BD+CE>DE$．

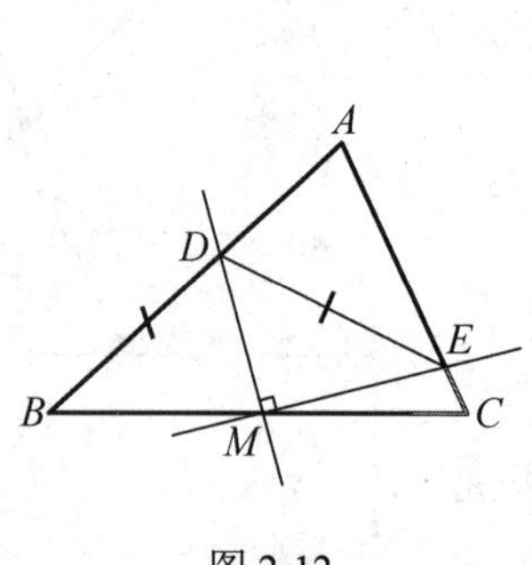

图 2-12

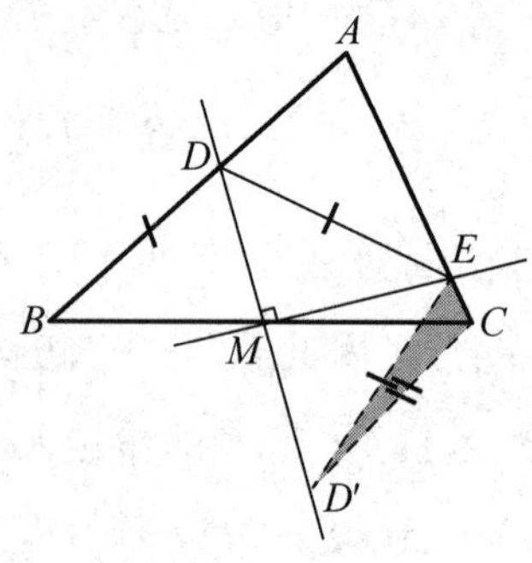

图 2-13

例 4

如图 2-14 所示，在六边形 $ABCDEF$ 中，$AB//ED$，$BC//FE$，$CD//AF$，且对边之差 $BC-FE=DE-BA=FA-DC>0$．求证：六边形 $ABCDEF$ 的各内角均相等．

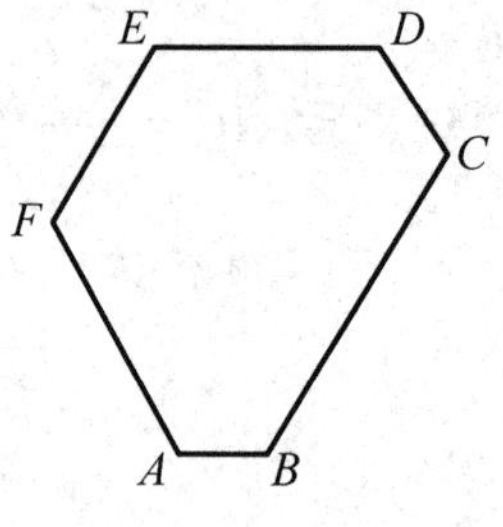

图 2-14

分析： 六边形内角和为 $720°$，要证各内角均相等，即证每个内角都等于 $120°$．因此，问题就是要在对边平行且对边之差相等的条件下，推出六边形每个内角都为 $120°$．而图中没有直接给出 $120°$ 的角，怎么办？只要有了 $60°$ 角就会产生 $120°$ 角，而 $60°$ 角来自等边三角形的内角，题设条件中三组对边之差相等，且三组对边分别平行，这就启示我们，可以通过平移将“三组对边之差”集中在一个三角形中．

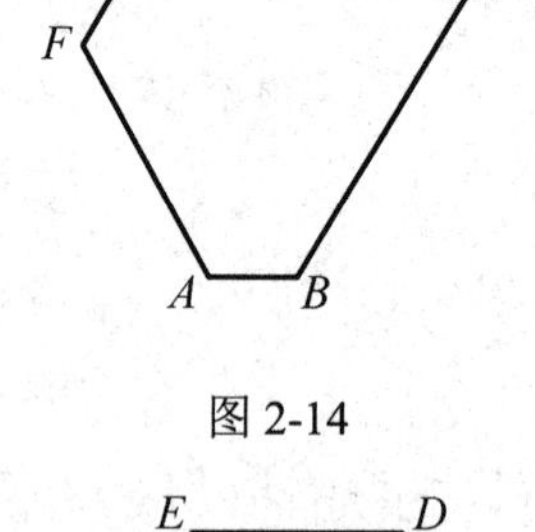

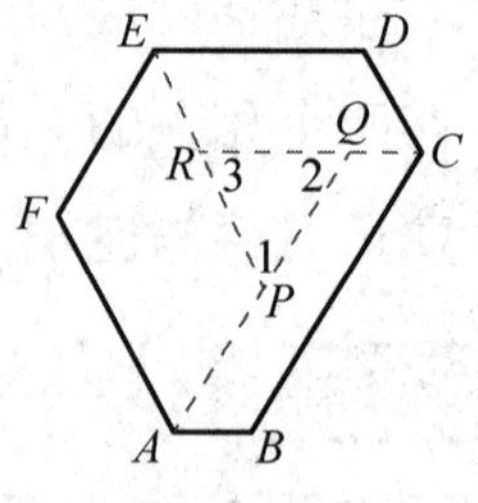

图 2-15

证明： 如图 2-15 所示，过 A 作 FE 的平行线，过 C 作 BA 的平行线，过 E 作 DC 的平行线．这三条平行线两两相

交，分别交于点 P，Q，R. 易知 $ABCQ$，$CDER$，$EFAP$ 均为平行四边形.

所以 $AQ \underline{\underline{/\!/}} BC$，$CR \underline{\underline{/\!/}} DE$，$EP \underline{\underline{/\!/}} FA$，$AP \underline{\underline{/\!/}} FE$，$CQ \underline{\underline{/\!/}} BA$，$ER \underline{\underline{/\!/}} DC$，故 $PQ = AQ - AP = BC - FE$，$QR = CR - CQ = DE - BA$，$RP = EP - ER = FA - DC$.

因为 $BC - FE = DE - BA = FA - DC > 0$，则 $PQ = QR = RP$.

所以 $\triangle PQR$ 为等边三角形，故 $\angle 1 = \angle 2 = \angle 3 = 60^\circ$. 因此 $\angle BCD = \angle DCR + \angle RCB = \angle 3 + \angle 2 = 120^\circ$，$\angle CDE = \angle ERC = 180^\circ - \angle 3 = 120^\circ$.

同理可证，$\angle ABC = \angle DEF = \angle EFA = \angle FAB = 120^\circ$.

原则三　作图构造

已知条件、求证结论中出现线段、角的和差倍分，可在图形中把它们的关系具体构造出来. 只要构造得当，往往有利于对问题的探索.

例 5

在 $\triangle ABC$ 中，AD 为 $\angle A$ 的平分线. 若 $AB + BD = m$，$AC - CD = n$，求 AD 的长.

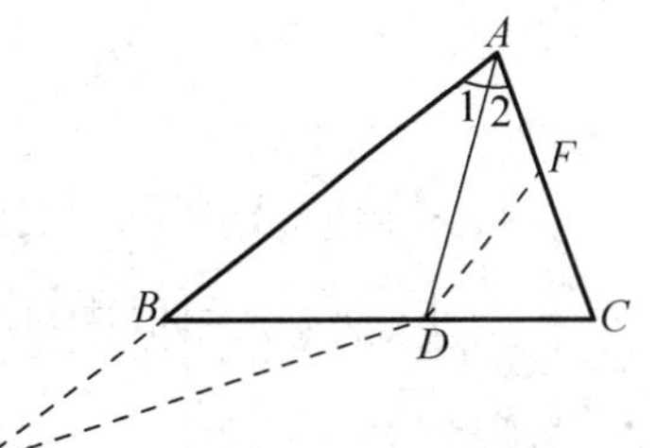

图 2-16

分析： 条件中出现 $AB + BD$，$AC - CD$，不妨在图中具体作图构造出来.

为此，如图 2-16 所示，延长 AB 至点 E，使 $BE=BD$. 则 $AE = AB + BD = m$，在 AC 上取点 F，使 $CF=CD$，则 $AF = AC - CD = n$.

连接 ED，DF，由 $\angle 1 = \angle 2$，容易想到可否通过$\triangle AED$与$\triangle ADF$相似来计算 AD. 因此要寻找另一对对应角相等.

我们不妨寻找 $\angle E$ 与 $\angle ADF$ 的关系，$\angle E = \dfrac{\angle ABC}{2}$，故只需证 $\angle ADF = \dfrac{\angle ABC}{2}$.

事实上，
$$\angle ADF = \angle CFD - \frac{\angle BAC}{2} = \frac{180^\circ - \angle C}{2} - \frac{\angle BAC}{2} = \frac{180^\circ - \angle C - \angle BAC}{2} = \frac{\angle ABC}{2}.$$

由以上分析，可知$\triangle AED \backsim \triangle ADF$，从而得出$AD^2 = mn$，所以$AD = \sqrt{mn}$.

例 6

在直角三角形中，a，b为直角边，c为斜边. 求证：$a+b \leqslant \sqrt{2}c$.

分析： 要证$a+b \leqslant \sqrt{2}c$，我们可以构造出$a+b$与$\sqrt{2}c$进行比较. 为此，如图 2-17 所示，作$DA \perp AB$于A，截取$DA = AB$，连接BD，则$BD = \sqrt{2}c$. 延长AC至点E，使$CE = BC$，则$AE = a+b$.

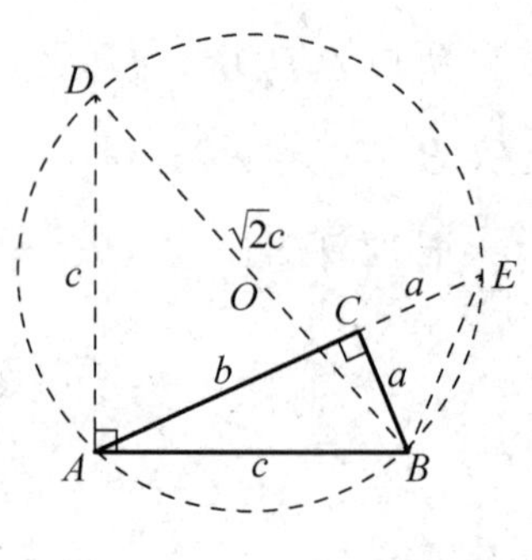

图 2-17

因此，要证$a+b \leqslant \sqrt{2}c$，只需$AE \leqslant BD$. 但由作法知$\angle ADB = \angle AEB = 45°$.

所以A, B, E, D四点共圆. 又因为$\angle BAD = 90°$，所以BD是该圆的直径.

弦AE不大于直径BD显然成立，这样，我们厘清了证明的思路.

原则四　显现特殊性

添加辅助线，可以在图形中构造出特殊角、特殊线、特殊点或图形的特殊性质，使隐藏于图形中的特殊性质显现出来.

例 7

过正方形$ABCD$的顶点A作直线l平行于对角线BD，以B为中心，BD为半径画弧交l于E(见图 2-18)，连接BE交AD于点F. 求证：$DE=DF$.

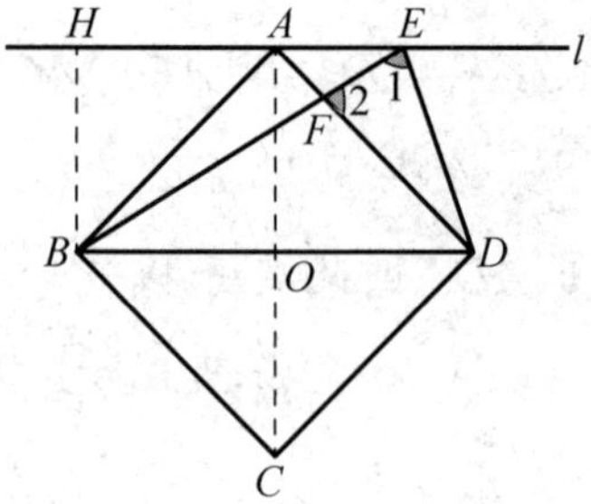

图 2-18

分析： 要证$DE=DF$，只需证$\angle 1 = \angle 2$，但使用该图证明$\angle 1 = \angle 2$很难达到目的. 原因在于隐藏在题中的条件还未仔细挖掘. 其实，连接AC交BD于点O，$AO = \dfrac{1}{2}BD$这个条件隐藏未用. 只要过B作$BH \perp l$于点H. 易知

$$BH = AO = \frac{1}{2}BD = \frac{1}{2}BE.$$

所以马上得出 $\angle HEB = 30^\circ$，$\angle EBD = 30^\circ$，此时

$$\angle 1 = \frac{180^\circ - \angle EBD}{2} = 75^\circ,$$

$$\angle 2 = \angle EBD + \angle ADB = 30^\circ + 45^\circ = 75^\circ.$$

所以 $\angle 1 = \angle 2$，问题迎刃而解.

2.3　名题剖析智慧精华

探索几何题中添加辅助线的方法，我们不妨对著名的勾股定理的不同典型证明进行剖析，从中来总结方法.

勾股定理揭示了直角三角形三边之间的度量关系：如图 2-19 所示，在△ ABC 中，$\angle C = 90^\circ$，$CB = a$，$AC = b$，$AB = c$，则有 $a^2 + b^2 = c^2$.

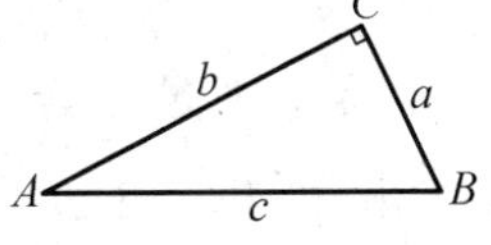

图 2-19

勾股定理是欧几里得几何中的重要定理之一，天文学家开普勒称勾股定理是几何定理中的“黄金”，有的数学家形象地称勾股定理是欧氏几何的“拱心石”. 勾股定理及其证明的文化内涵十分丰富. 几千年来人们给出的勾股定理的证法据说有一千多种，这里选取有代表性的几种证法进行剖析，从“拱心石”中获取理性的价值，从“黄金”中分享智慧的收益.

1. 《几何原本》中对勾股定理的证明，采用的是等积变形与面积割补的方法.

如图 2-20 所示，要证正方形 $ACIJ$ 与正方形 $BCHG$ 的面积之和等于大正方形 $ABEF$ 的面积，过 C 作 $CD \perp FE$ 于点 D，交 AB 于点 K，将大正方形 $ABEF$ 分成两个矩形. 只需证明左边的矩形 $AKDF$ 的面积等于左边的正方形 $ACIJ$ 的面积，右边的矩形 $BKDE$ 的面积等于右面的正方形 $BCHG$ 的面积.

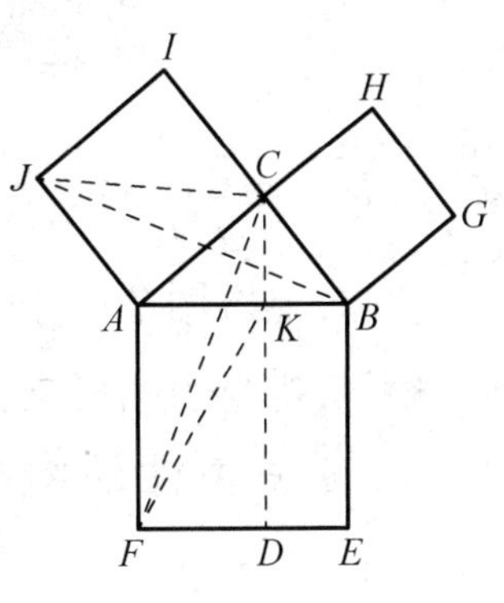

图 2-20

这时，连接 CJ，FK；连接 BJ，FC. 由 $CD/\!/AF$，

$AJ//BI$，$\triangle AFK$ 为矩形 $AKDF$ 的面积的 $\frac{1}{2}$，可等积变形为 $\triangle ACF$，$\triangle ACF$ 再以 A 为中心逆时针旋转 $90°$ 变为 $\triangle AJB$，$\triangle AJB$ 等积变形为 $\triangle CAJ$，恰为正方形 $ACIJ$ 的面积的 $\frac{1}{2}$. 因此得证，矩形 $AKDF$ 的面积等于正方形 $ACIJ$ 的面积；同法可证，矩形 $BKDE$ 的面积等于正方形 $BCHG$ 的面积. 将上述分析合在一起，可完成证明.

这种证明方法用了“分、等积变形、旋转变换、合”等操作，通过添加辅助线完成了证明.

2. 中华民族是擅长数学的民族，我国也是最早发现勾股定理的国家之一. 我国古代三国时期的数学家赵爽，就是利用“弦图”来证明勾股定理的. 图 2-21 的左图就是中国古算书中的“弦图”.“案弦图又可以勾股相乘为朱实二，倍之为朱实四，以勾股之差自相乘为中黄实，加差实亦成弦实.”

其意思是：设直角三角形的勾为 a，股为 b，弦为 c，ab 为两个红色直角三角形的面积，$2ab$ 为四个红色直角三角形的面积. 中黄实的面积为 $(a-b)^2$，中间的大正方形的面积为 c^2. 图 2-21 的左、右两图面积相等，去掉左图四角的四个直角三角形以及右图的两个矩形，立得 $c^2=a^2+b^2$.

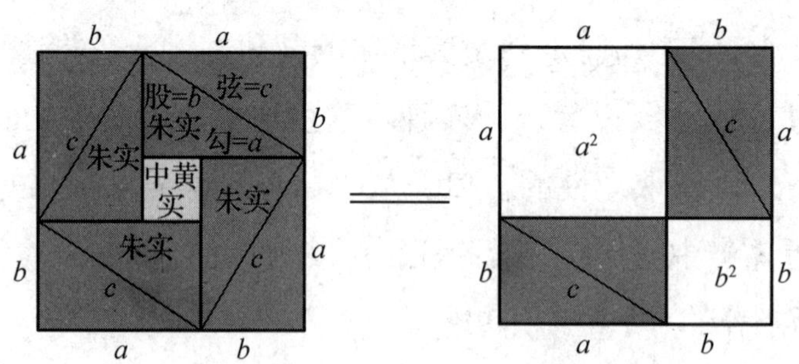

图 2-21

古人用拼图证明了勾股定理，其方法要点是构建“弦图”模型，通过比较两个面积相等的图形来证明的.

该证明方法的附带产品是弦图恒等式：若 $a>0$，$b>0$，则 $(a+b)^2=4ab+(a-b)^2$.

3. 文艺复兴时期达·芬奇的证法也是很有特色的.

如图 2-22 所示，在直角三角形 ABC 的三边上分别向外作正方形 $ABDE$，$AGFC$，$BCMN$.

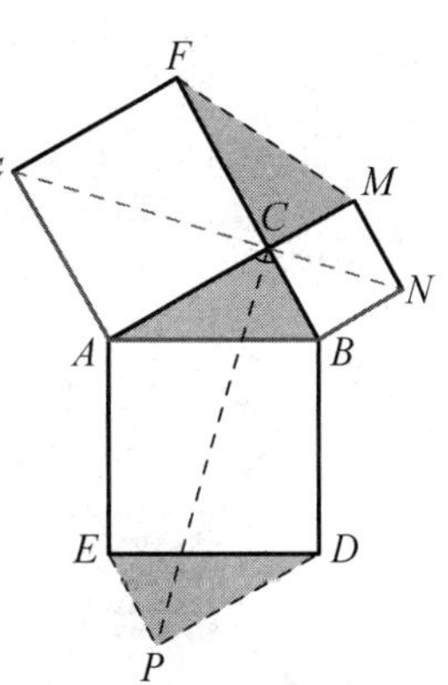

图 2-22

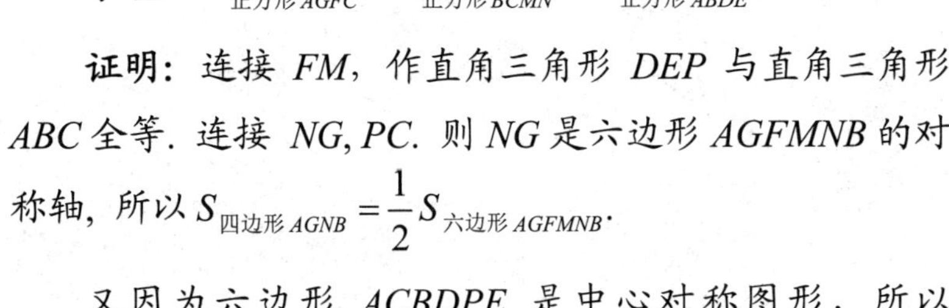

求证： $S_{正方形AGFC}+S_{正方形BCMN}=S_{正方形ABDE}$.

证明： 连接 FM，作直角三角形 DEP 与直角三角形 ABC 全等. 连接 NG, PC. 则 NG 是六边形 $AGFMNB$ 的对称轴，所以 $S_{四边形AGNB}=\frac{1}{2}S_{六边形AGFMNB}$.

又因为六边形 $ACBDPE$ 是中心对称图形，所以 $S_{四边形ACPE}=\frac{1}{2}S_{六边形ACBDPE}$.

因为以 A 为旋转中心，将四边形 $AGNB$ 顺时针旋转90°能与四边形 $ACPE$ 重合，所以四边形 $AGNB$ 的面积 = 四边形 $ACPE$ 的面积.

因此六边形 $AGFMNB$ 的面积 = 六边形 $ACBDPE$ 的面积，

即 $S_{AGFC}+S_{BCMN}+S_{\text{Rt}\triangle ABC}+S_{\text{Rt}\triangle FMC}=S_{ABDE}+S_{\text{Rt}\triangle ABC}+S_{\text{Rt}\triangle DEP}$.

注意到 $S_{\text{Rt}\triangle FMC}=S_{\text{Rt}\triangle ABC}=S_{\text{Rt}\triangle DEP}$，从上式两端消去两对面积相等的直角三角形得到 $S_{正方形AGFC}+S_{正方形BCMN}=S_{正方形ABDE}$. 因为可以证得勾股定理成立.

此证法利用补图、轴对称、中心对称、旋转等变换实现了添加辅助线.

4. 美国第 20 届总统加菲尔德（Garfield）也曾给出了勾股定理的一种证明. 如图 2-23 所示，他用两个全等的直角三角形和一个等腰直角三角形拼成一个直角梯形，利用此图形进行证明.

图 2-23

证明： 因为 $S_{梯形ABCD}=\frac{1}{2}(a+b)^2=\frac{1}{2}(a^2+2ab+b^2)$，

且 $S_{梯形ABCD}=\frac{1}{2}ab+\frac{1}{2}ba+\frac{1}{2}c^2=\frac{1}{2}(2ab+c^2)$.

比较上面两式，得 $a^2+2ab+b^2=2ab+c^2$，所以 $a^2+b^2=c^2$.

5. 著名数学史家伊夫斯在所著的《数学史导论》中推荐了一种“动态的证明”，如图 2-24 所示. 这种证法可以使大家在学习过程中认识变化、运动，还能领会在变化、运动中的事物也有恒定不变的因素. 其特点是从弦上的正方形连续作等积变换，直到分为勾、股上的两个正方形，使命题中的相等（面积）概念更加巩固.

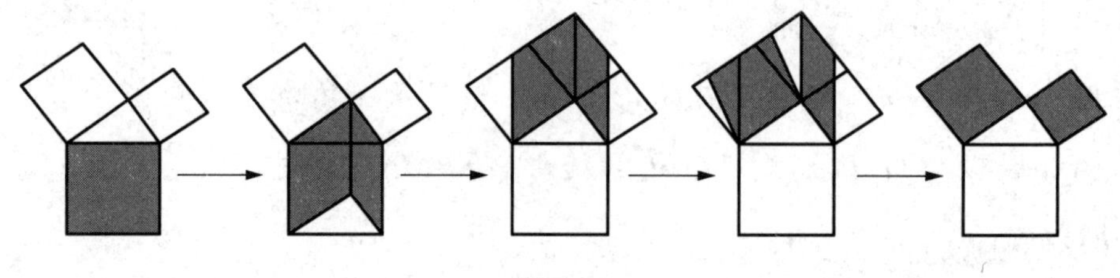

图 2-24

勾股定理的典型证明思路虽然不同，但在思路展开的过程中，存在如下的共同点：需要通过缜密构思，对图形进行分合、拼补的操作、构作以及相应的几何变换，添加辅助线是实现变换、构造的一种手段.

因此，添加辅助线的背景是图形变换，其思维方法属于图形建构，这是我们从勾股定理的证明方法中剖析到的智慧精华.

 2.4 图形变换与辅助线

我们从名题剖析中找到了添加辅助线的智慧精华，其手段是图形变换，思维方法是图形建构. 因此，我们有必要分类考察图形变换对添加辅助线、建构辅助图形的作用.

平面图形的初等变换种类很多，常用的有平移、对称、旋转、线段等比及等积移动等，其中平移、对称、旋转（含中心对称）是合同变换，它不改变线段的长度和角的大小；而相似变换保留线段间的比例关系，而线段本身的大小要改变；等积变形，只是图形在保持面积不变情况下的形变；此外，圆中弦的一侧所对的圆周角均相等，这可以看成一个角的顶点沿圆弧滑动，角的两边通过弦的两个端点的运动，这些都是初等变换手段.

下面分类例析这些变换在构建图形辅助线中所起的作用.

2.4.1　应用平移变换添加辅助线

将一个平面图形 F，按一定方向移动一个定距离，变成图形 F' 的几何变换，就是平行移动，简称平移. 其中“按一定方向（平移方向）”移动的“定距离（平移距离）”可以用向量 v 来刻画. 因此，平移变换记为 $T(v)$. 图形 F 在 $T(v)$ 下变为图形 F'，可以记为 $F \xrightarrow{T(v)} F'$，如图 2-25 所示.

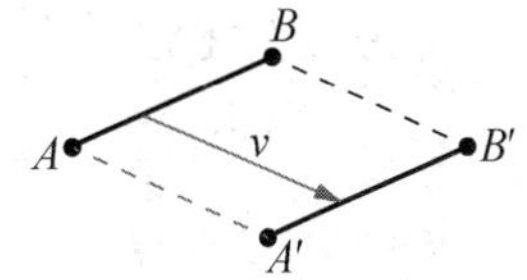

图 2-25

平移有下列基本性质：

1. 平移变换下，对应线段平行（或共线）且相等.

2. 平移变换下，对应角的两边分别平行且方向一致，因此，对应角相等.

3. 平移变换下，共线点变作共线点，线段的中点变作线段的中点.

可见，平移变换可以把一个角在保持大小不变、角的两边方向不变的情况下移动位置，也可以使线段在保持平行且相等的条件下移动位置，从而达到将相关几何元素相对集中，各元素之间的关系更明朗的目的. 因此，解题者常有“豁然开朗”之感. 平移有直线（射线）平移，保长线段平移，折半线段平移，三角形整体平移，圆的部分平移.

我们逐项对总结的添加辅助线的基本模型进行举例解说. 通过例题来体验平移的美妙.

（一）过一点引某直线的平行线，进行角的平移，使条件相对集中.

例 1

如图 2-26 所示，已知 $AB//CD$. 求证：$\angle ABE+\angle BED+\angle EDC=360°$.

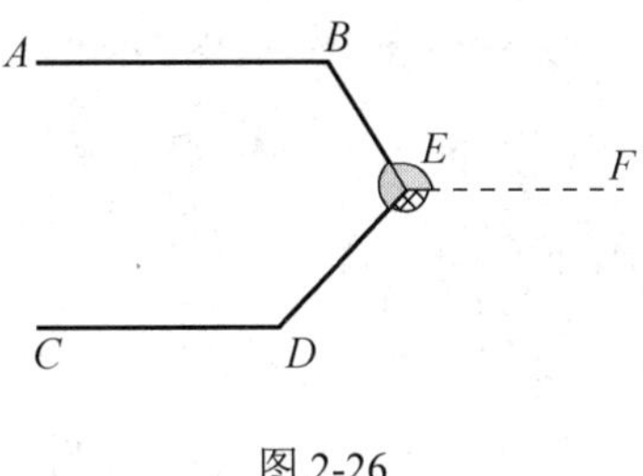

图 2-26

分析： 要证的是 $\angle ABE+\angle BED+\angle EDC=360°$. 360°是一个周角，因此可以通过作平行线的方法，使三个角集中在一起，形成一个周角. 为此过 E 点作 $EF//AB$ 即可.

证明： 过 E 点作 $EF//AB$.

因为 $AB//CD$（已知），

所以 $EF//CD$（如果两条直线都和第三条直线平行，那么这两条直线也互相平行）.

由于 $AB//EF$（作图），

所以 $\angle ABE=\angle BEF$（两直线平行，内错角相等）.

因为 $EF//CD$（已证），

所以 $\angle EDC=\angle DEF$（两直线平行，内错角相等）.

又因为 $\angle BEF+\angle BED+\angle DEF=360°$（周角定义），

所以 $\angle ABE+\angle BED+\angle EDC=360°$（等量代换）.

例 2

已知△ABC，求证：$\angle ABC+\angle BCA+\angle CAB=180°$.

分析： 为了使 $\angle ABC$，$\angle BCA$，$\angle CAB$ 拼成一个平角，如图 2-27 所示，过顶点 A 作 BC 的平行线 DE.

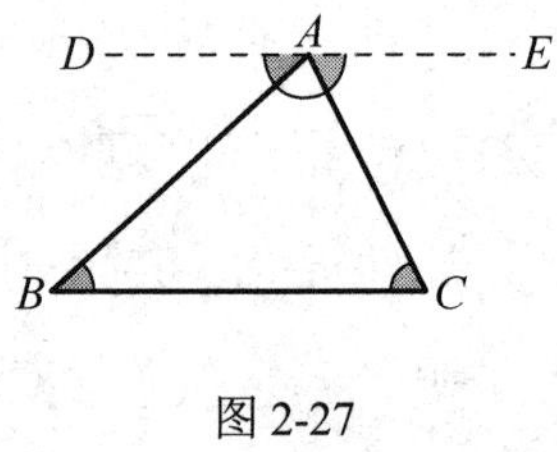

图 2-27

则 $\angle DAB=\angle ABC$，$\angle CAE=\angle BCA$，$\angle BAC=\angle CAB$.

因为 $\angle DAB+\angle BAC+\angle CAE=180°$，所以 $\angle ABC+\angle BAC+\angle BCA=180°$.

（二）过特殊点作线段等长平移，形成平行四边形，使线段、角相对集中.

例 1

在梯形 $ABCD$ 中，$AD//BC$. $\angle ABC=50°$，$\angle BCD=80°$. 求证：$CD=BC-AD$.

分析： 如图 2-28 所示，过 A 作 $AE//DC$，交 BC 于 E（相当于等长平移 DC 到 AE，将 $\angle BCD=80°$ 集中到△ABE 中）.

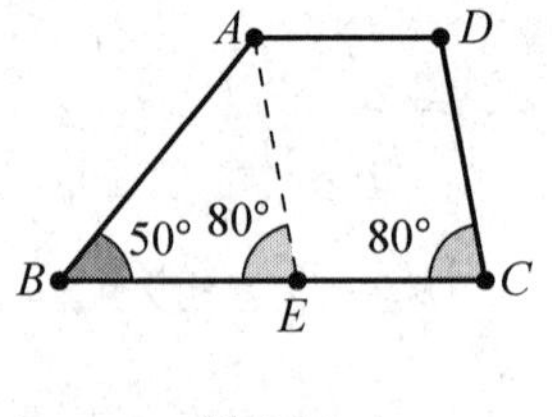

图 2-28

易知 $\angle BAE=180°-\angle ABE-\angle AEB=180°-50°-80°=50°=\angle ABE$，

所以 $BE=AE=AD$. 因此，$CD=BE=BC-CE=BC-AD$.

例 2

如图 2-29 所示，线段 AB，CD 相交于 O，其中 $AB=CD$，$\angle AOD=120°$. 求证：$AD+BC>\sqrt{3}AB$.

分析： 要证 $AD+BC>\sqrt{3}AB$，需要将 AD，BC，以及长为 $\sqrt{3}AB$ 的线段集中到一个三角形中，以期利用三角形不等式加以证明.

如图 2-30 所示，过 A 作 $AE/\!/DC$，使 $AE=DC$. 连接 CE，BE. $ADCE$ 为平行四边形（相当于将 CD 等长保角平移到 EA）. $\triangle AEB$ 是顶角为 $120°$ 的等腰三角形.

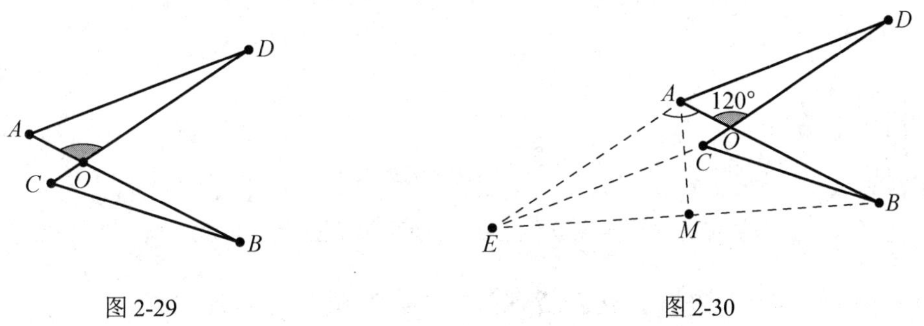

图 2-29　　图 2-30

作 $AM\perp EB$ 于 M，则 $\triangle AMB$ 是含有 $60°$ 角的直角三角形. 易知 $EB=2MB=\sqrt{3}AB$.

这样，将 $AD=CE$，BC 和 $BE=\sqrt{3}AB$ 集中在 $\triangle CEB$ 中，于是有 $AD+BC>\sqrt{3}AB$.

例 3

求证： 如图 2-31 所示，以 $\triangle ABC$ 的三条中线为边可以构成一个三角形，且构成三角形的面积等于 $\triangle ABC$ 面积的 $\frac{3}{4}$.

分析： 要证三条中线为边可以构成一个三角形，可以设法平移中线，使其首尾相连组成封闭折线.

如图 2-32 所示，平移中线 BE 到 FK，平移中线 AD 到 CK，则 $\triangle KCF$ 就是以三条中线为边组成的三角形.

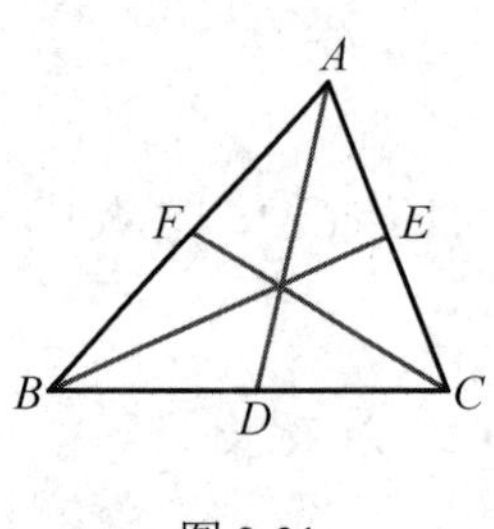

图 2-31

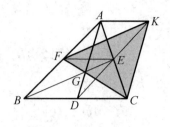

图 2-32

从图中易知$\triangle KCF$的面积为$\triangle ABC$面积的$\frac{3}{4}$.

（三）图形（三角形、多边形、圆）整体平移，实现条件的相对集中，形成特殊的图形.

例 1

如图 2-33 所示，在六边形 $ABCDEF$ 中，$AB\underset{=}{\parallel}ED$，$AF\underset{=}{\parallel}CD$，$BC\underset{=}{\parallel}FE$，对角线$FD\perp BD$. 已知$FD=24\text{ cm}$，$BD=18\text{ cm}$. 问六边形 $ABCDEF$ 的面积是多少平方厘米？

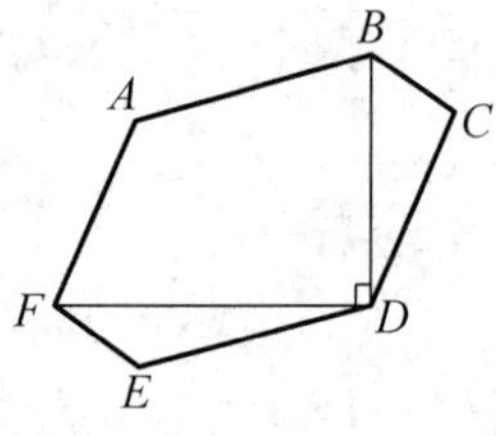

图 2-33

分析： 本题初看似乎无从下手，但仔细观察后发现，题中有三组平行且相等的线段，还有两条互相垂直且长度已知的对角线. 于是就会产生平移图形，将其拼成一个长方形的想法.

解： 如图 2-34 所示，将$\triangle DEF$平移到$\triangle BAG$的位置，将$\triangle BCD$平移到$\triangle GAF$的位置，则原六边形通过分解、组合变为长方形 $BDFG$.

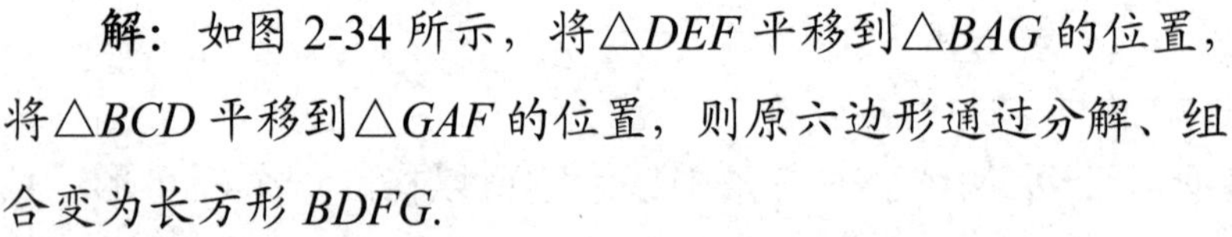

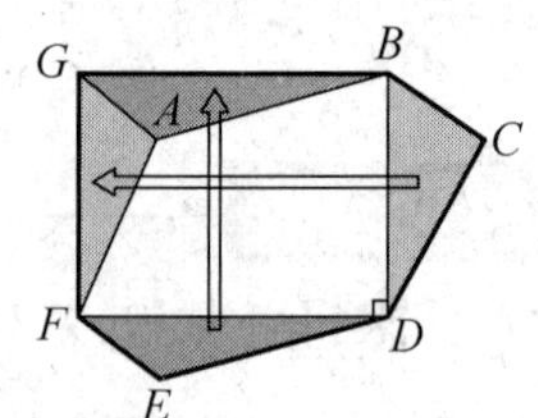

图 2-34

此长方形的边恰是已知长度的 BD 与 FD. 易知长方形 $BDFG$ 的面积为$24\times 18=432$（cm^2）.

所以，六边形 $ABCDEF$ 的面积是432 cm^2.

例 2

如图 2-35 所示，设 D，E 是$\triangle ABC$ 的边 BC 上的两个点，且 $BD=EC$，$\angle BAD=\angle EAC$. 求证：$\triangle ABC$是等腰三角形.

证明：要证$\triangle ABC$是等腰三角形，只需证$\angle B=\angle C$．直接证明$\angle B=\angle C$有困难，由于$BD=EC$，不妨将$\triangle ABD$整体平移到$\triangle A'EC$的位置．如图 2-36 所示，作平移变换，使B与E重合，使D与C重合，使A与A'重合，所以有$AB \mathrel{\underline{\parallel}} A'E$，$AD \mathrel{\underline{\parallel}} A'C$，$AA'//DC$．又因为$BD=EC$，所以$\triangle ABD \cong \triangle A'EC$．

因此$\angle EA'C=\angle BAD=\angle EAC$，所以$A$，$E$，$C$，$A'$四点共圆．

因此$\angle ACB=\angle ACE=\angle AA'E=\angle ABE=\angle ABC$．

所以$AB=AC$，即$\triangle ABC$是等腰三角形．

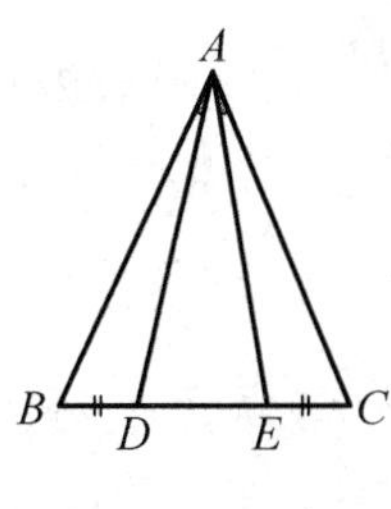

图 2-35

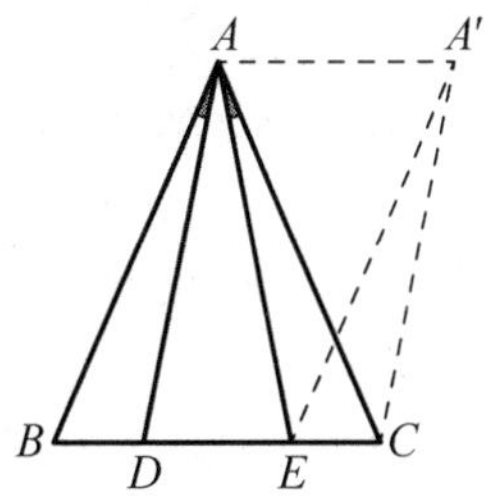

图 2-36

例 3

如图2-37所示，在凸六边形$ABCDEF$中，$AB=BC=CD=DE=EF=FA$，$\angle A+\angle C+\angle E=\angle B+\angle D+\angle F$．

求证：$\angle A=\angle D$，$\angle B=\angle E$，$\angle C=\angle F$．

（1953 年匈牙利数学奥林匹克试题）

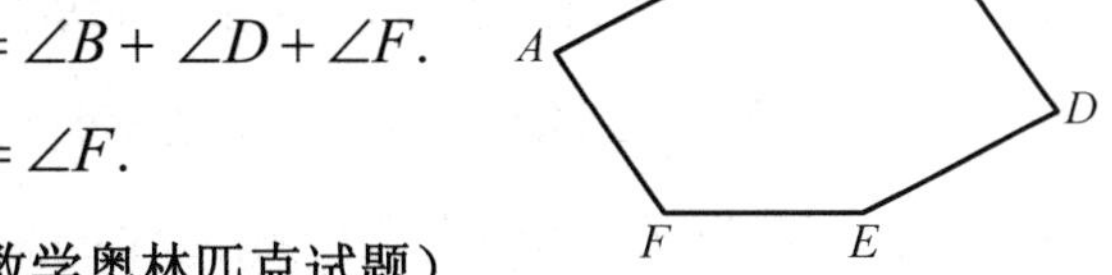

图 2-37

证明：因为六边形内角和为720°，

且$\angle A+\angle C+\angle E=\angle B+\angle D+\angle F$，

所以$\angle BAF+\angle BCD+\angle DEF=\angle ABC+\angle CDE+\angle EFA=360^\circ$．

已知$AB=BC=CD=DE=EF=FA$，如图 2-38 所示，整体平移$\triangle CBA$到$\triangle EFP$的位置，即$\triangle EFP \cong \triangle CBA$，连接$AP$，则

$$\begin{aligned}\angle AFP&=360^\circ-\angle EFA-\angle PFE\\&=360^\circ-\angle EFA-\angle ABC\\&=\angle CDE=\angle D.\end{aligned}$$

所以$\triangle AFP \cong \triangle CDE$（边角边）．

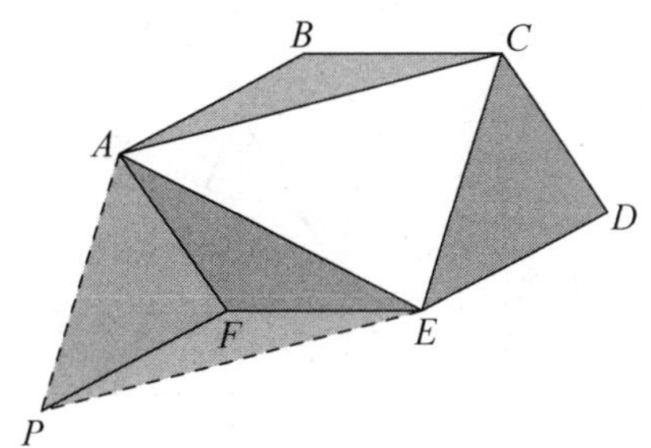

图 2-38

因此 $AP=CE$.

进而得到$\triangle ACE\cong\triangle EPA$（边边边），因此$\angle CAE=\angle PEA$.

由于 $\angle BAC=\angle BCA=\frac{1}{2}(180°-\angle B)$，$\angle FAE=\angle FEA=\frac{1}{2}(180°-\angle F)$,

所以
$$\angle BAC+\angle FAE=\frac{1}{2}(180°-\angle B)+\frac{1}{2}(180°-\angle F)$$
$$=\frac{1}{2}(360°-\angle B-\angle F)=\frac{\angle D}{2}.$$

又因为 $\angle CAE=\angle PEA=\angle PEF+\angle AEF=\angle BAC+\angle FAE=\frac{\angle D}{2}$，

所以 $\angle BAF=(\angle BAC+\angle FAE)+\angle CAE=\frac{\angle D}{2}+\frac{\angle D}{2}=\angle D$，即 $\angle A=\angle D$.

同理可证，$\angle B=\angle E$，$\angle C=\angle F$.

（四）添设中位线，进行线段折半保角平移，或加倍保角平移.

例 1

如图 2-39 所示，在$\triangle ABC$中，AD是BC上的高线，垂足D在边BC上，M是AC边的中点. 若$AD=BM$，求证：$\angle MBC=30°$.

证明： 如图 2-40 所示，要证$\angle MBC=30°$，设法使$\angle MBC$为一个直角三角形的一个锐角，且这个锐角的对边是斜边的一半即可. 为此，过AC中点M作$MH//AD$，则$MH\perp BC$于H，相当于将线段AD折半保角平移到MH.

根据三角形中位线定理可得 $MH=\frac{1}{2}AD$.

在直角$\triangle BHM$中，由于 $MH=\frac{1}{2}AD=\frac{1}{2}BM$,

所以 $\angle MBC=30°$.

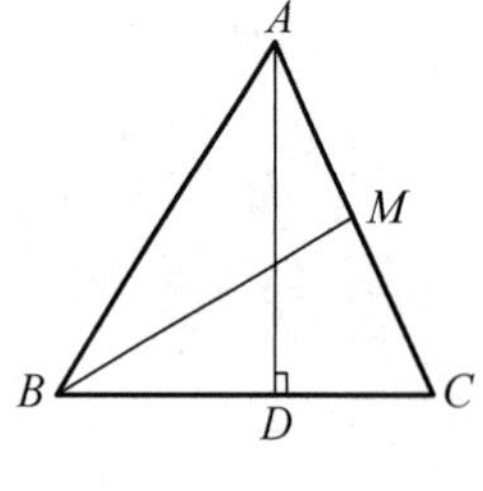

图 2-39

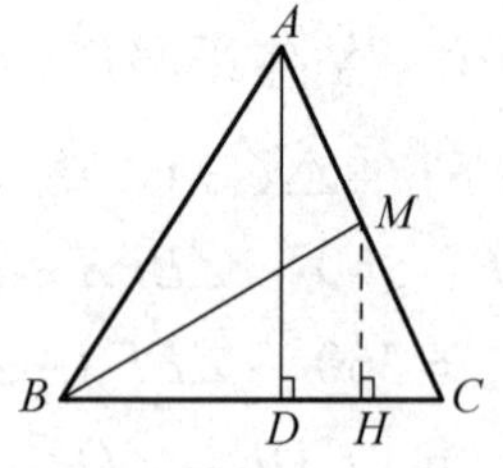

图 2-40

例 2

在$\triangle ABC$中，$\angle B=2\angle C$，$AD\perp BC$于D，垂足D在边BC上，M是BC边的中点. 求证：$DM=\dfrac{1}{2}AB$.

分析： 要证$DM=\dfrac{1}{2}AB$，如图 2-41 所示，我们取AC的中点N，连接MN，这相当于将AB折半保角（$\angle NMC=\angle B$）平移到MN. 连接DN，只要能证明$DM=MN$就可以了.

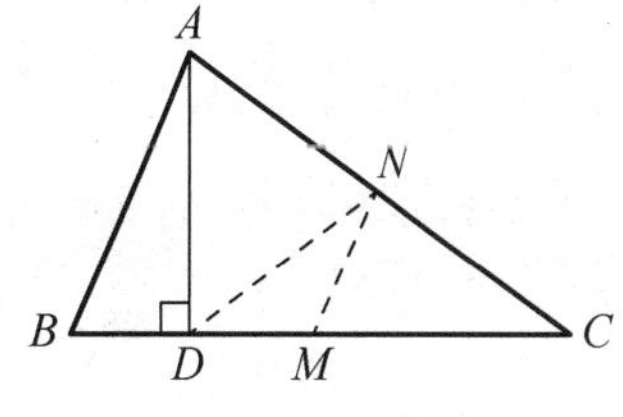

图 2-41

要证$DM=MN$，在$\triangle DMN$中，只需证明$\angle NDM=\angle DNM$，即只需$\angle NMC=2\angle NDC$.

在直角$\triangle ADC$中，由于N为斜边AC中点，所以$DN=\dfrac{1}{2}AC=NC$，因此$\angle NDC=\angle C$.

所以要证$\angle NMC=2\angle NDC$，只需证$\angle B=2\angle C$. 到此思路已经清晰，不难完成证明.

例 3

分别以锐角$\triangle ABC$的AB,AC为边向形外作$\triangle ABD$和$\triangle ACE$. 其中$\angle BAD=\angle CAE=90^\circ$，$AB=AD$，$AC=AE$. M，P，N分别是BD，BC，CE的中点.

求证：$PM=PN$.

分析： 因为M，P，N分别是BD，BC，CE的中点，可根据中位线定理，连接CD, BE, 相当于将PM, PN加倍保角平移为CD, BE. 我们设法证明$CD=BE$即可.

如图 2-42 所示，要证$CD=BE$，只需找分别包含CD，BE的一对三角形，证明它们是一对全等三角形就可以了. 显然$\triangle ACD$与$\triangle AEB$恰是这样的包含CD，BE为对应边的一对全等三角形（边角边）. 至此思路已经清晰，不难完成证明.

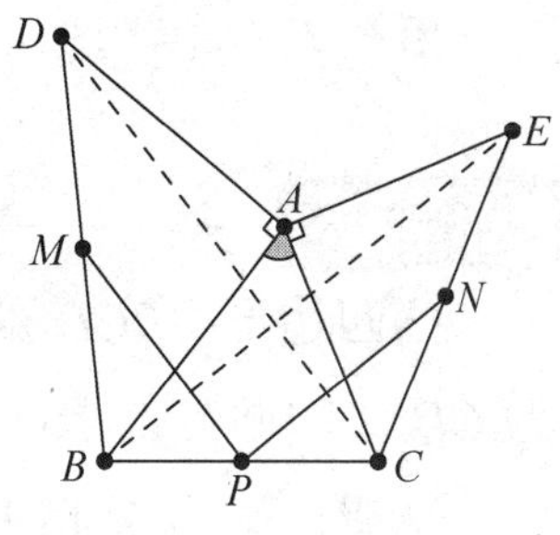

图 2-42

（五）四边形中有关中点的问题，中位线是有效的辅助线.

对于凸四边形 $ABCD$，连接各边与对角线的中点形成一个四边形（如图 2-43 所示）. 其中形成的 $EFGH$，$EQGP$，$PHQF$ 三个中点平行四边形是简单图形，它们是有效的辅助线基本图.

或者过四个顶点 A，B，C，D，分别作对角线的平行线，交成一个平行四边形（如图 2-44 所示），这也是常用的添加辅助线的方法.

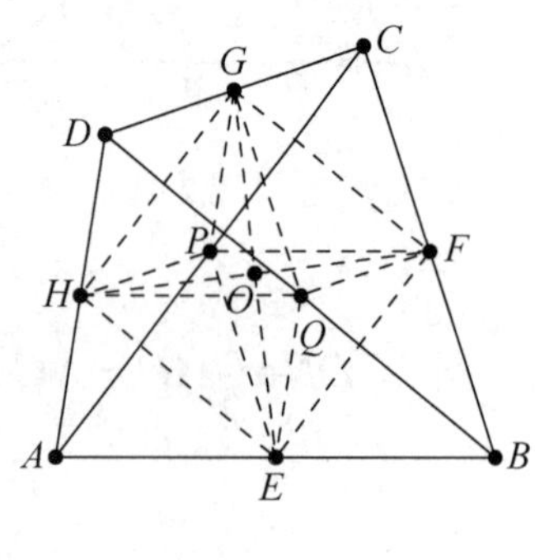

图 2-43

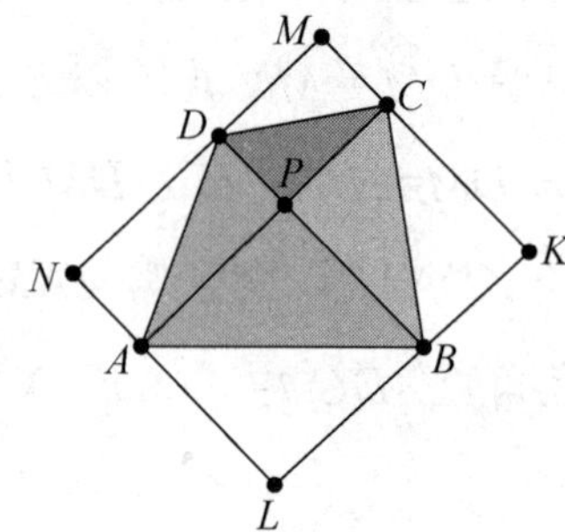

图 2-44

例 1

在四边形 $ABCD$ 中，E 为 AD 中点，F 为 BC 中点. 求证：$EF \leqslant \frac{1}{2}(AB+CD)$.

证明： 如图 2-45 所示，连接 AC，取 AC 的中点 O，连接 OE，OF.

则 $OE = \frac{1}{2}CD$，$OF = \frac{1}{2}AB$.

根据三角形不等式，有 $EF \leqslant OF + OE$.

因此 $EF \leqslant \frac{1}{2}AB + \frac{1}{2}CD = \frac{1}{2}(AB+CD)$.

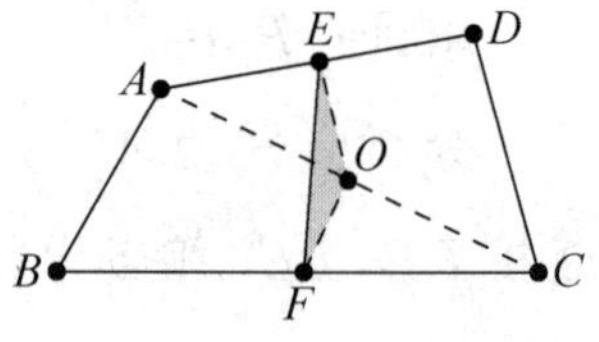

图 2-45

例 2

凸四边形 $ABCD$ 的对角线 AC，BD 垂直相交于 O，M 为 AB 边的中点，N 为 CD 边的中点，求证：$AC^2 + BD^2 = 4MN^2$.

证明： 如图 2-46 所示，取 AD 的中点 P，连接 MP，NP. 由三角形中位线定理可得 $NP = \frac{1}{2}AC$，$NP // AC$，$MP = \frac{1}{2}BD$，$MP // BD$.

由于 $AC \perp BD$ 于 O，则有 $\angle AOD = 90^\circ$，$\angle MPN = 90^\circ$.

在 Rt△MPN 中，由勾股定理可得

$$PN^2+PM^2=MN^2.$$

即 $\left(\dfrac{AC}{2}\right)^2+\left(\dfrac{BD}{2}\right)^2=MN^2$，

所以 $AC^2+BD^2=4MN^2$.

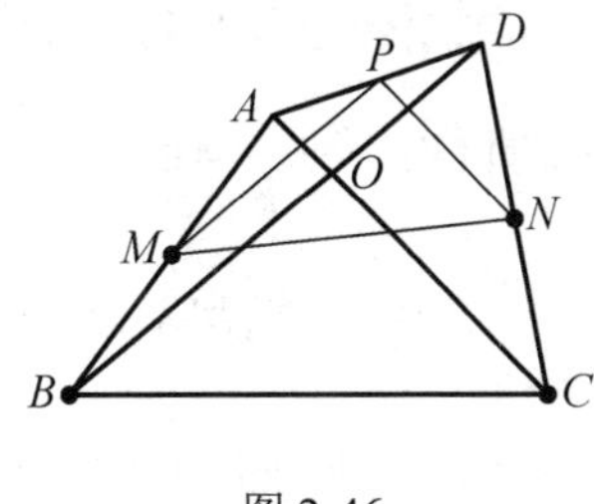

图 2-46

例 3

在四边形 $ABCD$ 中，E 为 AB 中点，G 为 CD 中点，P 为 AC 中点，Q 为 BD 中点. 求证：EG 与 PQ 互相平分于交点 O.

提示：如图 2-47 所示，连接 EQ，QG，GP，PE. 易知 $EQGP$ 为平行四边形.

因此，它的对角线 EG 与 PQ 互相平分于交点 O.

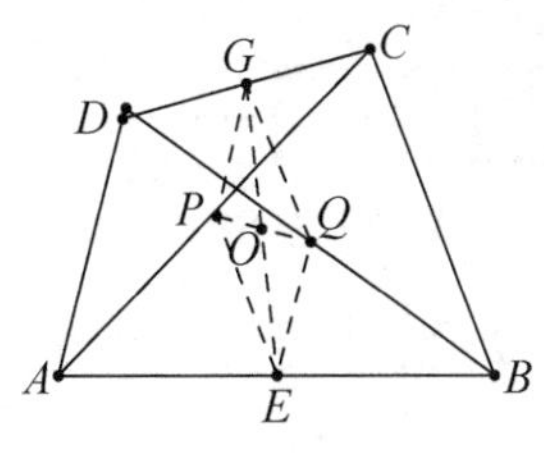

图 2-47

例 4

在四边形 $ABCD$ 中，$AB+BC+CD+DA=4$. 求证：对角线 AC，BD 中至少有一条大于 1.

提示：如图 2-48，设 AC，BD 交点为 O.

过 A，B，C，D 分别作对角线 AC，BD 的平行线交得平行四边形 $MNLK$. 易知

$2(AC+BD)=MN+MK+KL+LN$

$=(AN+ND)+(DM+MC)+(CK+KB)+(BL+LA)$

$>AD+DC+CB+BA=AB+BC+CD+DA=4$,

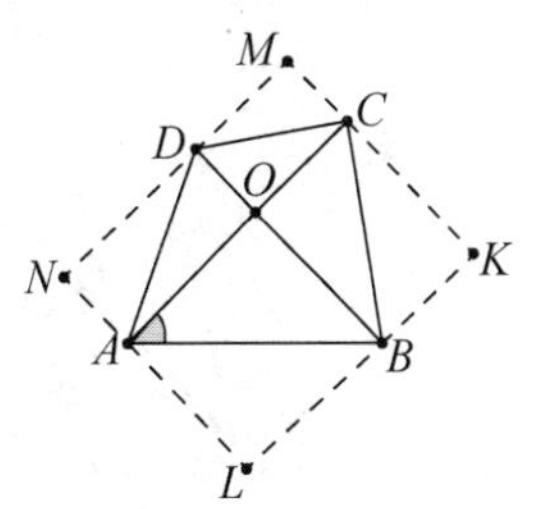

图 2-48

所以 $AC+BD>2$. 于是可以断言 AC，BD 中至少有一条大于 1. 如若不然，则有 $AC\leqslant1$ 且 $BD\leqslant1$，相加得 $AC+BD\leqslant2$，与 $AC+BD>2$ 矛盾！因此，对角线 AC，BD 中至少有一条大于 1 必然成立.

（六）添加平行线形成线段的等比移动基本图.

如图 2-49（1）所示，两直线被一组平行线所截，则有 $\dfrac{a}{b}=\dfrac{a'}{b'}$.

如图 2-49（2）所示，两平行线被一线束所截，则$\frac{a}{b}=\frac{a'}{b'}$.

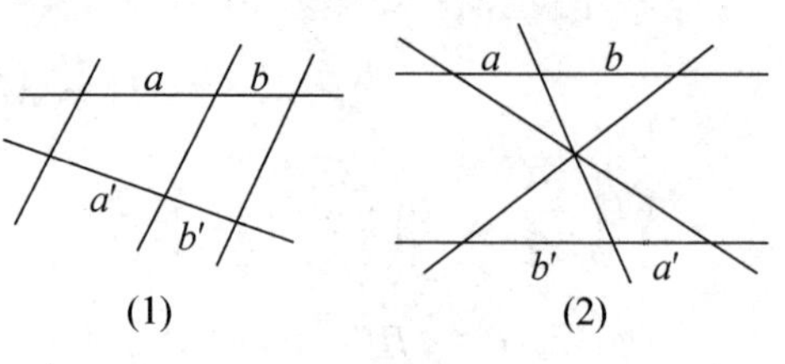

图 2-49

这种a到a'，b到b'，但保持$\frac{a}{b}=\frac{a'}{b'}$的移动，我们称为线段的等比移动. 这种移动常把在直线上两线段比的关系转移到另一直线上的两线段之比.

例 1

如图 2-50 所示，O为$\triangle ABC$内一点，直线AO交BC于D，BO交AC于E，CO交AB于F. 求证：$\frac{BD}{CD}\cdot\frac{CE}{EA}\cdot\frac{AF}{FB}=1$.

分析： 如图 2-51 所示，过A作BC的平行线，交CF的延长线于C'，交BE的延长线于B'，形成两平行线被一线束所截，由三角形相似可得，

$$\frac{BD}{CD}=\frac{AB'}{AC'}，\frac{CE}{EA}=\frac{BC}{AB'}，\frac{AF}{FB}=\frac{AC'}{BC}.$$

所以$\frac{BD}{CD}\cdot\frac{CE}{EA}\cdot\frac{AF}{FB}=\frac{AB'}{AC'}\cdot\frac{BC}{AB'}\cdot\frac{AC'}{BC}=1$.

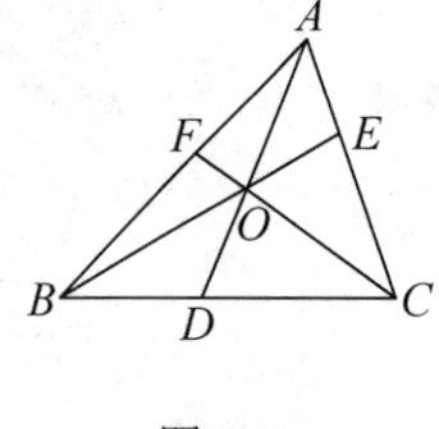

图 2-50

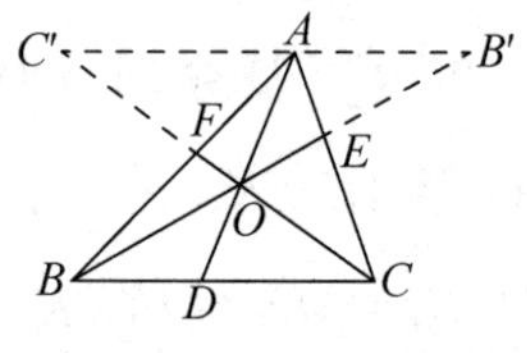

图 2-51

例 2

四边形两组对边延长后分别相交，且交点的连线与四边形的一条对角线平行. 证明：另一条对角线的延长线平分对边交点连接的线段.

（1978 年全国部分省市中学数学竞赛第二试题 1）

即如图 2-52 所示，四边形$ABCD$的两组对边延长后得到交点E和F. 对角线$BD//EF$，AC的延长线交EF于G. 求证：$EG=GF$.

证明： 因为 $BD//EF$，所以 $\dfrac{AB}{AE}=\dfrac{AD}{AF}$.　　①

如图 2-53 所示，过 E 作 BF 的平行线，交 AG 的延长线于 H.

所以 $\dfrac{AC}{AH}=\dfrac{AB}{AE}$.　　②

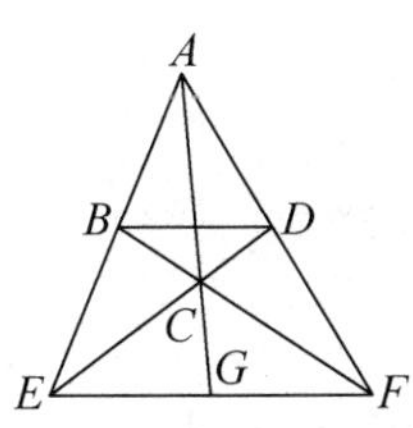

图 2-52

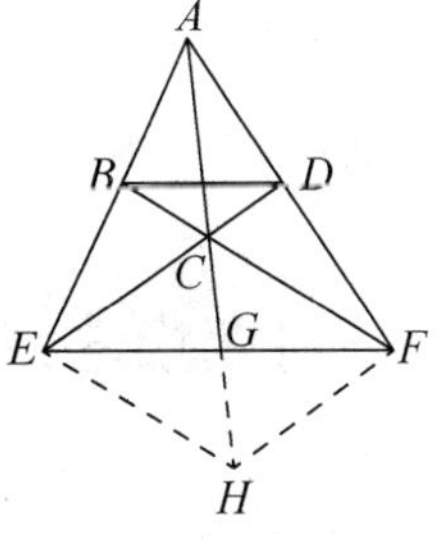

图 2-53

由①、②得 $\dfrac{AC}{AH}=\dfrac{AD}{AF}$.

连接 HF，有 $CD//HF$. 所以 $CEHF$ 为平行四边形.

因此，$EG=GF$（平行四边形的对角线互相平分）.

例 3

如图 2-54 所示，AD 是锐角三角形 ABC 的 BC 边上的高，G 是 AD 上一点. 连接 BG、CG，分别交 AC 于 E，交 AB 于 F. 连接 ED，FD.

求证： $\angle EDA=\angle FDA$.

证明： 如图 2-55 所示，过 G 作 BC 的平行线 PQ，交 AB 于 P，交 AC 于 Q，交 ED 于 S，交 FD 于 R.

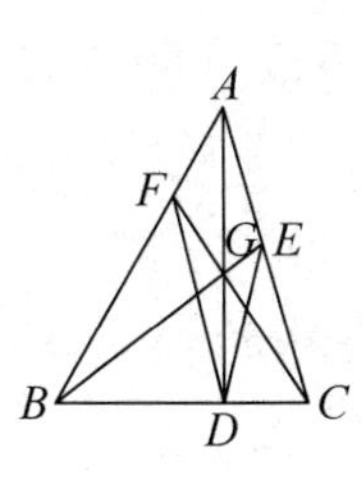

图 2-54

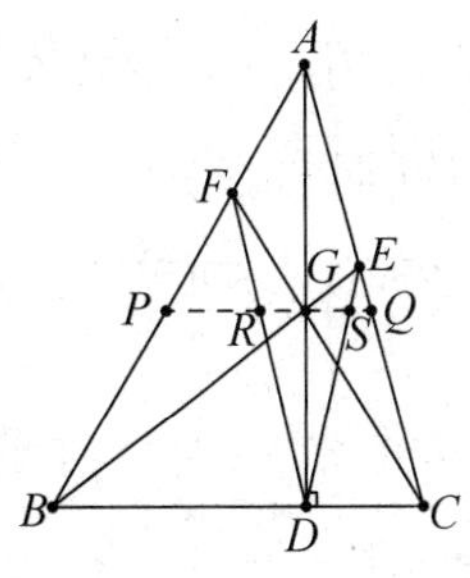

图 2-55

由于 $PQ//BC$，应用平行线截比例线段的定理，有

$$\frac{GR}{GP}=\frac{CD}{BC},\quad \frac{GQ}{GS}=\frac{BC}{BD},\quad \frac{GP}{GQ}=\frac{BD}{DC}.$$

以上3式相乘，得 $\frac{GR}{GS}=1$，即 $GR=GS$.

即 $\triangle DRS$ 为等腰三角形，底边 RS 上的高线必是顶角 $\angle SDR$ 的平分线.

所以 $\angle EDA=\angle FDA$.

2.4.2 反射变换添加辅助线作法

如果已知平面上直线 l 和一点 A，自 A 作 l 的垂线，垂足设为 H. 在直线 AH 上 l 的另一侧取点 A'，使得 $A'H=AH$. 如图2-56所示，我们称 A' 是 A 关于直线 l 的对称点.或者说 A 与 A' 关于直线 l 对称，其中直线 l 称为对称轴.

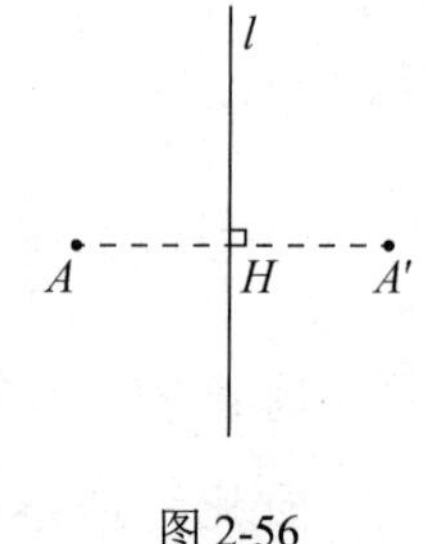

图 2-56

图形 F 的每一点关于直线 l 的对称点组成的图形 F'，称为 F 关于直线 l 的轴对称图形. 把一个图形变为关于直线 l 的轴对称图形的变换，叫作反射变换（或轴对称变换），其中直线 l 称为反射轴（对称轴）. 记为 $F\xrightarrow{S(l)}F'$.

容易想到，一条线段 AA' 关于它的垂直平分线 l 为轴对称图形，一个角 $\angle AOA'$ 关于它的角平分线 OB 为轴对称图形. 在几何题中，如果图形是轴对称图形，则经常要添加对称轴以便充分利用轴对称图形的性质. 如果图形不是轴对称图形，往往可选择某直线为对称轴，补为轴对称图形，或将轴一侧的图形反射到该轴的另一侧，以实现条件的相对集中.

常见的轴对称图形有：角、线段、直线、等腰三角形、正三角形、正方形、正多边形、圆等. 下面逐项分析这些图形.

（一）以角平分线为对称轴，通过反射变换实现条件的相对集中.

例 1

在 $\triangle ABC$ 中，$AB>AC$，P 为角 A 平分线上一点，则 $AB-AC>PB-PC$.

分析 1: 应设法将 $AB-AC$，PB，PC 集中在一个三角形中进行比较. 为此，如图 2-57 所示，在 AB 边上截取 $AE=AC$，连接 PC，PE（相当于将 $\triangle APC$ 关于角平分线 AD 反射到 $\triangle APE$ 的位置）. 从而使 $AB-AC=BE$，$PC=PE$，以及 BP 集中到 $\triangle BPE$ 中.

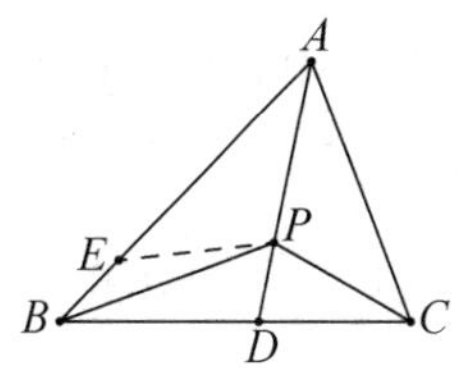

图 2-57

因此在 $\triangle BPE$ 中，得证 $BE>PB-PE$. 即 $AB-AC>PB-PC$.

分析 2: 应设法将 $AB-AC$，PB，PC 集中在一个三角形中进行比较. 为此，如图 2-58 所示，在 AC 边的延长线上截取 $AE=AB$，连接 PC，PE（相当于将 $\triangle APB$ 关于角平分线 AD 反射到 $\triangle APE$ 的位置）. 从而使 $AB-AC=CE$，$PB=PE$，以及 CP 集中到 $\triangle CPE$ 中.

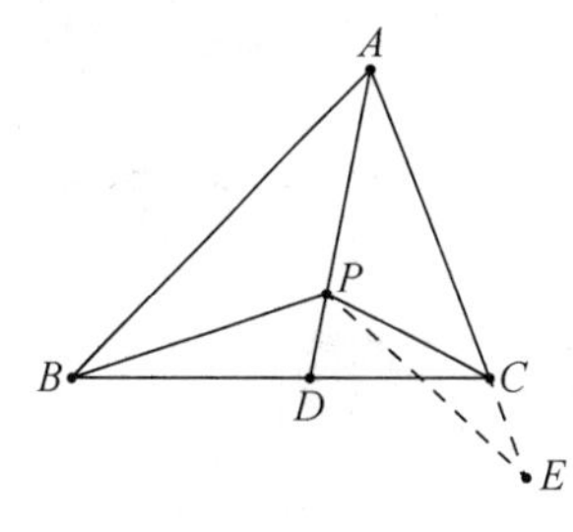

图 2-58

因此在 $\triangle CPE$ 中，得证 $CE>PE-PC$. 即 $AB-AC>PB-PC$.

例 2

已知 D 为 $\triangle ABC$ 中角 A 外角平分线上的一点. 求证：$DB+DC>AB+AC$.

分析: 应设法将 DB，DC，AB，AC 集中在一起进行比较. 如图 2-59 所示，在 BA 延长线上截取 $AE=AC$，连接 DE（相当于将 $\triangle ACD$ 关于外角平分线 AD 反射到 $\triangle AED$ 的位置）. 从而使 $AB+AC=BE$，$CD=DE$，以及 BD 集中到 $\triangle BED$ 中. 因此在 $\triangle BED$ 中，得证 $DB+DE>BE$.

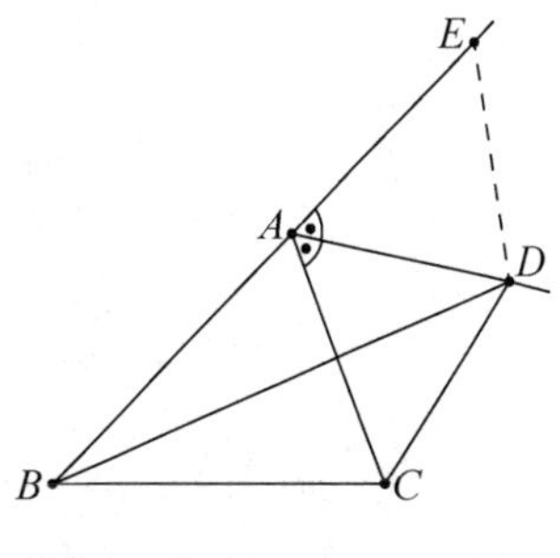

图 2-59

即 $DB+DC>AB+AC$.

例 3

在 $\triangle ABC$ 中，$AB=AC$. $\angle A=108°$，BD 平分 $\angle ABC$. 求证：$BC=AB+CD$.

分析: 在 $\triangle ABC$ 中，$AB=AC$，$\angle A=108°$，所以 $\angle ABC=\angle ACB=36°$.

如图 2-60 所示，在 BC 上截取 $BE=AB$，连接 DE（相当于将$\triangle ABD$ 关于轴 BD 反射到$\triangle EBD$）.

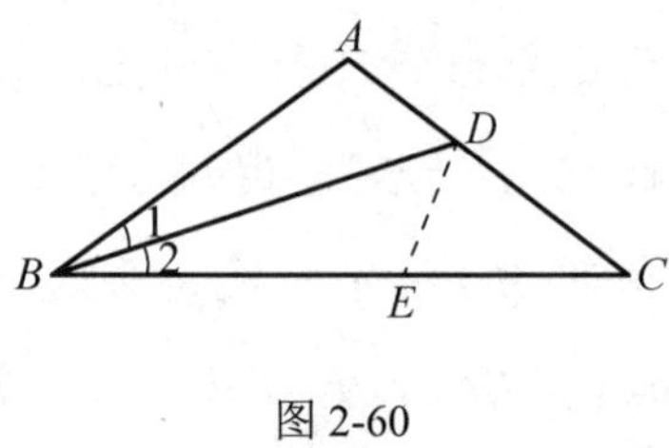

图 2-60

此时，$\angle DEB=\angle A=108^\circ$，

$\angle DEC=180^\circ-\angle DEB=72^\circ$.

$$\angle EDC=180^\circ-\angle DEC-\angle C=180^\circ-72^\circ-36^\circ=72^\circ=\angle DEC.$$

所以，$CE=CD$. 因此，$BC=BE+CE=AB+CD$.

（二）以线段的中垂线为对称轴，通过反射变换实现条件的相对集中.

例 1

如图 2-61 所示，在四边形 $ABCD$ 中，$AB=30$，$AD=48$，$BC=14$，$CD=40$. 又已知$\angle ABD+\angle BDC=90^\circ$，求四边形 $ABCD$ 的面积.

解: 直接计算四边形 $ABCD$ 的面积有困难. 我们以 BD 的垂直平分线 l 为对称轴，作$\triangle ABD$ 关于 l 的轴对称图形$\triangle A_1DB$，如图 2-62 所示.

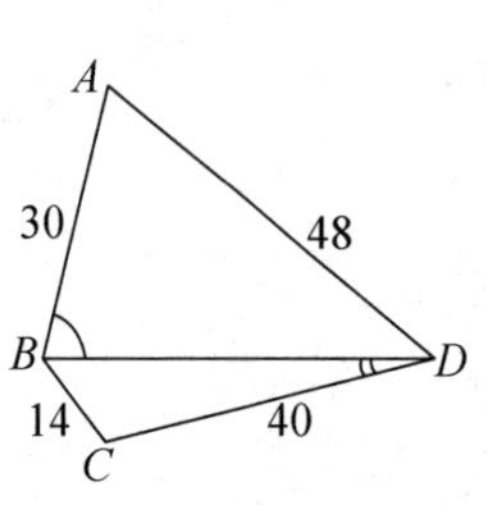

图 2-61

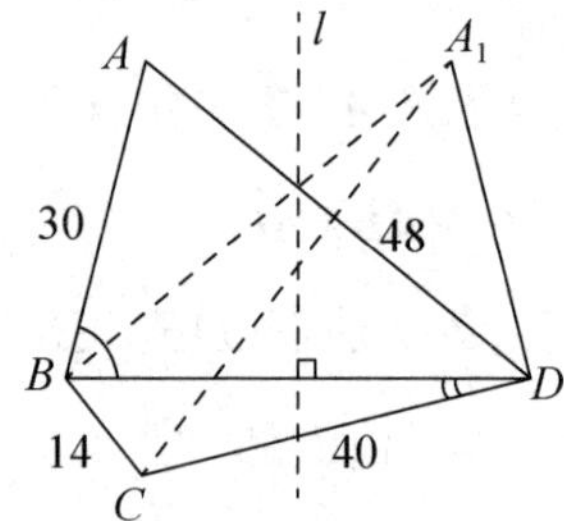

图 2-62

则 $S_{\triangle ABD}=S_{\triangle A_1DB}$，$A_1D=AB=30$，$A_1B=AD=48$，$\angle A_1DB=\angle ABD$. 所以 $\angle A_1DC=\angle A_1DB+\angle BDC=\angle ABD+\angle BDC=90^\circ$.

因此，$\triangle A_1DC$ 是直角三角形.

由勾股定理得 $A_1C=\sqrt{30^2+40^2}=50$.

在$\triangle A_1BC$ 中，$A_1C=50$，$A_1B=48$，$BC=14$，而 $BC^2+A_1B^2=14^2+48^2=196+2304=2500=50^2=A_1C^2$，依勾股定理逆定理知 $\angle A_1BC=90^\circ$.

所以$S_{ABCD}=S_{A_1BCD}=S_{\triangle A_1BC}+S_{\triangle A_1DC}=\frac{1}{2}\cdot A_1B\cdot BC+\frac{1}{2}\cdot A_1D\cdot CD$

$$=\frac{1}{2}\cdot 48\cdot 14+\frac{1}{2}\cdot 30\cdot 40=336+600=936.$$

利用轴对称我们可以巧妙地将四边形 $ABCD$ 的面积计算出来.

例 2

如图 2-63 所示，在梯形 $ABCD$ 中，$AD//BC$，$\angle DCB>\angle ABC$. 求证：$BD>AC$.

提示：将$\triangle DBC$ 沿 BC 的中垂线 l 翻折到$\triangle D'CB$.

而$\angle ABC<DCB=\angle D'BC$，所以$\angle D'BC$ 在 $\angle ABC$ 的外部，D' 在 DA 的延长线上.

而$\angle D'AC>\angle ADC=\angle AD'B>\angle AD'C$，

所以 $D'C>AC$. 又 $D'C=DB$，所以 $BD>AC$.

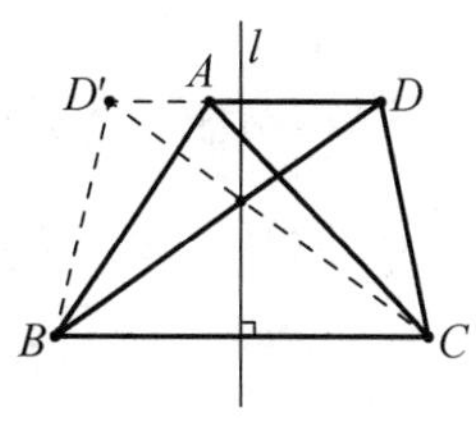

图 2-63

例 3

设 $ABCD$ 是凸四边形，其面积为 S. 求证：$S\leqslant\frac{1}{2}(AB\cdot CD+AD\cdot BC)$.

分析：显然 $S=S_{\triangle ABC}+S_{\triangle ADC}\leqslant\frac{1}{2}(AB\cdot BC+AD\cdot CD)$ 与求证公式 $S\leqslant\frac{1}{2}(AB\cdot CD+AD\cdot BC)$ 只是边的次序不同，因此试图通过轴对称来调整.

如图 2-64 所示，作对角线 BD 的垂直平分线 l，作三角形 ADB 关于 l 的对称图形三角形 $A'BD$，则四边形 $A'BCD$ 与四边形 $ABCD$ 面积相等，$A'D=AB$，$A'B=AD$.

连接 $A'C$，有 $S=S_{\triangle A'DC}+S_{\triangle A'BC}$

$$\leqslant\frac{1}{2}(A'D\cdot CD+A'B\cdot BC)$$

$$=\frac{1}{2}(AB\cdot CD+AD\cdot BC).$$

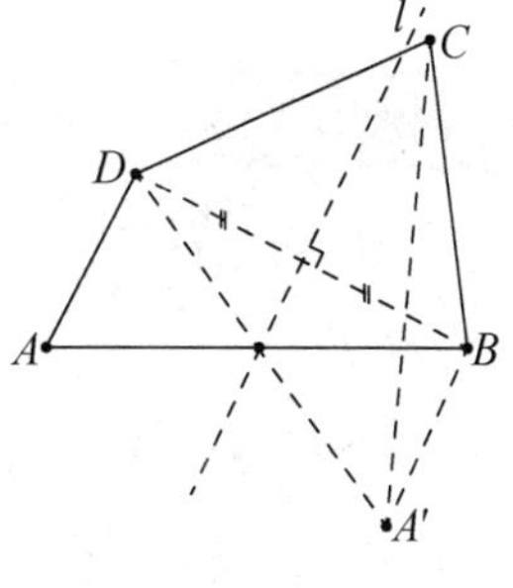

图 2-64

例 4

如图 2-65 所示，在凸五边形 $ABCDE$ 中，对角线 BE 和 CE 分别是顶角 B 和 C 的角平分线，$\angle A=35°$，$\angle D=145°$，又已知$\triangle BCE$ 的面积等于 5.19 平方厘米. 求五边形 $ABCDE$ 的面积.

解：以线段 BE 的中垂线为对称轴作$\triangle ABE$的轴对称图形$\triangle A_1BE$（如图 2-66 所示），则顶点 A 变到 A_1，同时 $\angle A_1EB=\angle ABE=\angle CBE$.

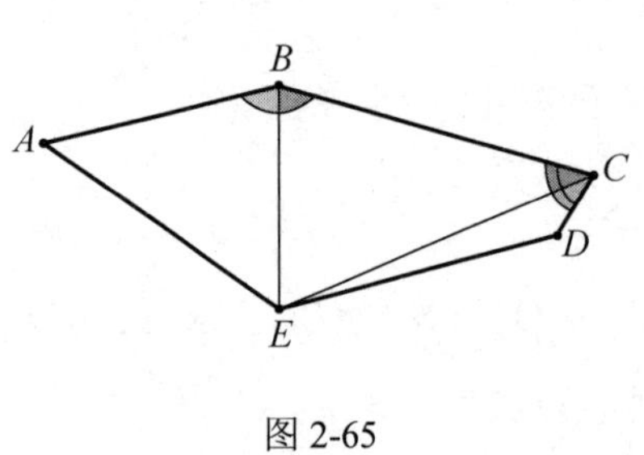

图 2-65

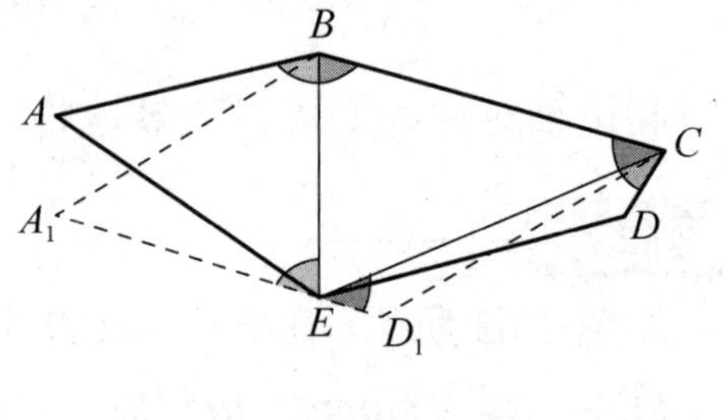

图 2-66

所以 $A_1E/\!/BC$，$S_{\triangle ABE}=S_{\triangle A_1EB}$.

类似地，以线段 CE 的中垂线为对称轴作$\triangle CDE$ 的轴对称图形$\triangle ED_1C$（如图 2-66 所示），其中，顶点 D 变到 D_1，$\angle CED_1=\angle ECD=\angle ECB$，所以 $ED_1/\!/BC$. 所以 A_1，E，D_1 三点共线.

又因为 $\angle A_1+\angle D_1=\angle A+\angle D=35^\circ+145^\circ=180^\circ$，所以 $A_1B/\!/D_1C$，因此 A_1BCD_1 是平行四边形. 所以 $S_{ABCDE}=S_{A_1BCD_1}=2S_{\triangle BCE}=2\times5.19=10.38$（平方厘米）.

（三）作图形关于某直线的对称图形，实现元素的相对集中.

由于直线是轴对称图形，直线两端是无限延长的，因此该直线的任一垂线都是它的对称轴，另外直线本身也是自己的一条对称轴.

例 1

在$\triangle ABC$中，$\angle C=2\angle B$，AD 是 BC 边上的高线，垂足为 D. 求证：$BD=AC+CD$.

分析 1：如图 2-67 所示，在 BD 上截取 $ED=CD$，连接 AE（相当于以 AD 为对称轴，将$\triangle ACD$ 反射到$\triangle AED$ 的位置）. 此时 $\angle AED=\angle C=2\angle B$，$AE=AC$.

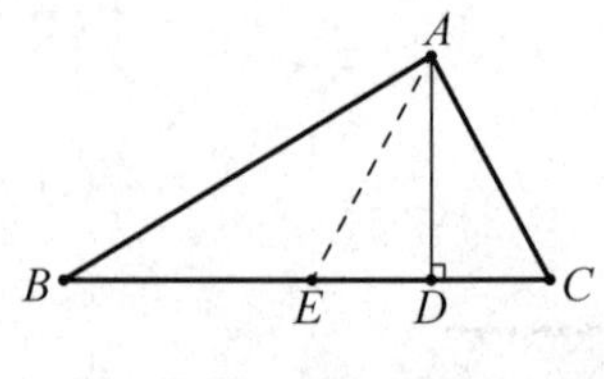

图 2-67

所以在$\triangle ABE$ 中，$\angle B=\angle BAE$，于是有 $BE=AE=AC$.

因此 $BD=BE+ED=AC+CD$.

分析 2： 如图 2-68 所示，在 BC 延长线上截取 $DE=BD$，连接 AE（相当于以 AD 为对称轴，将 $\triangle ABD$ 反射到 $\triangle AED$ 的位置）.

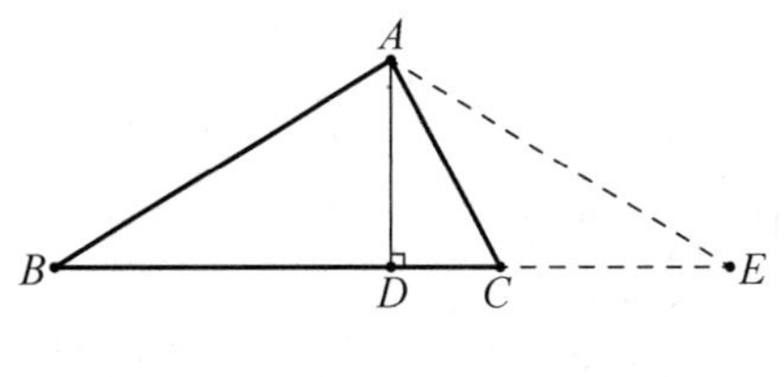

图 2-68

此时 $AE=AB$，$\angle C=2\angle B=2\angle E$.

所以在 $\triangle ACE$ 中，$\angle E=\angle CAE$. 于是有 $CE=AC$. 因此 $BD=DE=CE+CD=AC+CD$.

例 2

一段笔直的铁路线一侧有 C，D 两厂，C 厂到铁路线距离 CA=2km，D 厂到铁路线距离 DB=3km，又 AB=12km.现要在铁路上设一站台 P，使得 C，D 两厂到 P 站的距离之和为最小，如图 2-69（a）所示. 问：C，D 两厂到 P 站的距离之和的最小值是多少？

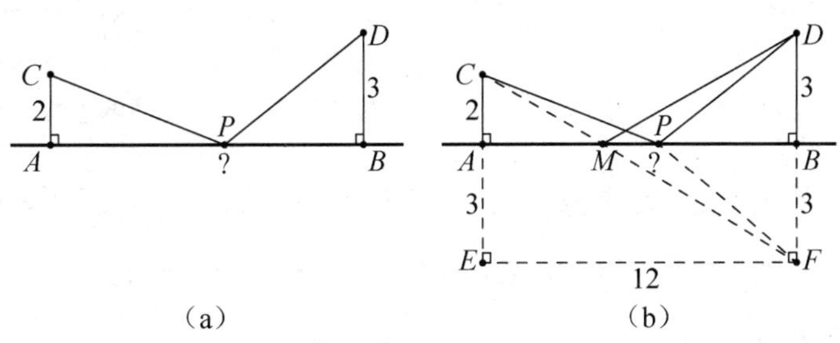

图 2-69

解： 如图 2-69（b）所示，$CA=2$，$DB=3$，$AB=12$.

设 P 为 AB 上任一点，连接 PC，PD， 作点 D 关于 AB 的对称点 F，$BF=3$. 过 F 作 AB 的平行线，交直线 CA 于点 E. 连接 PF，则 $PF=PD$.

连接 CF，交 AB 于点 M. 此时 C，F 为两定点，CF 为点 C，F 间的最短距离.

根据三角形不等式，有 $PC+PD=PC+PF\geqslant CF$.

所以当 P 与 M 重合时，$PC+PD$ 取得最小值 CF. P 站应设在 CF 与 AB 的交点 M 处. 易知 $CE=2+3=5$，$EF=AB=12$.

在 $\text{Rt}\triangle CEF$ 中，根据勾股定理，可求得

$$CF=\sqrt{CE^2+EF^2}=\sqrt{5^2+12^2}=13\text{（km）}.$$

所以 C，D 两厂到 P 站的距离之和的最小值是 13km.

例 3

凸四边形 $ABCD$ 的对角线 AC，BD 垂直相交于 O，$OA>OC$，$OB>OD$，如图 2-70 所示. 求证：$BC+AD>AB+CD$.

证明： 如图 2-71 所示，作 C 关于 BD 的对称点 C'，D 关于 AC 的对称点 D'，则由 $AC\perp BD$，$OA>OC$，$OB>OD$，知 C' 在 OA 上，D' 在 OB 上.

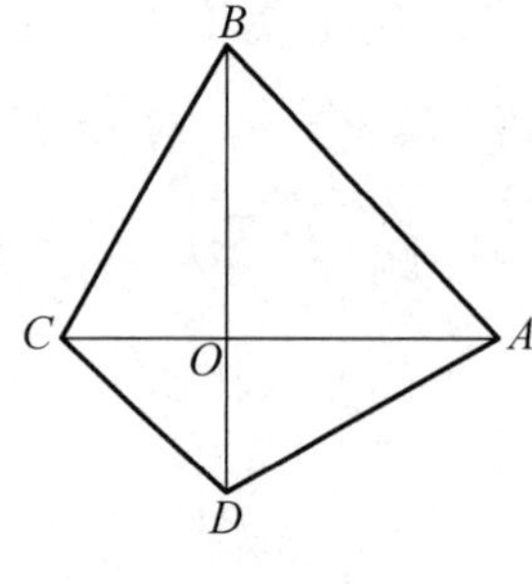

图 2-70

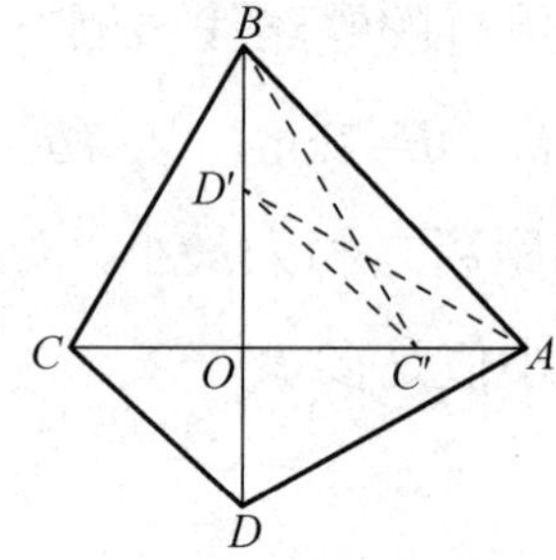

图 2-71

又因为 O 既是 CC' 的中点，也是 DD' 的中点，所以 $C'D'=CD$. 在四边形 $ABD'C'$ 中，显然 $AD'+BC'>AB+C'D'$，而 $AD'=AD$，$BC'=BC$，故 $BC+AD>AB+CD$.

例 4

在凸四边形 $ABCD$ 中，$\angle ABD>\angle CBD$，$\angle ADB>\angle CDB$. 求证：$AB+AD>BC+CD$.

提示： 如图 2-72 所示，作$\triangle BCD$ 关于 BD 的对称图形$\triangle BC'D$. 因为 $\angle ABD>\angle CBD$，$\angle ADB>\angle CDB$，所以 C'落在$\triangle ABD$ 内部. 延长 BC'，交 AD 于 E.

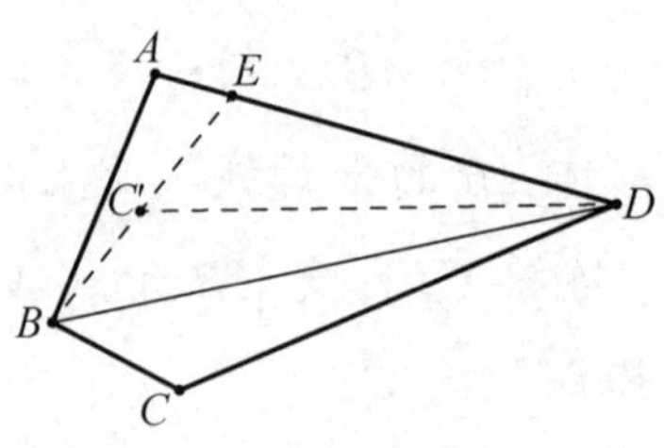

图 2-72

易知，$AB+AD>BC'+C'D=BC+CD$.

（四）等腰三角形是轴对称图形，可以作底边的高线，利用对称性.

例 1

如图 2-73 所示，在△ABC 中，$AB=AC$，$BD\perp AC$ 于 D.

求证：$\angle CBD=\frac{1}{2}\angle BAC$.

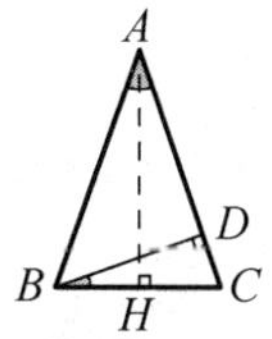

分析：作△ABC 的高线 AH，则 AH 平分 $\angle BAC$，即 $\angle CAH=\frac{1}{2}\angle BAC$. 另外，$\angle CAH$，$\angle CBD$ 都与 $\angle C$ 互余，所以 $\angle CBD=\angle CAH=\frac{1}{2}\angle BAC$.

图 2-73

提示：若以 BD 为对称轴，作△CBD 关于 BD 的对称图形△EBD. 设法证明 $2\angle CBD=\angle CBE=\angle BAC$ 也可完成证明.

例 2

在△ABC 中，$AB=AC$，$\angle BAC=80°$. O 为形内一点，$\angle OBC=10°$，$\angle OCB=30°$. 求 $\angle BAO$ 的度数.

（**1983 年南斯拉夫数学竞赛题**）

分析：如图 2-74 所示，根据条件 $AB=AC$，$\angle BAC=80°$，可以推知 $\angle ABC=\angle ACB=50°$. 又因为 $\angle OBC=10°$，$\angle OCB=30°$，可知 $\angle ABO=40°$，$\angle ACO=20°$，$\angle BOC=140°$. 但再往下思考简直无从下手了.

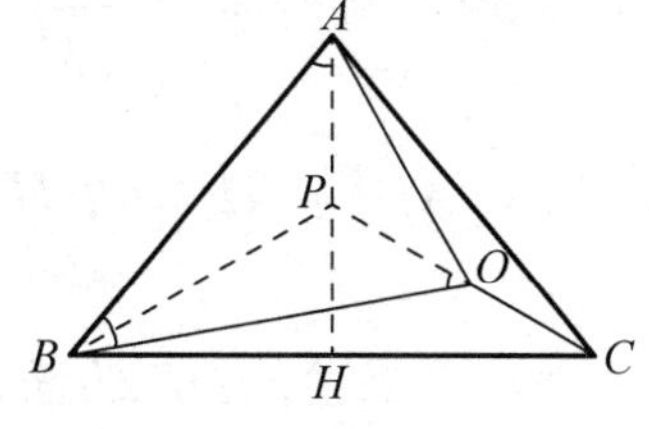

图 2-74

这时，我们想到等腰三角形是轴对称图形，作 $AH\perp BC$ 于 H. AH 也是 $\angle BAC$ 的平分线. 由 Rt△ABH 与 Rt△ACH 关于 AH 成轴对称图形，立即得出 $\angle BAH=\angle CAH=40°$. 为了充分利用轴对称图形的性质，延长 CO，交 AH 于 P（如图 2-74 所示），这时 $\angle BOP=40°=\angle BAP$.

连接 BP，由对称性知 $\angle PBC=\angle PCB=30°$，所以 $\angle PBO=30°-10°=20°$. 因此，$\angle ABP=40°-20°=20°$.

在△ABP 与△OBP 中，$\angle BAP=\angle BOP=40°$，$BP=BP$，$\angle ABP=\angle OBP=$

20°，所以$\triangle ABP \cong \triangle OBP$（角角边）．因此$AB = OB$（对应边相等）．

由于$\angle ABO = 40°$，所以$\angle BAO = \dfrac{180° - \angle ABO}{2} = \dfrac{180° - 40°}{2} = 70°$．

例 3

如图 2-75 所示，在$\triangle ABC$中，$AB = AC$，$\angle BAC = 120°$．$\triangle ADE$是正三角形，点D在BC边上，$BD : DC = 2 : 3$．当$\triangle ABC$的面积是 50 平方厘米时，求$\triangle ADE$的面积是多少平方厘米．

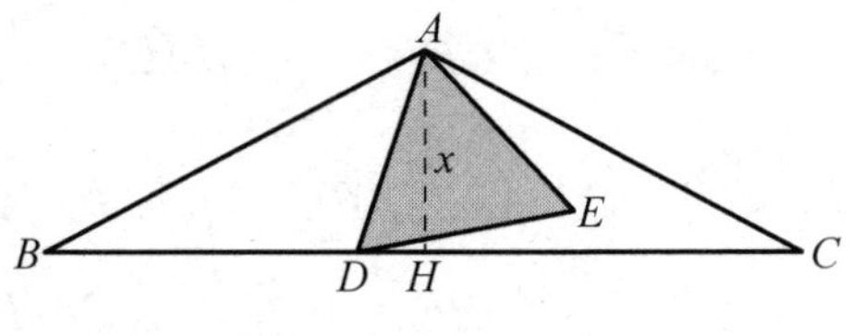

图 2-75

分析：只要求出正$\triangle ADE$的边长$AD=a$，就可以求出其面积$=\dfrac{\sqrt{3}}{4}a^2$．

为此，作等腰$\triangle ABC$的高AH，则$\angle ABH = 30°$．设$AH=x$，则$AB=2x$，$BH=\sqrt{3}x$，$BC=2\sqrt{3}x$，$BD=\dfrac{2}{5}BC = \dfrac{4\sqrt{3}}{5}x$．所以$DH = BH - BD = \sqrt{3}x - \dfrac{4}{5}\sqrt{3}x = \dfrac{\sqrt{3}}{5}x$．

因为$\triangle ABC$的面积是 50 平方厘米，所以$\dfrac{1}{2} \cdot BC \cdot AH = \dfrac{1}{2} \cdot 2\sqrt{3}x \cdot x = 50$．即$\sqrt{3}x^2 = 50$，解得$x^2 = \dfrac{50}{\sqrt{3}}$．$DH^2 = \left(\dfrac{\sqrt{3}}{5}x\right)^2 = \dfrac{3}{25} \cdot \dfrac{50}{\sqrt{3}} = 2\sqrt{3}$．

因此$AD^2 = AH^2 + DH^2 = \dfrac{50}{\sqrt{3}} + 2\sqrt{3} = \dfrac{56}{\sqrt{3}}$．

所以，正$\triangle ADE$的面积$= \dfrac{\sqrt{3}}{4}AD^2 = \dfrac{\sqrt{3}}{4} \cdot \dfrac{56}{\sqrt{3}} = 14$（平方厘米）．

（五）在一个图形中不同部位进行轴对称变换，达到相关元素相对集中．

例 1

如图 2-76 所示，D为等边$\triangle ABC$内一点．$DB=DA$，$BP=AB$，$\angle DBP = \angle DBC$．求$\angle BPD$的度数．

（**1983 年北京市中学生数学竞赛初二年级试题三**）

解：如图 2-77 所示，连接 DC，在$\triangle BPD$与$\triangle BCD$中，因为 $BP=AB=BC$，$\angle PBD=\angle CBD$，$BD=BD$，所以$\triangle BPD\cong\triangle BCD$（边角边）.

所以$\angle BPD=\angle BCD$（全等三角形的对应角相等）.

在$\triangle ACD$与$\triangle BCD$中，因为 $AC=BC$，$AD=BD$，$DC=DC$，

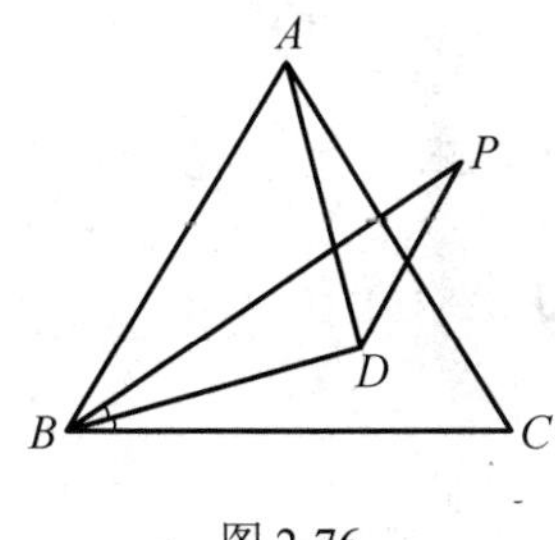

图 2-76

图 2-77

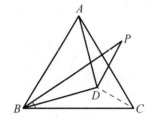

所以$\triangle ACD\cong\triangle BCD$（边边边）.

所以$\angle ACD=\angle BCD$（全等三角形的对应角相等）.

但$2\angle BCD=\angle ACD+\angle BCD=\angle ACB=60°$，所以$\angle BCD=30°$.

因此$\angle BPD=30°$.

例 2

点 M 是四边形 $ABCD$ 的 BC 边的中点，$\angle AMD=120°$（如图 2-78 所示）.

证明：$AB+\frac{1}{2}BC+CD\geqslant AD$.

（1993 年圣彼得堡数学奥林匹克试题）

分析：显然，要证题设的不等式，应当把 AB，$\frac{1}{2}BC$，CD 三条线段首尾连接成一条折线，再与线段 AD 比较即可. 要实现这一构想，折线的起点应与 A 点重合，终点应与 D 点重合. 这可由轴对称变称来实现.

证明：如图 2-79 所示，作 B 关于 AM 的对称点 B_1，连接 AB_1，MB_1，则 $AB_1=AB$，$MB_1=MB$. 所以$\triangle AB_1M\cong\triangle ABM$，由此可知$\angle B_1MA=\angle BMA$.

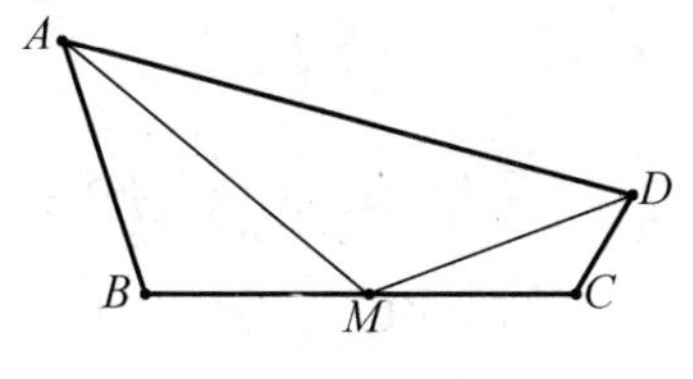

图 2-78

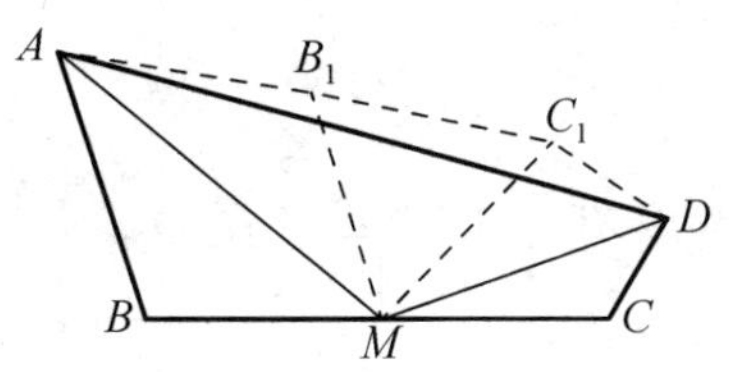

图 2-79

作 C 关于 DM 的对称点 C_1，连接 DC_1，MC_1，则 $DC_1=DC$，$MC_1=MC$. 所以$\triangle DC_1M\cong\triangle DCM$，由此得$\angle C_1MD=\angle CMD$.

由于$\angle AMD=120^\circ$，所以$\angle BMA+\angle CMD=180^\circ-\angle AMD=180^\circ-120^\circ=60^\circ$.

但$\angle B_1MA+\angle C_1MD=\angle BMA+\angle CMD=60^\circ$.

因此$\angle B_1MC_1=120^\circ-(\angle B_1MA+\angle C_1MD)=120^\circ-60^\circ=60^\circ$.

又因为$MB_1=MC_1=\dfrac{1}{2}BC$，所以$\triangle B_1MC_1$是等边三角形，$B_1C_1=\dfrac{1}{2}BC$.

由于两点间直线段最短，所以$AB_1+B_1C_1+C_1D\geqslant AD$.

即$AB+\dfrac{1}{2}BC+CD\geqslant AD$.

例 3

如图 2-80 所示，求出图中“？”的度数.

解: 要求“？”的度数，即$\angle ACD$的度数. 乍一看，简直无从下手. 但仔细观察，发现已知角的度数都是 12 的倍数，会使我们萌发构造60°角，作正三角形的想法.

为此，如图 2-81 所示，作$\triangle ACD$关于 AD 轴对称的$\triangle APD$，则$\triangle APD\cong\triangle ACD$.

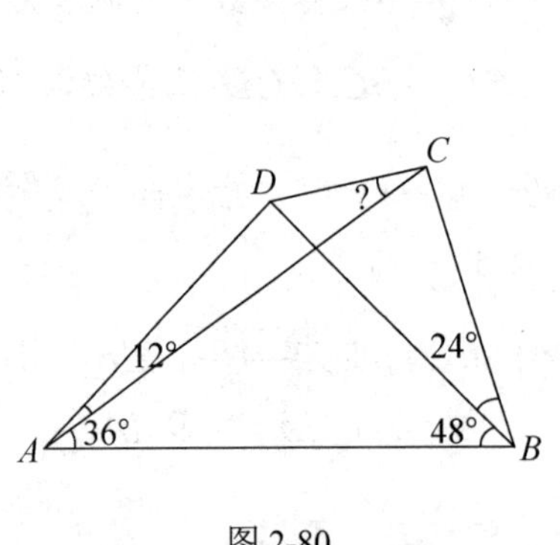

图 2-80

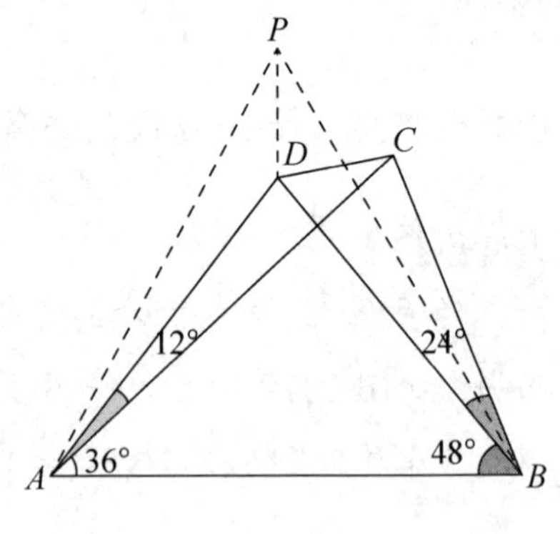

图 2-81

所以有$\angle APD=\angle ACD$，$\angle PAD=\angle CAD=12^\circ$，$\angle PAB=60^\circ$，$AP=AC$. 因为$\angle CAB=36^\circ$，$\angle ABC=72^\circ$，所以$\angle ACB=72^\circ$，所以$AC=AB$，即$AP=AB$.

连接 PB，则$\triangle PAB$为正三角形.

由于$\angle ABP=60°$，所以$\angle PBD=12°$.

注意到$\angle DAB=12°+36°=48°=\angle DBA$，所以$AD=BD$.

因此$\triangle PAD\cong\triangle PBD$，$\angle APD=\angle BPD$.

因$\angle APD+\angle BPD=60°$，所以$\angle APD=30°$.

因此$\angle ACD=\angle APD=30°$.

说明：仔细观察图形，发现解题思路就是作$\triangle ACD$关于AD所在直线的轴对称图形$\triangle APD$，再作$\triangle APD$关于PD所在直线的轴对称图形$\triangle BPD$. 整个证明过程，都是围绕实现这两次轴对称进行的.

例 4

在矩形台球桌$ABCD$上，如图 2-82 所示，放有两个球P和Q. 恰有$\angle PAB$和$\angle QAD$相等. 如果打击球P使它撞在AB上的M点，经反弹后撞到球Q，其路线记为$P\to M\to Q$；如果打击球Q使它撞在AD上的N点，经反弹后撞到球P，其路线记为$Q\to N\to P$. 证明：$P\to M\to Q$与$Q\to N\to P$的路线长度相等.

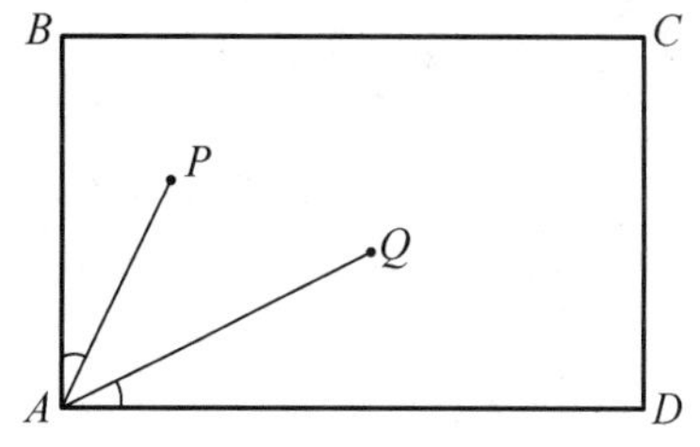

图 2-82

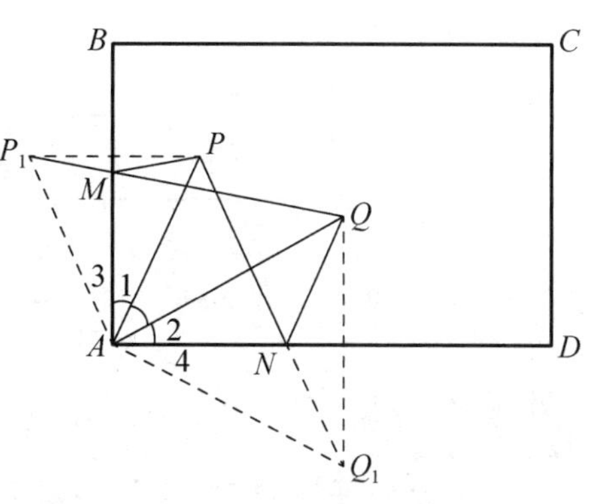

图 2-83

分析：如图 2-83 所示，台球P撞AB于M反弹打到Q满足$\angle PMB=\angle QMA$，作P关于BA的对称点P_1，连接P_1Q交BA于点M，则$P\to M\to Q$为球P的路线. 再作Q关于AD的对称点Q_1，连接PQ_1交AD于点N，则$Q\to N\to P$为球Q的路线.由对称性知，$P_1A=PA$，$Q_1A=QA$. 注意已知条件$\angle PAB$和$\angle QAD$相等，因此有$\angle 3=\angle 1=\angle 2=\angle 4$. $PM+MQ=P_1M+MQ=P_1Q$，$QN+NP=Q_1N+NP=Q_1P$. 因此，要证$P\to M\to Q$与$Q\to N\to P$的路线长度相等，即证明$PM+MQ=QN+NP$，也就是证明$P_1Q=Q_1P$.

在$\triangle P_1AQ$与$\triangle PAQ_1$中，因为$P_1A=PA$，$QA=Q_1A$，$\angle P_1AQ=\angle 3+\angle 1+$

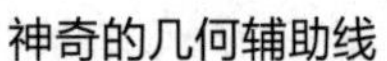

$\angle PAQ = \angle 4 + \angle 2 + \angle PAQ = 90^\circ$，因此 $\angle P_1AQ = \angle PAQ_1$.

所以 $\triangle P_1AQ \cong \triangle PAQ_1$（边角边），有 $P_1Q = PQ_1$.

所以，$P \to M \to Q$ 与 $Q \to N \to P$ 的路线长度相等.

说明： 光线折射、台球折射路线都满足入射角等于反射角的性质，因此都与轴对称有联系.

（六）正方形是轴对称图形，利用正方形的轴对称性质巧解证明题.

例 1

如图 2-84 所示，E 是边长等于 12 厘米的正方形 $ABCD$ 的边 AB 上的一点，AE=5 厘米. P 为对角线 AC 上的一点. 求 $BP+PE$ 的最小值.

解： 如图 2-85 所示，作 E 关于 AC 的对称点 F.

则 $AF=AE=5$. 连接 BF，交 AC 于 P，$BP+PE$ 取得最小值.

由勾股定理得 $BP+PE=BF=\sqrt{AF^2+AB^2}=\sqrt{5^2+12^2}=13$（厘米）.

所以 $BP+PE$ 的最小值是 13 厘米.

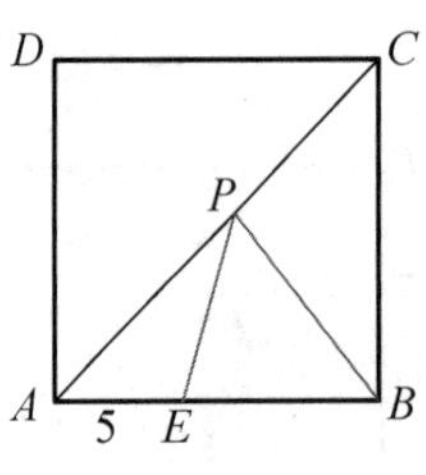

图 2-84

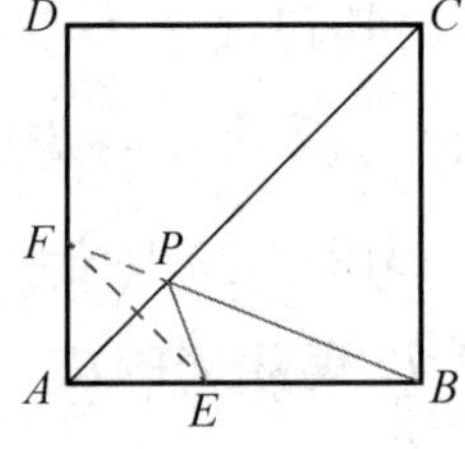

图 2-85

例 2

在单位正方形周界上任意两点之间连一曲线，如果它把这个正方形分成面积相等的两部分，试证：这个曲线段的长度不小于 1.

分析：（1）“周界任两点”在正方形的一组对边上时，图 2-86（1）中结论显然成立（注意，这种情形未用“所连曲线把这个正方形分成面积相等的两部分”的条件）.

（2）“周界任两点”在正方形的一组邻边上时，可连接正方形的一条对角线，如图 2-86（2）所示，由于这条曲线把这个正方形分成面积相等的两部分，所以

曲线必与所连的对角线相交，以所连对角线为对称轴，将曲线与对角线交点之间的部分作轴对称变换，可将整个曲线化归为（1）的情形.

（3）“周界任两点”在正方形的同一边上时，可连接正方形的一组对边中点，如图 2-86（3）所示，由于这条曲线把这个正方形分成面积相等的两部分，所以曲线必与所连的对边中点连线相交，以所连的一组对边中点连线为对称轴，将曲线与对边中点连线交点之间的部分作轴对称变换，可将整个曲线也化归为（1）的情形.

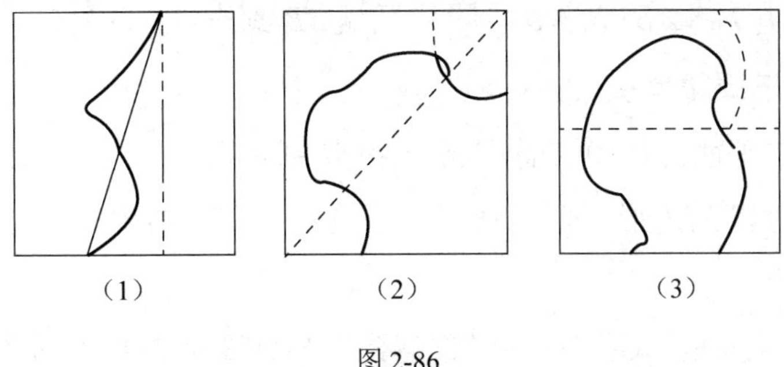

图 2-86

在上述（1）（2）（3）中，（1）是最基本的情况. 通过轴对称（反射）的手段，将（2）（3）化归为（1），从而得到了问题的解答.

在轴对称图形中，要经常想到设法利用图形的轴对称性质来添加辅助线，使我们的思路开阔起来.

2.4.3　通过旋转变换添加辅助线

将平面图形 F 绕平面内的一个定点 O 按一定方向旋转一个定角 θ，得到平面图形 F'. 这样的变换称为平面上绕定点 O 的旋转变换，O 叫作旋转中心，θ 叫作旋转角，记为 $F \xrightarrow{R(O,\theta)} F'$.

绕定点 O 旋转 180° 的旋转变换称为中心对称变换，简记为 $C(O)$.

显然 $C(O)=R(O,180^\circ)$.

旋转变换前后的图形具有如下性质：

（1）对应线段相等，对应角相等.

（2）共点线变为共点线；共线点变为共线点；对应点位置的排列次序相同；

线段的中点变为线段的中点；线段的定比分点变为对应线段的定比分点.

（3）任意两条对应线段所在直线的夹角都等于旋转角θ.

（4）旋转中心O是旋转变换下的不动点.

通过图 2-87，我们看到，点A逆时针旋转θ角到A_1，点B逆时针旋转θ角到B_1，则直线AB在逆时针旋转θ角的变换下变为直线A_1B_1.设直线AB与直线A_1B_1的交点为P，则易证$\triangle OAB \cong \triangle OA_1B_1$，推得线段$AB=A_1B_1$，$\angle BPB_1=\theta$，即从直线$AB$到直线$A_1B_1$的角等于旋转角$\theta$.

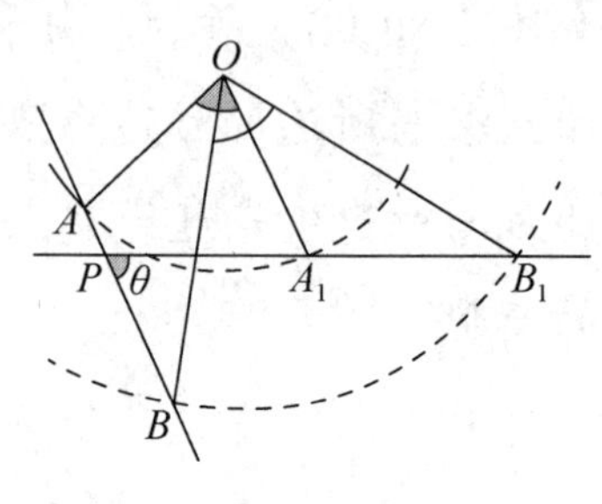

图 2-87

旋转变换在平面几何中有着广泛应用，特别是在解（证）有关等腰三角形、正三角形、正方形和正六边形的问题时，更是经常用到的思维途径.

下面的图 2-88 是解题过程中经常遇到的旋转变换的基本图形.

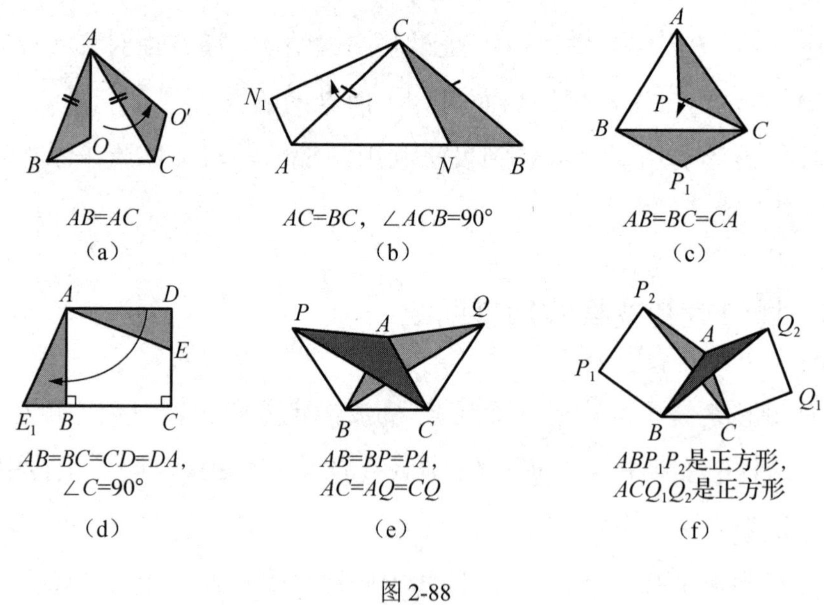

图 2-88

（一）通过旋转某个定角θ使元素相对集中.

例 1

P为$\triangle ABC$内的一点，$AB=AC$，且$\angle APB<\angle APC$. 求证：$PB>PC$.

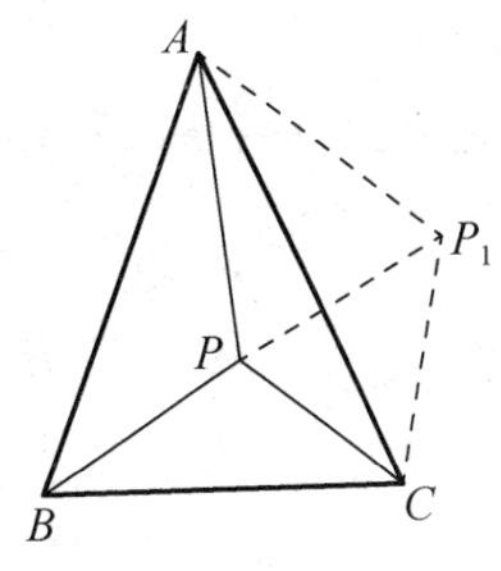

图 2-89

分析： 如图 2-89 所示，以 A 为中心，将$\triangle APB$逆时针旋转$\angle BAC$的大小，使 AB 边与 AC 重合. 这时$\triangle APB$移到了$\triangle AP_1C$的位置. 此时$\triangle APB\cong\triangle AP_1C$.

所以 $AP_1=AP$，$\angle AP_1C=\angle APB$，$P_1C=PB$.

连接 PP_1，因为 $AP_1=AP$，所以$\angle APP_1=\angle AP_1P$.

由已知$\angle APB<\angle APC$，可得$\angle AP_1C<\angle APC$，所以$\angle PP_1C<\angle P_1PC$. 则 $P_1C>PC$. 即 $PB>PC$.

例 2

如图 2-90（a）所示，在五边形 $ABCDE$ 中，$AB=AE$，$BC+DE=CD$，$\angle ABC+\angle AED=180°$，连接 AD. 求证：AD 平分$\angle CDE$.

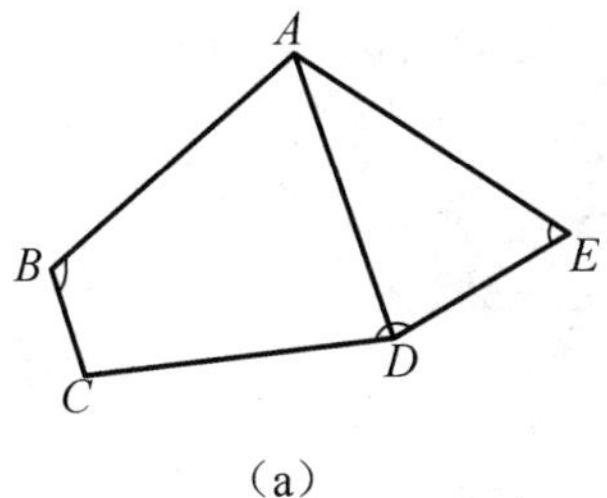

（a）

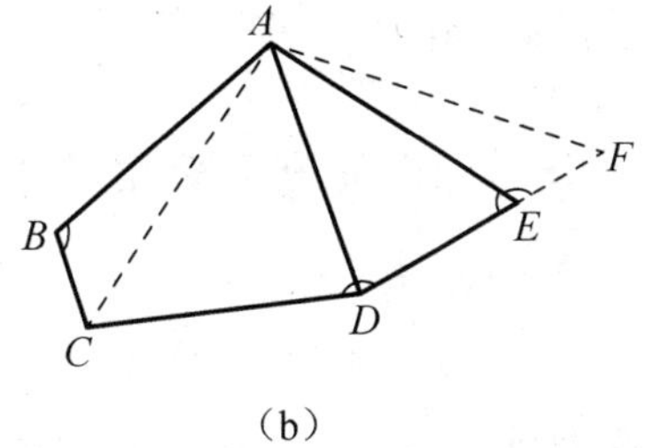

（b）

图 2-90

分析： 如图 2-90（b）所示，连接 AC，将$\triangle ABC$逆时针旋转到$\triangle AEF$.

因为 $AB=AE$，所以 AB 与 AE 重合. 已知$\angle ABC+\angle AED=180°$，又因为$\angle AEF=\angle ABC$，所以$\angle AEF+\angle AED=180°$，即 D，E，F 在一条直线上.

在$\triangle ADC$与$\triangle ADF$中，$DF=DE+EF=DE+BC=CD$，$AF=AC$，$AD=AD$，所以$\triangle ADC\cong\triangle ADF$. 因此$\angle ADC=\angle ADF$，即 AD 平分$\angle CDE$.

例 3

在$\triangle ABC$中，$\angle A:\angle B:\angle C=4:2:1$. $\angle A$，$\angle B$，$\angle C$的对边分别记为 a，b，c. 求证：$\frac{1}{a}+\frac{1}{b}=\frac{1}{c}$.

分析： 将$\triangle ABC$绕 C 点逆时针旋转θ，得到$\triangle A'CB'$.

连接 AA', BB'（如图 2-92 所示），则由 $CA'=CA$，$CB'=CB$，$\angle CAA'=\angle CA'A=$

3θ，可知，$\angle CAA'+\angle CAB=7\theta=180°$. 所以 A',A,B 共线. 由于 $\angle A'B'C=\angle A'BC=2\theta$，所示 A'，B'，B，C 四点共圆.

易知，$A'B'=B'B=AB=c$，$CB=CB'=a$，$CA'=CA=A'B=b$. 根据托勒密定理，有 $A'C\cdot B'B+A'B'\cdot CB=CB'\cdot A'B$，即 $b\cdot c+c\cdot a=a\cdot b$.

所以 $\dfrac{b+a}{a\cdot b}=\dfrac{1}{c}$，即 $\dfrac{1}{a}+\dfrac{1}{b}=\dfrac{1}{c}$.

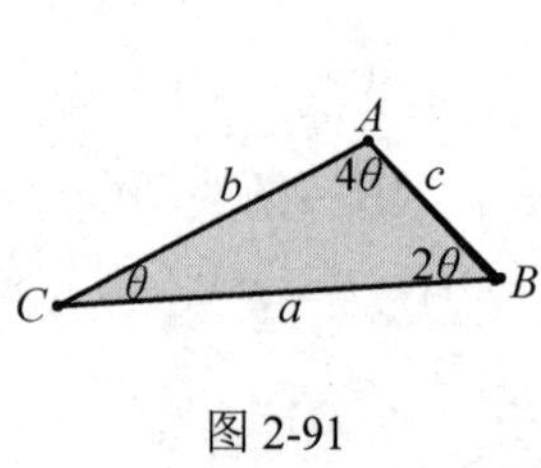

图 2-91

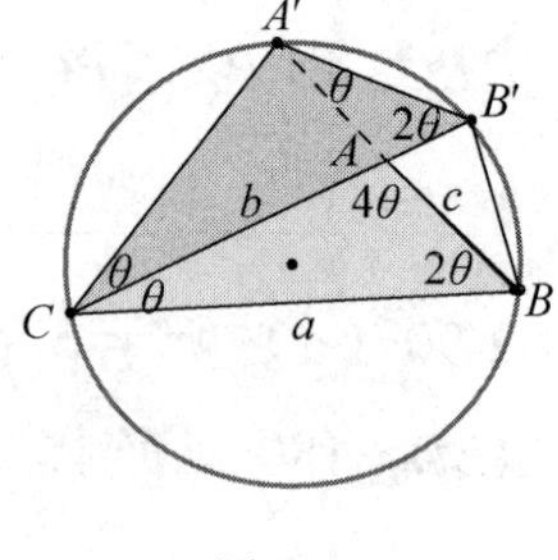

图 2-92

（二）通过旋转 $60°$ 角使元素相对集中.

例 1

如图 2-93 所示，在五边形 $ABCDE$ 中，$\angle BAE=60°$，$\angle B=\angle BCD=\angle D=\angle E$，$AB=AE$，$BC=CD$，$AC=2$ 厘米，则五边形 $ABCDE$ 的面积=__________平方厘米.

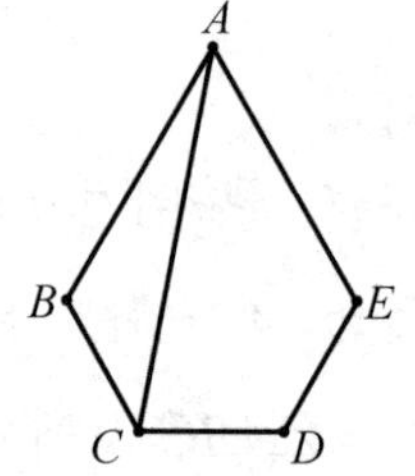

图 2-93

解：五边形的内角和为 $540°$，由于 $\angle BAE=60°$，$\angle B=\angle BCD=\angle D=\angle E$，所以 $\angle B=\angle BCD=\angle D=\angle E=120°$. 如图 2-94 所示，将 $\triangle ABC$ 绕 A 点逆时针旋转 $60°$，得到 $\triangle AEF$，则 $AE=AB$，$EF=BC$，$AF=AC$，$\angle AEF=\angle ABC=120°=\angle AED$.

所以 $\angle DEF=120°=\angle CDE$.

连接 CF，交 DE 于 P，则 $\triangle CDP\cong\triangle FEP$.

相当于将 $\triangle CDP$ 绕 P 旋转 $180°$ 补到了 $\triangle FEP$ 的位置.

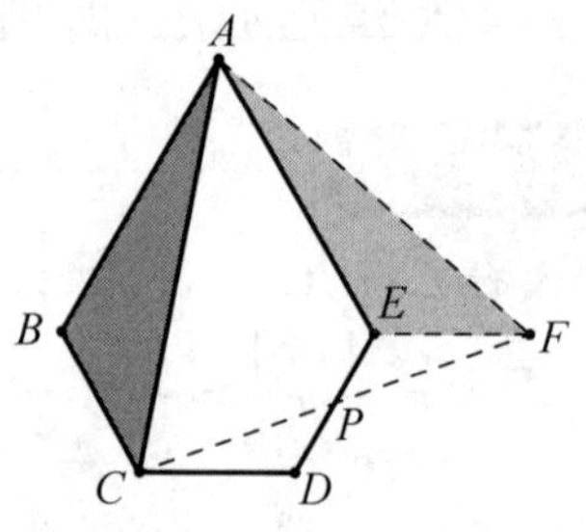

图 2-94

五边形 $ABCDE$ 的面积=正△ACF 的面积=$\frac{\sqrt{3}}{4}\times 2^2=\sqrt{3}$（平方厘米）.

例 2

P 为正△ABC 内的一点，$\angle APB=113°$，$\angle APC=123°$. 求证：以 AP，BP，CP 为边可以构成一个三角形，并确定所构成的三角形的各内角的度数.

解： 要判断 AP，BP，CP 三条线段可以构成一个三角形的三边，常采用判定其中任两条线段之和大于第三条线段的办法. 然而如何求所构成的三角形各内角的度数，又会使你束手无策. 怎么办？如果将△APC 绕 C 点逆时针旋转60°，得到△BP_1C，如图 2-95 所示，A 点变到 B 点，线段 CA 变到 CB，P 点变到 P_1 点. 奇迹发生了！此时，$CP=CP_1$ 并且△APC≌△BP_1C（理由：$AC=BC$，$\angle ACP=\angle BCP_1=60°-\angle PCB$，$CP=CP_1$）. 所以有 $AP=BP_1$，$\angle BP_1C=\angle APC=123°$.

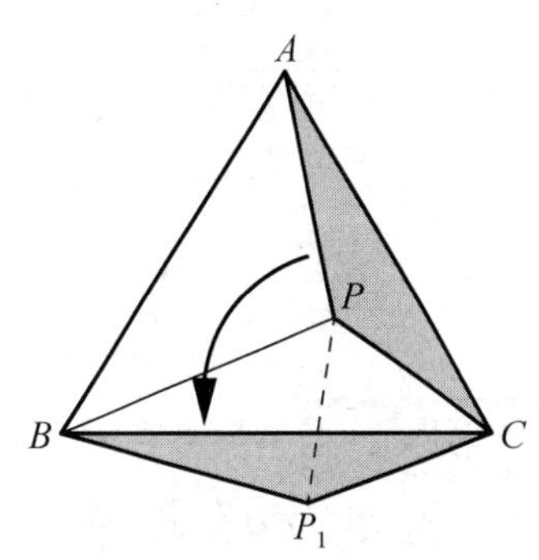

图 2-95

容易由 $CP=CP_1$，$\angle PCP_1=60°$，知△PCP_1 为等边三角形，所以 $PP_1=CP$，$\angle CPP_1=\angle CP_1P=60°$. 这时，△$BPP_1$ 就是以 BP，AP（$=BP_1$），CP（$=PP_1$）为三边构成的三角形.

易知 $\angle BP_1P=\angle BP_1C-\angle CP_1P=\angle APC-60°=123°-60°=63°$. 又因为 $\angle BPC=360°-113°-123°=124°$，故 $\angle BPP_1=\angle BPC-\angle CPP_1=124°-60°=64°$.

因此 $\angle PBP_1=180°-63°-64°=53°$.

例 3

在△ABC 中，以 AB，AC 为边分别向形外作正△ABD 和正△ACE. 求证：连接 DE，BD，CB，EC 中点所形成的四边形 $MNPQ$ 是菱形.

分析： 要证 $MNPQ$ 是菱形，只需证 $MN=NP=PQ=QM$ 即可.

根据三角形中位线定理，易知 $MN=\frac{1}{2}BE=PQ$，$NP=\frac{1}{2}DC=QM$，

因此，只需 $BE=CD$ 即可.

如图 2-96 所示，将$\triangle ADC$绕A点逆时针旋转60°即与$\triangle ABE$重合，有$\triangle ADC \cong \triangle ABE$，自然有$BE = DC$.

至此思路已经清晰，不难写出本题的证明.

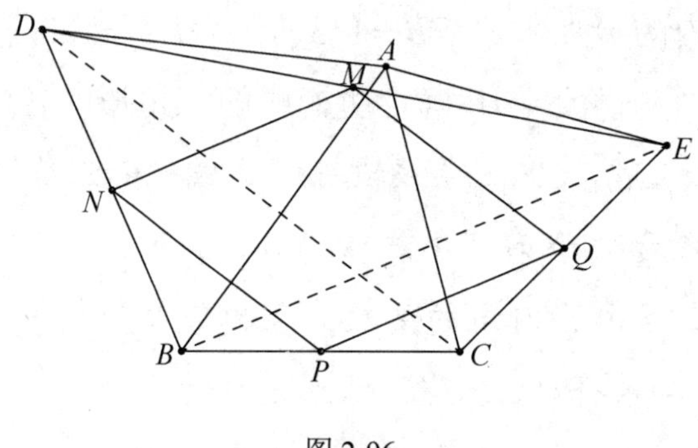

图 2-96

例 4

如图 2-97 所示，在凸四边形 $ABCD$ 中，$\angle ABC = 30^\circ$，$\angle ADC = 60^\circ$，$AD = DC$.

证明：$BD^2 = AB^2 + BC^2$.

（1996 年北京市中学生数学竞赛初二试题）

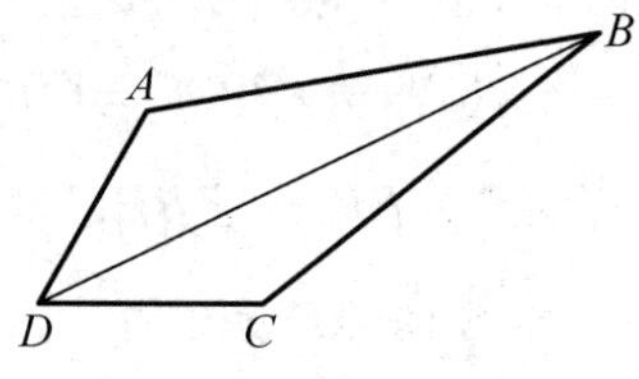

图 2-97

分析: 要证$BD^2 = AB^2 + BC^2$，想到用勾股定理.

由于BD，AB，BC没有在一个三角形中，所以，应设法通过图形变换，使这三条线段集中在一个三角形中，而且这个三角形应是直角三角形. 本题可以使用旋转变换.

证明: 如图 2-98 所示，连接AC. 因为$AD = DC$，$\angle ADC = 60^\circ$，所以$\triangle ADC$是正三角形，$DC = CA = AD$.

将$\triangle DCB$绕 C 点顺时针旋转60°，得到$\triangle ACE$，连接EB. 这时，$DB=AE$，$CB=CE$，$\angle BCE = \angle ACE - \angle ACB = \angle BCD - \angle ACB = \angle ACD = 60^\circ$.

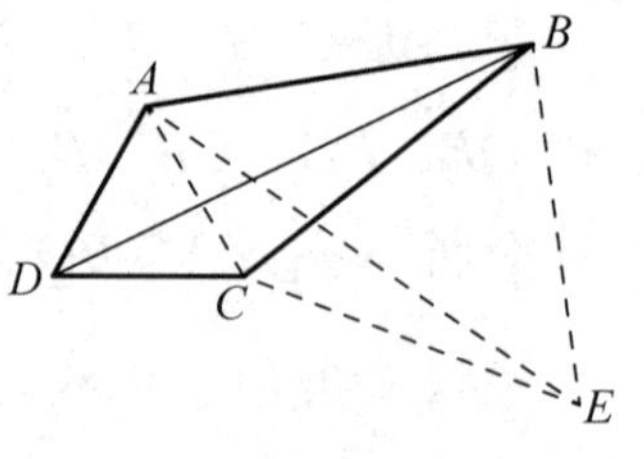

图 2-98

所以$\triangle CBE$为正三角形，有 $BE=BC$，$\angle CBE = 60^\circ$. 因此，$\angle ABE = \angle ABC + \angle CBE = 30^\circ + 60^\circ = 90^\circ$.

在 Rt△ ABE 中，由勾股定理可得 $AE^2=AB^2+BE^2$，即 $BD^2=AB^2+BC^2$.

（三）通过旋转 $90°$ 使元素相对集中.

例 1

在四边形 $ABCD$ 中，$AB=AD$，$\angle BAD=\angle BCD=90°$，$AC=6\,\text{cm}$，求四边形 $ABCD$ 的面积.

解： 此题只知 AC=6cm 一条线段长，仔细想一想，只有正三角形，正方形，圆等图形可以只由一条线段来求面积，已知条件又有两个 $90°$ 角和另两条相等线段，不妨设法将图形改造成正方形试一试. 为此作 $AE\perp BC$ 于 E，如图 2-99 所示.

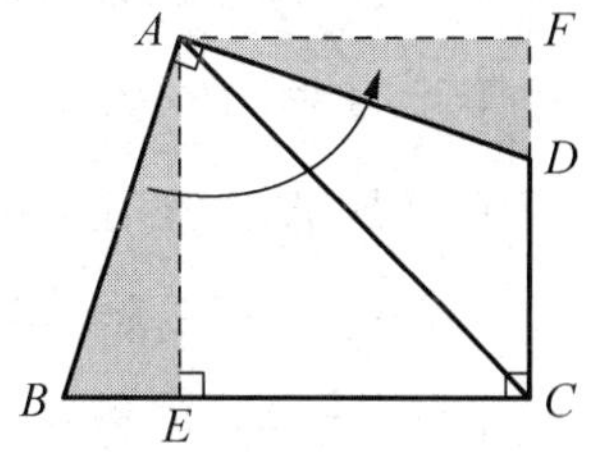

图 2-99

将△ABE 绕 A 点逆时针旋转 $90°$，得到△ADF，易知 $AECF$ 为正方形，其面积等于四边形 $ABCD$ 的面积. AC 为正方形 $AECF$ 的对角线.

所以四边形 $ABCD$ 的面积=正方形 $AECF$ 的面积=$\dfrac{AC^2}{2}=\dfrac{6^2}{2}=18$（$\text{cm}^2$）.

例 2

用一张斜边长为 15 的红色直角三角形纸片，一张斜边长为 20 的蓝色直角三角形纸片，一张黄色的正方形纸片，如图 2-100 所示，恰拼成一个直角三角形.

问：黄色正方形纸片的面积是多少？试说明理由.

（第 18 届华杯赛决赛初一组 A 卷试题）

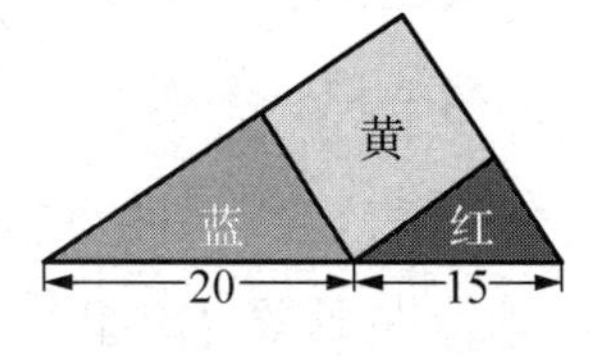

图 2-100

解： 将 Rt△DEB 绕 D 点逆时针旋转 $90°$，得到 Rt△DFG，如图 2-101 所示，使 DE 和 DF 重合，BE 和 GF 重合，三角形 BDE 和三角形 GDF 重合（即将三角形 BDE 补到三角形 DFG 的位置）.

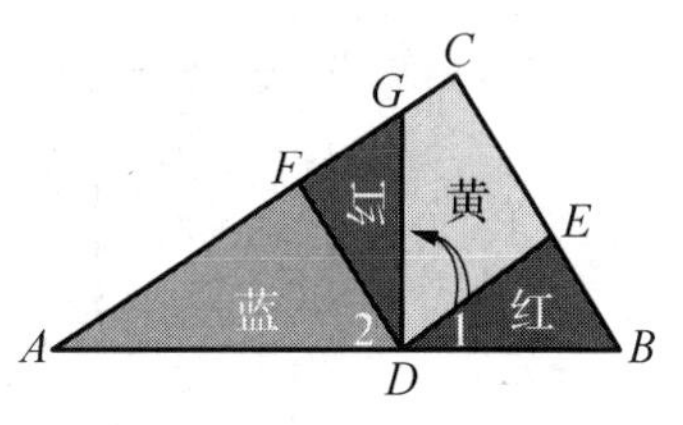

图 2-101

由于 $\angle EDF=90°$，所以 $\angle 1+\angle 2=90°$.

所以 $\angle ADG$ 是直角，三角形 ADG 是直角三角形，它的直角边 $AD=20$，$DG=15$，由勾股定理可得斜边 $AG=25$. 此时正方形的边长 DF 恰是直角三角形 ADG 中斜边 AG 上的高，所以 $\frac{1}{2}\times25\times DF=\frac{1}{2}\times15\times20$，解得 $DF=12$.

因此黄色正方形纸片面积是 $12^2=144$.

例 3

在锐角△ABC 中，以 AB，AC 为边分别向形外作正方形 $ABDE$ 和 $ACFG$. BE 的中点为 M，CG 的中点为 N，EG 的中点为 P. 求证：$PM=PN$.

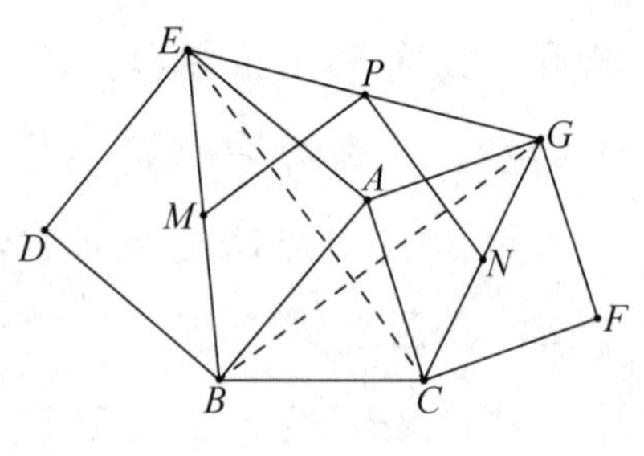

图 2-102

分析: 要证 $PM=PN$，根据三角形中位线定理，只需证 $BG=CE$ 即可. 要证 $BG=CE$，如图 2-102 所示，我们将△AEC 绕 A 点逆时针旋转 $90°$，与△ABG 重合. 即有△$AEC\cong$△ABG，自然有 $BG=EC$.

至此思路已经清晰，不难写出本题的证明.

例 4

如图 2-103 所示，P 为正方形 $ABCD$ 内一点，$PA:PB:PC=1:2:3$. 求证：$\angle APB=135°$.

分析: 利用正方形的特点设法经过旋转使 AP，PB，PC 相对集中，为简单起见，不妨设 $PA=1$，$PB=2$，$PC=3$.

如图 2-104 所示，将△CPB 绕 B 点顺时针旋转 $90°$，使△CPB 变到△AEB 的位置，这时 $BE=2$，$AE=3$，$\angle PBE=90°$，则 $PE=2\sqrt{2}$，$\angle BPE=45°$.

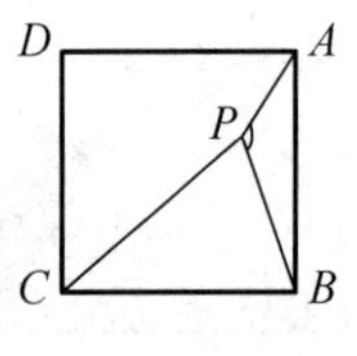

图 2-103

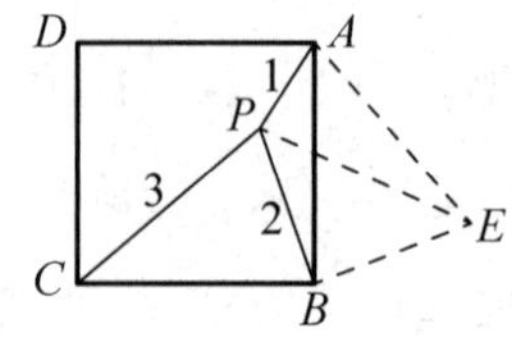

图 2-104

又因为 $AP^2+PE^2=1^2+\left(2\sqrt{2}\right)^2=3^2=AE^2$，所以 $\angle APE=90^\circ$，于是可得 $\angle APB=90^\circ+45^\circ=135^\circ$.

例 5

如图 2-105 所示，在等腰直角△*ABC* 中，*E*，*D* 分别为直角边 *BC*，*AC* 上的点，且 *CE*=*CD*. 过 *C*，*D* 分别作 *AE* 的垂线，交斜边 *AB* 于 *L*，*K*. 求证：*BL*=*LK*.

分析：因为 *CL*，*DK* 都垂直于 *AE*，所以 *CL*//*DK*. 而要证 *BL*=*LK*，即要证 $\dfrac{BL}{LK}=1$. 但 *BL*，*LK* 是 *BK* 上被平行线 *CL*，*DK* 分得的两部分的线段，很容易联想到应用平行线分线段成比例的定理，为此可如图 2-106 所示添加辅助线.

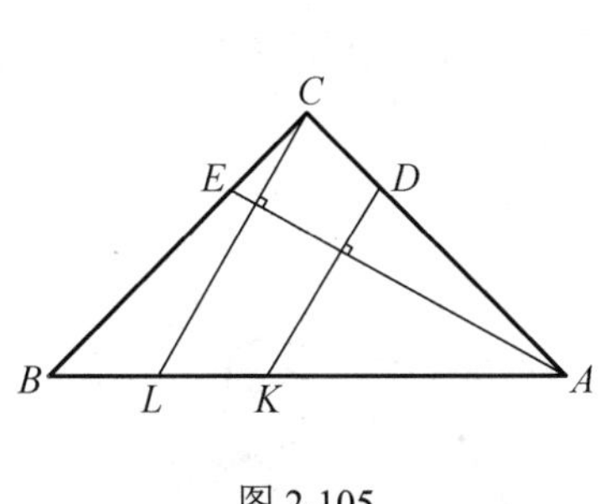

图 2-105

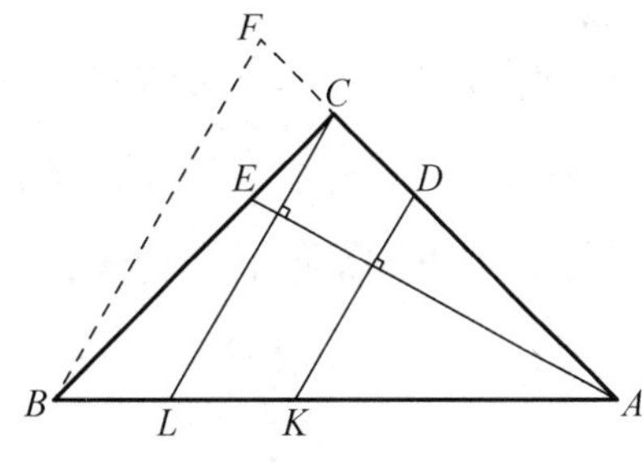

图 2-106

过 *B* 作 *BF*//*CL*，交 *AC* 延长线于 *F*（相当于绕 *C* 点将 Rt△*ACE* 顺时针旋转 90° 到 Rt△*BCF* 的位置），构成平行截线的基本图.

要证 $\dfrac{BL}{LK}=1$，只需证 $\dfrac{FC}{CD}=1$，即 *FC*=*CD*.

为此，只需证 Rt△*BCF* 与 Rt△*ACE* 全等，由 *CF*=*CE*=*CD* 可以得到.

到此思路已经清晰，只需写出证明.

（四）通过旋转120°使元素相对集中.

例 1

如图 2-107 所示，在△*ABC* 中，*AB*=*AC*，$\angle BAC=120^\circ$，*BC*=2. 求△*ABC* 的面积.

解：如图 2-108 所示，以 *A* 为中心，将△*ABC* 逆时针旋转120°，再逆时针旋转120°，得到边长为 2 的正△*DBC*.

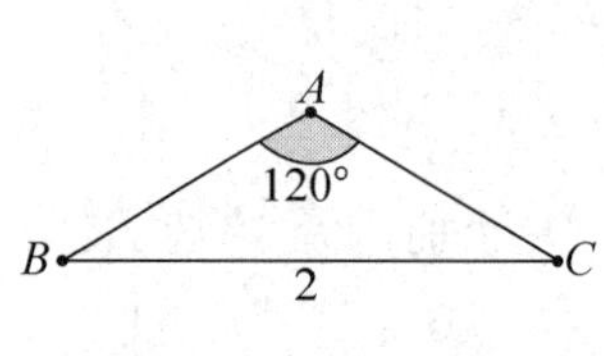

图 2-107

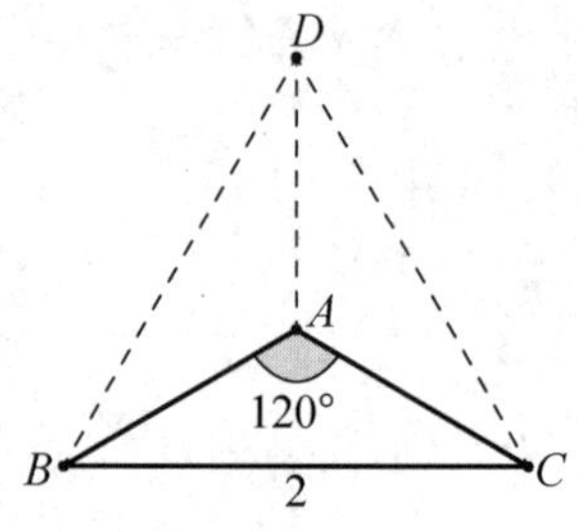

图 2-108

易知$\triangle ABC$的面积$=\frac{1}{3}\triangle DBC$的面积$=\frac{1}{3}\cdot\frac{\sqrt{3}}{4}\cdot 2^2=\frac{\sqrt{3}}{3}$.

例 2

点O是凸四边形$ABCD$内的一点，$\angle AOB=\angle COD=120°$，$AO=OB$且$OC=OD$. K为AB中点，L为BC中点，M为CD中点.

求证：$\triangle KLM$是正三角形.

分析：如图 2-109 所示，连接AC，BD，将$\triangle AOC$绕O顺时针旋转$120°$，使其与$\triangle BOD$重合. 则有$\triangle AOC\cong\triangle BOD$，所以$AC=BD$.

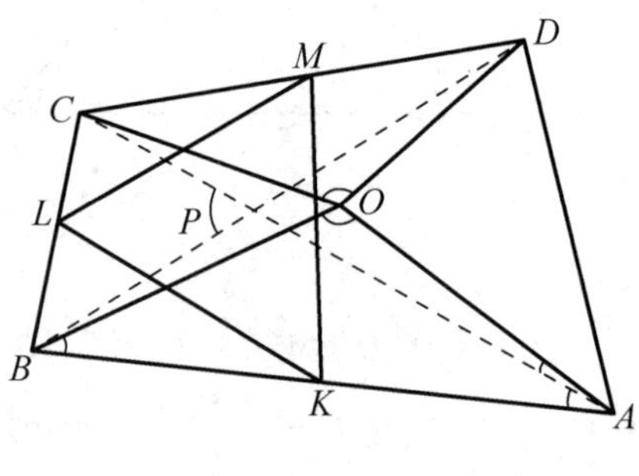

图 2-109

根据三角形中位线定理，可知$LM/\!/BD$，$LM=\frac{1}{2}BD$，$LK/\!/AC$，$LK=\frac{1}{2}AC$.

由于$AC=BD$，所以$LK=LM$.

要证$\triangle KLM$是正三角形，只需证明$\angle MLK=60°$.

设AC与BD相交于点P.

事实上$\angle MLK=\angle CPB=\angle PBA+\angle PAB=\angle PBO+\angle OBA+\angle PAB$
$$=\angle OBA+\angle PAB+\angle PAO=\angle OBA+\angle BAO$$
$$=180°-\angle BOA=180°-120°=60°.$$

所以$\triangle KLM$是正三角形.

例 3

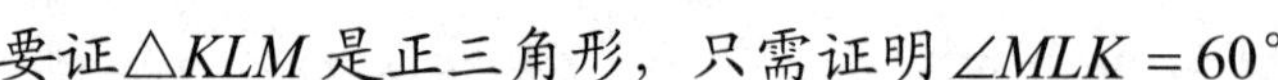

如图 2-110 所示，在六边形$ABCDEF$中，$\angle A=\angle B=\angle C=\angle D=\angle E=\angle F$，$AB=BC=CD$，$AF=DE$，$\triangle CEF$的面积等于六边形$ABCDEF$面积的一半. 求

$\angle ECF$ 的度数.

分析： 由于六边形内角和为720°，且六个内角的度数都相等，所以$\angle A=\angle B=\angle C=\angle D=\angle E=\angle F=120^\circ$.

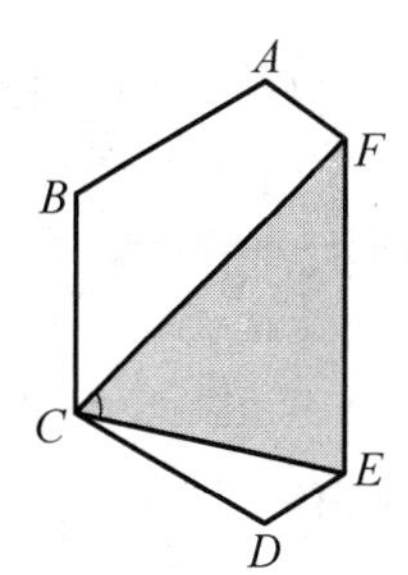

图 2-110

由于$\triangle CEF$的面积等于六边形$ABCDEF$面积的一半，我们可以将六边形除去$\triangle CEF$剩下的部分拼补在一起，即将$\triangle CDE$移动位置，将其与四边形$BCFA$集中到一起，为此，如图 2-111 所示，将$\triangle CDE$绕C点逆时针旋转120°，得到$\triangle CBE_1$.

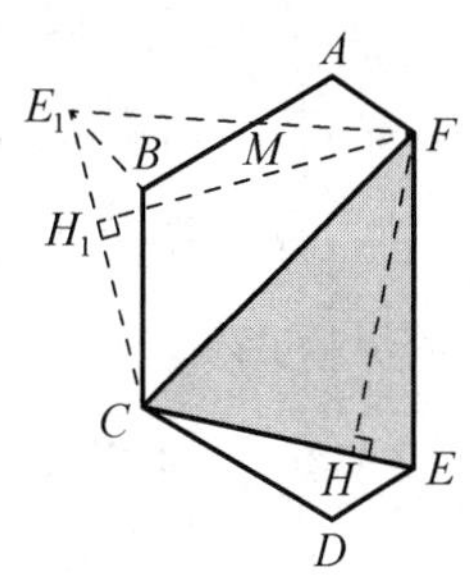

图 2-111

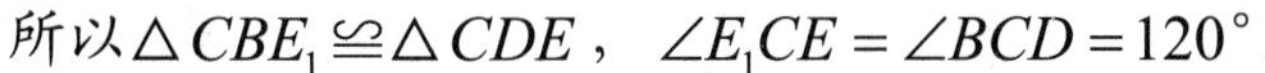

所以$\triangle CBE_1\cong\triangle CDE$，$\angle E_1CE=\angle BCD=120^\circ$.

又因为$BE_1=DE$，$\angle E_1BC=\angle EDC=120^\circ=\angle ABC$，所以$\angle E_1BA=120^\circ$.

连接E_1F，交AB于M点.

在$\triangle E_1BM$与$\triangle FAM$中，由于$E_1B=DE=AF$，$\angle E_1BM=\angle FAM=120^\circ$，$\angle E_1MB=\angle FMA$，所以$\triangle E_1BM\cong\triangle FAM$. 所以$S_{\triangle E_1BM}=S_{\triangle FAM}$，由此可以推出$S_{\triangle CE_1F}=S_{\triangle CEF}$. 过$F$作$FH\perp CE$于$H$，作$FH_1\perp CE_1$于$H_1$.

由于$\frac{1}{2}\cdot CE\cdot FH=\frac{1}{2}\cdot CE_1\cdot FH_1$，$CE=CE_1$，所以$FH=FH_1$，即$F$点到$\angle E_1CE$的两边的距离相等，所以$\angle ECF=\angle E_1CF=\frac{1}{2}\angle ECE_1=\frac{1}{2}\angle DCB=60^\circ$.

2.4.4　利用中心对称添加辅助线

定义： 旋转角为180°的旋转叫作中心对称变换，用$C(O)$表示关于O点的中心对称，O为对称中心，它是一个不动点. $C(O)=R(O,180^\circ)$.

显然，中心对称的逆变换仍是中心对称.

如果两条直线关于某个点中心对称，那么这两条直线平行；如果两条直线平行，那么这两条直线是关于某点的中心对称图形.

（一）利用取线段中点作中心对称，造成中心对称图形证明问题.

例 1

如图 2-112 所示，$ABCDE$ 是凸五边形，AD 是一条对角线. 已知 $\angle EAD > \angle ADC$，且 $\angle EDA > \angle DAB$.

求证：$AE+ED > AB+BC+CD$.

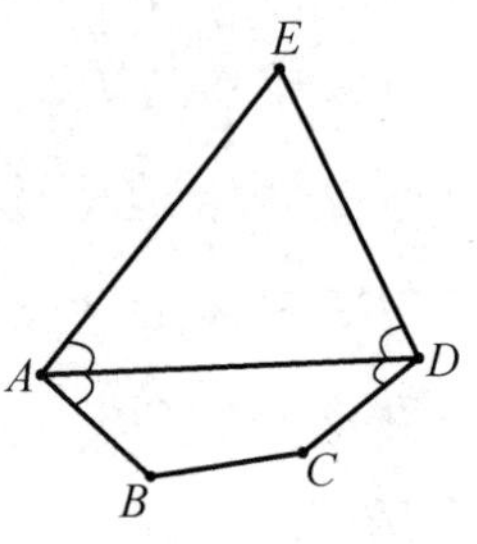

图 2-112

证明： 如图 2-113 所示，以 AD 中点 O 为中心，作 B，C 的中心对称点 B'，C'. 连接 AC'，$B'C'$，DB'.

由 $\angle EAD > \angle ADC$，$\angle EDA > \angle DAB$ 可知 B'，C' 在 $\triangle AED$ 内，故只需证明 $AE+ED>AC'+C'B'+B'D$ 即可.

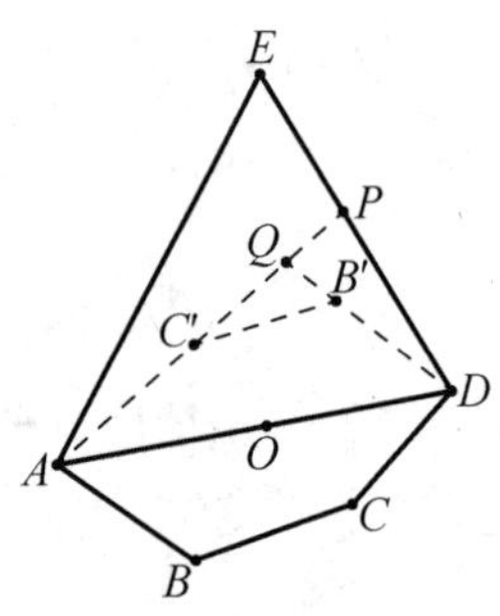

图 2-113

延长 AC' 交 ED 于 P，连接 DB' 交 $C'P$ 于 Q.

则 $AE+EP > AP = AC'+C'Q+QP$，

$QP+PD > QD = QB'+B'D$，

$C'Q+QB' > C'B'$.

三式相加得 $AE+EP+PD>AC'+C'B'+B'D$.

即 $AE+ED>AC'+C'B'+B'D$，所以 $AE+ED>AB+BC+CD$.

例 2

一个三角形中有一个内角平分线恰是这个角对边上的中线. 求证：这个三角形为等腰三角形.

分析： 在$\triangle ABC$ 中，设 $AD=DC$，$\angle ABD = \angle CBD$. 如图 2-114 所示，以 D 为中心作 B，A 的中心对称点 B_1，C，所以 $AB \underline{\parallel} CB_1$. 所以 $\angle DBC = \angle ABD = \angle CB_1D$.

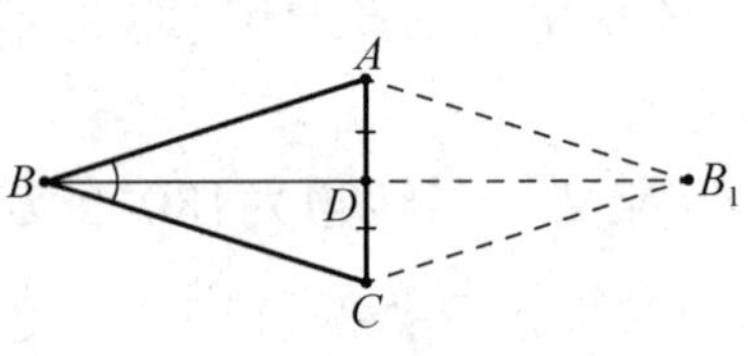

图 2-114

因此，在$\triangle BCB_1$ 中，由 $BC = CB_1$.

所以 $BC = AB$，$\triangle ABC$ 是等腰三角形.

（二）三角形中线问题的倍中线法，本质上是关于线段中点的中心对称.

例 1

在$\triangle ABC$中，$AB > AC$，AD为BC边上的中线. 求证：$\angle CAD > \angle BAD$.

分析： 如图 2-115 所示，延长AD到E，使得$ED=AD$，连接CE. 相当于将$\triangle ABD$绕点D旋转$180°$到$\triangle ECD$的位置，即$\triangle ABD \cong \triangle ECD$. 因此$CE=BA>AC$，$\angle DEC = \angle DAB$.

在$\triangle AEC$中，由于$CE>AC$，所以$\angle CAE > \angle AEC$，即$\angle CAD > \angle BAD$.

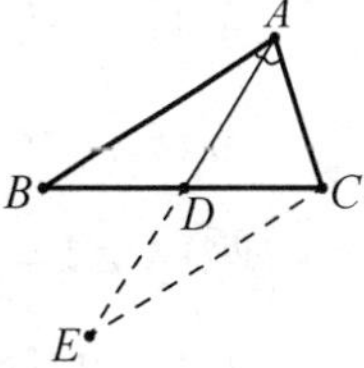

图 2-115

例 2

以$\triangle ABC$的边AB，AC为边向形外作正方形$ABDE$和$ACFG$，M为BC边的中点. 求证：$AM \perp EG$.

分析： 如图 2-116 所示，延长AM到P，使$AM=MP$，连接CP.

在$\triangle ACP$与$\triangle GAE$中，因为$PC=AE$，$AC=AG$，$\angle EAG = \angle ACP$，所以$\triangle ACP \cong \triangle GAE$，则有$\angle 1 = \angle 2 = \angle 3$.

因为$\angle 1 + \angle 4 = 90°$，所以$\angle 3 + \angle 4 = 90°$. 因此$\angle ANE = 90°$，即$AM \perp EG$.

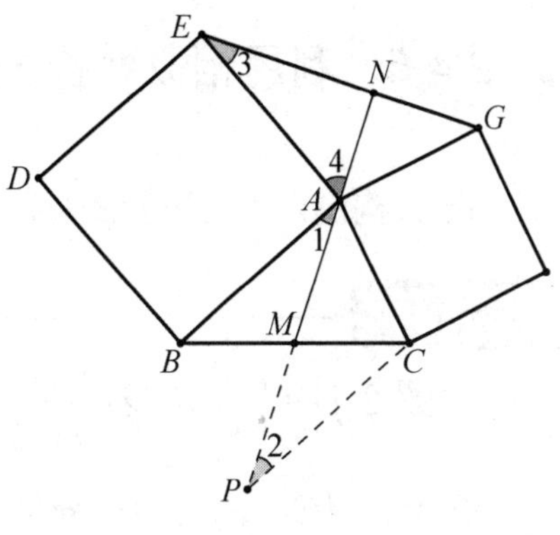

图 2-116

例 3

在$\triangle ABC$中，$AB > AC$. AD为BC边上的中线. 求证：$AD < \frac{1}{2}(AB + AC)$.

分析： 如图 2-117 所示，延长AD到E，使得$ED=AD$，连接CE. 相当于将$\triangle ABD$绕点D旋转$180°$到$\triangle ECD$，则有$\triangle ABD \cong \triangle ECD$. 所以$CE=AB$，$AE=2AD$.

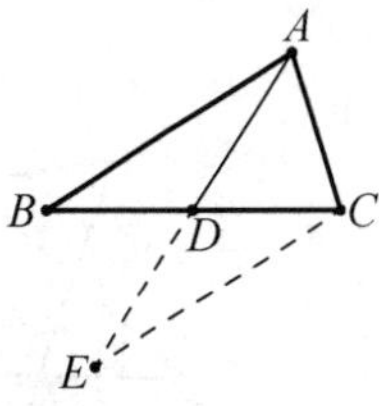

图 2-117

在$\triangle AEC$中，由于$AE<CE+AC$，即$2AD<AB+AC$，所以$AD < \frac{1}{2}(AB + AC)$.

例 4

如图 2-118 所示，在△ABC 中，AD 是 BC 边上的中线，E 是 AD 上的一点，延长 BE 交 AC 于 F. 若 $AF=EF$，求证：$BE=AC$.

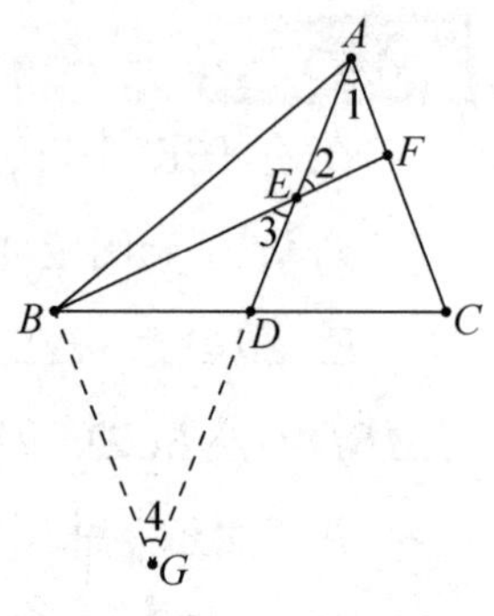

图 2-118

分析： 延长 AD 到 G，使 $DG=AD$，连接 BG.

易证△ACD≌△GBD.

所以 $\angle 1=\angle 4$，$AC=GB$.

由已知 $AF=EF$，可得 $\angle 1=\angle 2$.

又因为 $\angle 3=\angle 2$，因此 $\angle 3=\angle 2=\angle 1=\angle 4$.

所以 $BE=BG=AC$.

2.4.5 利用相似变换添加辅助线

设法构造相似三角形来证明比例式或乘积式.

例 1

如图 2-119 所示，若 $\dfrac{GH}{DF}=\dfrac{PQ}{EF}=\dfrac{MN}{DE}$. 求证：$\dfrac{GN}{AB}=\dfrac{PH}{AC}=\dfrac{MQ}{BC}$.

分析： AC，BC，AB 分别为△ABC 的三边，而 PH，MQ，GN 三条线段位置分散，故考虑构造一个三角形与△ABC 相似，且它的三边分别等于 PH，MQ，GN.

证明： 如图 2-120 所示，分别过点 G，H 作 DE，EF 的平行线，交点为 O. 连接 MO，QO.

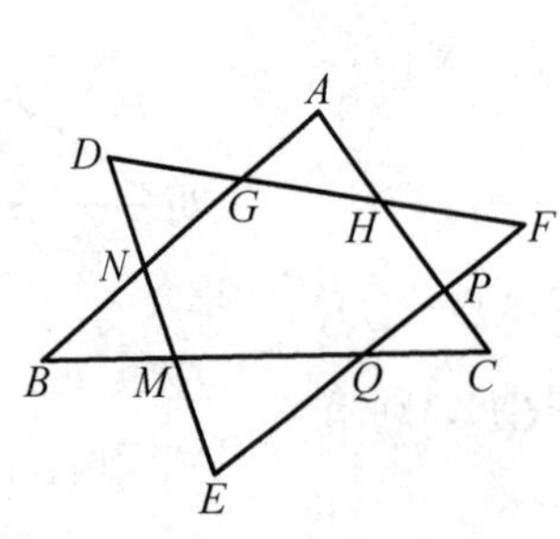

图 2-119

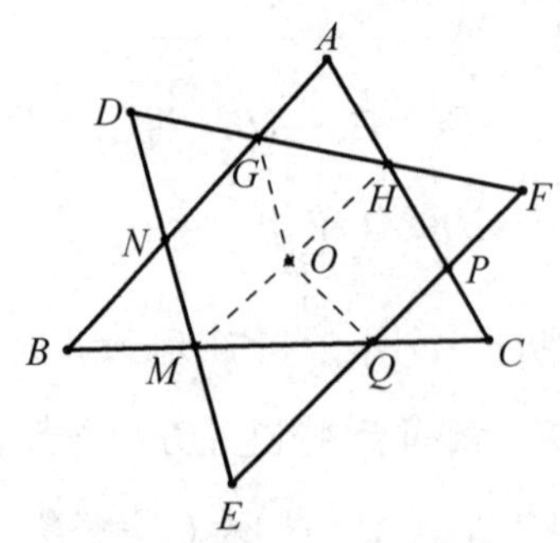

图 2-120

则有$\triangle GOH \backsim \triangle DEF$，所以$\dfrac{GH}{DF}=\dfrac{OH}{EF}=\dfrac{OG}{ED}$.

又因为$\dfrac{GH}{DF}=\dfrac{PQ}{EF}=\dfrac{MN}{DE}$，所以$OH=PQ$，$OG=MN$.

所以 $OH \mathrel{\underline{\mathbin{/\!/}}} PQ$，$OG \mathrel{\underline{\mathbin{/\!/}}} MN$，所以 $OHPQ$，$OGNM$ 为平行四边形，因此 $OM \mathrel{\underline{\mathbin{/\!/}}} GN$，$OQ \mathrel{\underline{\mathbin{/\!/}}} PH$.

则有$\triangle MOQ \backsim \triangle BAC$，所以$\dfrac{OM}{AB}=\dfrac{OQ}{AC}=\dfrac{MQ}{BC}$，即$\dfrac{GN}{AB}=\dfrac{PH}{AC}=\dfrac{MQ}{BC}$.

注：证明角相等或线段成比例，常转化为证明两个三角形相似.

例 2

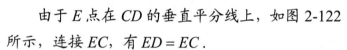

如图 2-121 所示，在$\triangle ABC$中，CD是$\angle ACB$的角平分线，作CD的垂直平分线交AB的延长线于E.

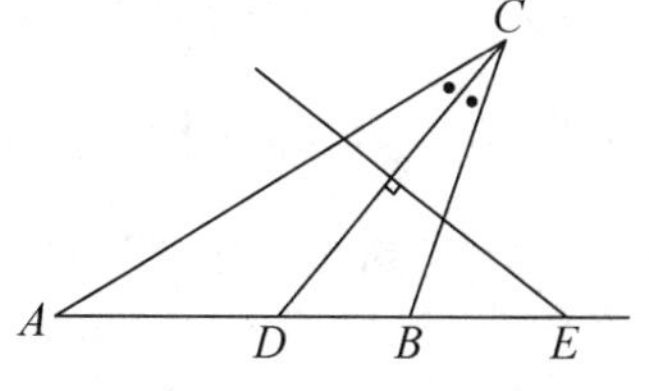

图 2-121

求证：$ED^2=EB\cdot EA$.

分析：要证$ED^2=EB\cdot EA$，只需证$ED:EB=EA:ED$即可.

由于E点在CD的垂直平分线上，如图 2-122 所示，连接EC，有$ED=EC$.

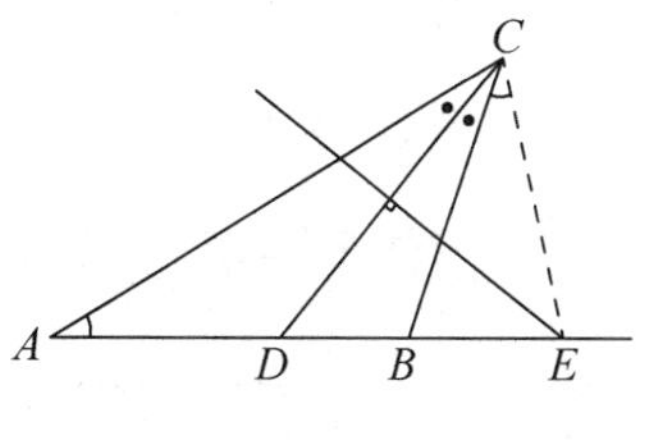

图 2-122

因此只需证$EC:EB=EA:EC$，即只需证$\triangle ACE \backsim \triangle CBE$.

在$\triangle ACE$与$\triangle CBE$中，$\angle AEC=\angle CEB$，所以只需证$\angle CAE=\angle BCE$.

注意到 CD 是$\angle ACB$的平分线，所以$\angle ACD=\angle BCD$. 又由 $ED=EC$ 可知$\angle EDC=\angle ECD$，所以$\angle EDC-\angle ACD=\angle ECD-\angle BCD$，即$\angle CAE=\angle BCE$.

所以可证$\triangle ACE$与$\triangle CBE$相似.

例 3

（**托勒密定理**）圆内接四边形 $ABCD$ 中，求证：$AB\cdot CD+BC\cdot AD=AC\cdot BD$.

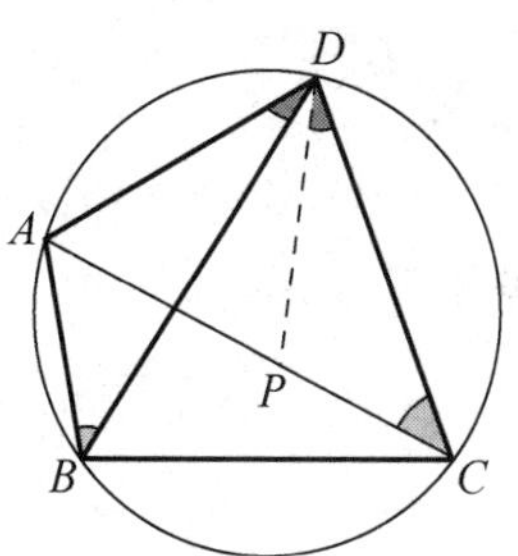

图 2-123

证明：如图 2-123 所示，作$\angle CDP=\angle ADB$，交AC于P. 则易证$\triangle ADB \backsim \triangle PDC$，有$DB:AB=DC:PC$，即$AB\cdot CD=DB\cdot CP$.

又易证$\triangle ADP \backsim \triangle BDC$，有$AD:AP=BD:BC$，即$BC\cdot AD=BD\cdot AP$.

两式相加得$AB\cdot CD+BC\cdot AD=DB\cdot CP+BD\cdot AP=BD(AP+PC)=BD\cdot AC$.

2.4.6 利用等积变换添加辅助线

① 三角形的底边在直线a上，第三个顶点在与a平行的直线a'上. 无论底边在a上如何平移，第三个顶点在a'上如何变动，新三角形与原三角形总是等积的. 同时，当底边相同时，马上得出阴影部分的两个三角形等积（如图 2-124 所示）.

② 等高的三角形面积之比等于它们底边长之比，等底的三角形面积之比等于它们对应的高之比. 特别地，在$\triangle ABC$中，一边上的中线等分$\triangle ABC$的面积.

③ 三角形的底扩大若干倍，而这个底上的高相应地缩小相同的倍数，则新三角形与原三角形等积.

④ 相似三角形的面积之比，等于它们对应线段的平方之比.

⑤ 如图 2-125 所示，有$S(\triangle PBC)\geqslant \min\{S(\triangle ABC),S(\triangle DBC)\}$成立.

为了实现等积变形，图形的分、合、割、补是添加辅助线的主要手段.

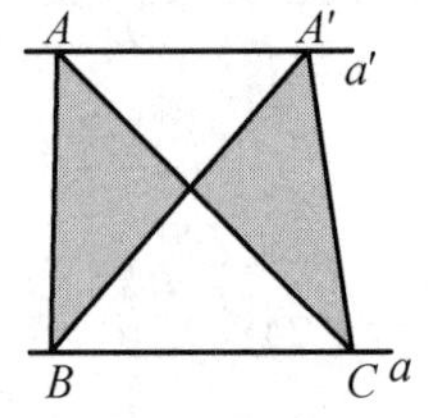

图 2-124

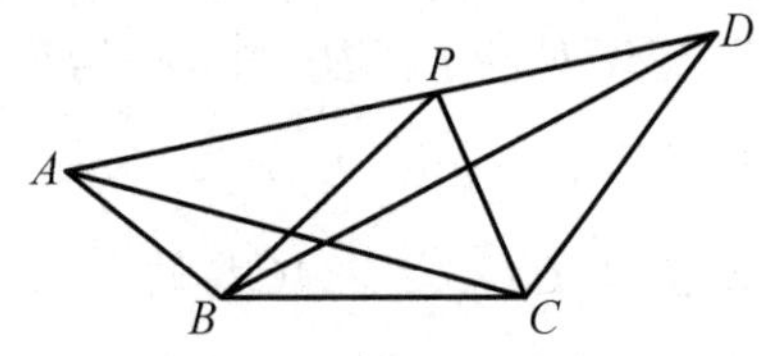

图 2-125

例 1

如图 2-126 所示，在三角形ABC中，AB和AC被四条平行于BC的线段分成了五等份. 如果三角形ABC的面积是S，则阴影部分②与④的面积和是______；小三角形①与中间的梯形③的面积和是______.

解： 如图 2-127 所示，将两个同样的三角形ABC拼成一个平行四边形. 易知阴影部分②与④的面积和是$\frac{2}{5}S$；中间的梯形③的面积是$\frac{S}{5}$.

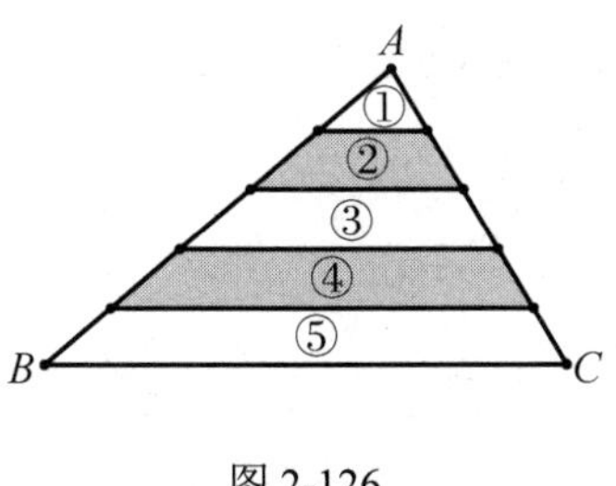

图 2-126

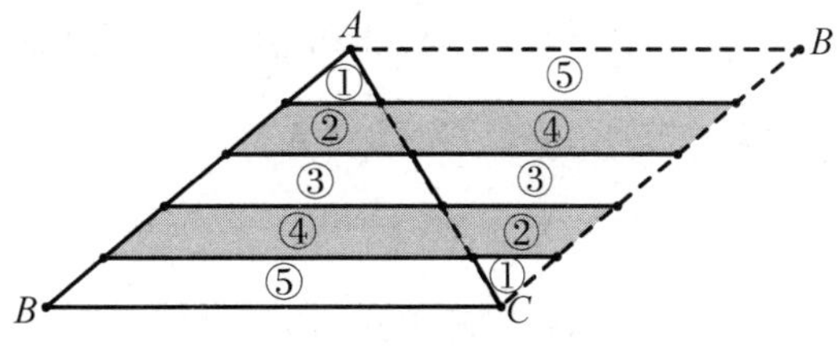

图 2-127

如图 2-128 所示，连接 BE，则 $\triangle ABE$ 的面积等于 $\frac{S}{5}$. 而小三角形①的面积=$\triangle ADE$ 的面积= $\frac{1}{5}\times\triangle ABE$ 的面积=$\frac{1}{5}\times\frac{S}{5}=\frac{S}{25}$. 所以，小三角形①与中间的梯形③的面积之和=$\frac{S}{25}+\frac{S}{5}=\frac{6S}{25}$.

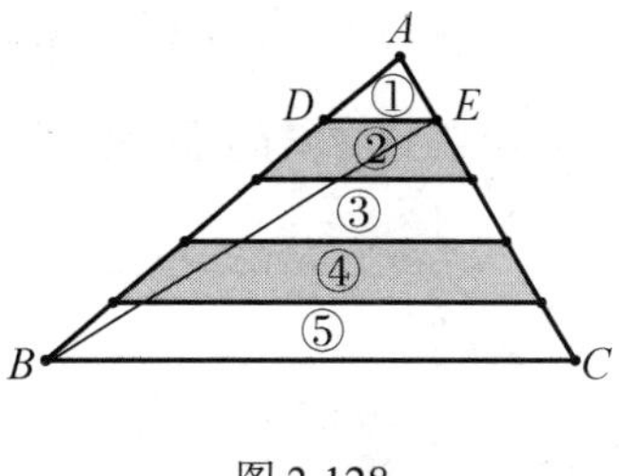

图 2-128

例 2

在五边形 $A_1A_2A_3A_4A_5$ 中，如果 $A_1A_3//A_5A_4$，$A_2A_4//A_1A_5$，$A_3A_5//A_2A_1$，$A_4A_1//A_3A_2$. 求证：$A_5A_2//A_4A_3$.

分析：如图 2-129 所示，要证 $A_5A_2//A_4A_3$，只需证明$\triangle A_2A_3A_4$ 的面积=$\triangle A_5A_3A_4$ 的面积.

因为 $A_4A_1//A_3A_2$，所以$\triangle A_2A_3A_4$ 的面积=$\triangle A_2A_3A_1$ 的面积.

因为 $A_3A_5//A_2A_1$，所以$\triangle A_2A_3A_1$ 的面积=$\triangle A_2A_5A_1$ 的面积.

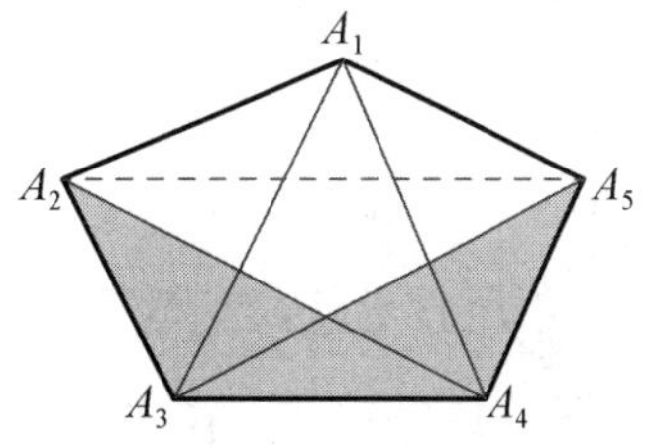

图 2-129

又因为 $A_2A_4//A_1A_5$，所以$\triangle A_2A_5A_1$ 的面积=$\triangle A_4A_5A_1$ 的面积.

注意到 $A_1A_3//A_5A_4$，所以$\triangle A_4A_5A_1$ 的面积=$\triangle A_5A_3A_4$ 的面积.

因此，$\triangle A_2A_3A_4$ 的面积=$\triangle A_5A_3A_4$ 的面积，所以 $A_5A_2//A_4A_3$.

例 3

在四边形 $ABCD$ 中，M，N 分别是对角线 AC，BD 的中点. AD，BC 的延长线相交于点 P. 求证：$S_{\triangle PMN}=\frac{1}{4}S_{ABCD}$.

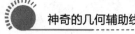

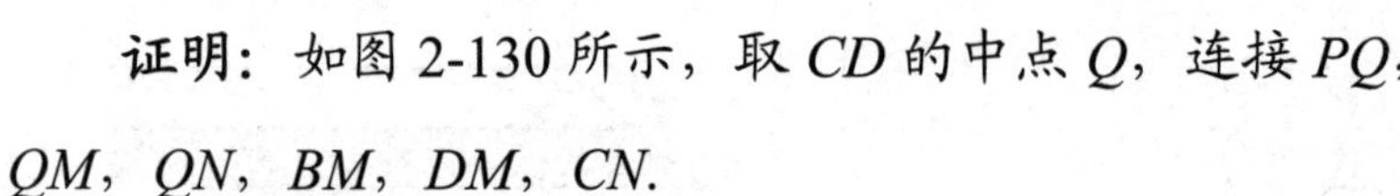

证明： 如图 2-130 所示，取 CD 的中点 Q，连接 PQ，QM，QN，BM，DM，CN.

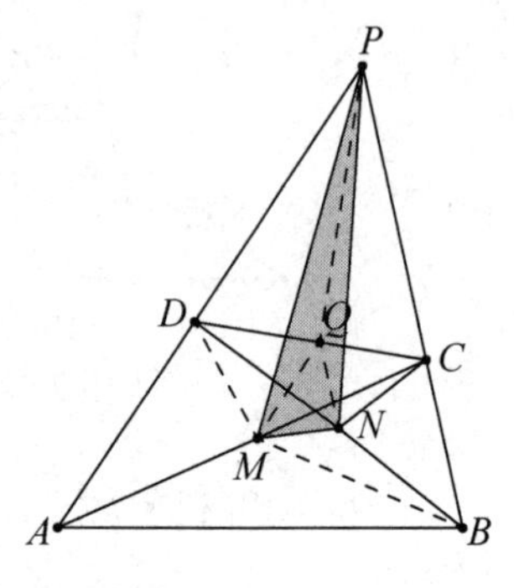

图 2-130

则△PMN 的面积

=△PQM 的面积+△QMN 的面积+△PQN 的面积

=△DQM 的面积+△QMN 的面积+△QNC 的面积

=四边形 $DMNC$ 的面积

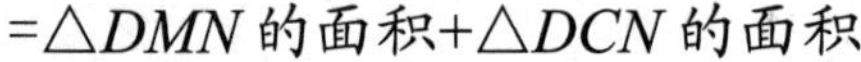

=△DMN 的面积+△DCN 的面积

$=\frac{1}{2}$△DMB 的面积$+\frac{1}{2}$△DCB 的面积

$=\frac{1}{2}$四边形 $DMBC$ 的面积，

而四边形 $DMBC$ 的面积=△DMC 的面积+△BMC 的面积

$=\frac{1}{2}$△ADC 的面积$+\frac{1}{2}$△ABC 的面积

$=\frac{1}{2}$（△ADC 的面积+△ABC 的面积）

$=\frac{1}{2}$四边形 $ABCD$ 的面积，

所以△PMN 的面积$=\frac{1}{2}$四边形 $DMBC$ 的面积$=\frac{1}{4}$四边形 $ABCD$ 的面积.

即 $S_{\triangle PMN}=\frac{1}{4}S_{ABCD}$.

2.4.7　构作圆及切线添加辅助线

（一）圆是轴对称图形，又是中心对称图形. 题目中出现下列介绍的基本图形时，可以作辅助圆. 从而可以利用圆的中心对称、轴对称以及和圆有关的角，进行等角变换.

1. 出现 3 个或更多的点到一个定点 O 的距离相等，可以通过这些点画辅助圆.

2. 出现如图 2-131 所示的基本图形时，可以作辅助圆.

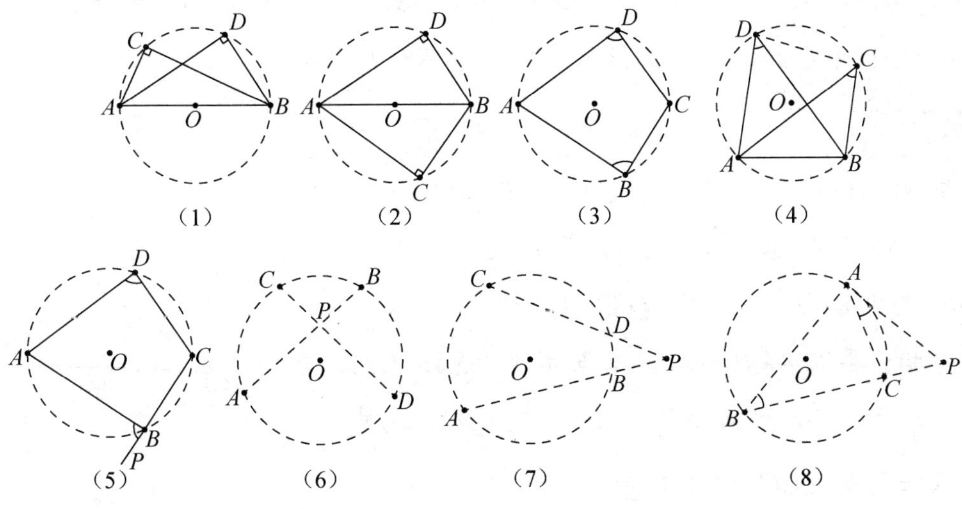

图 2-131

（1）$\angle ACB = \angle ADB = 90°$，$A$，$B$，$D$，$C$ 四点共圆；

（2）$\angle ACB = \angle ADB = 90°$，$A$，$C$，$B$，$D$ 四点共圆；

（3）$\angle ABC + \angle ADC = 180°$，$A$，$B$，$C$，$D$ 四点共圆；

（4）$\angle ACB = \angle ADB$，A，B，C，D 四点共圆；

（5）$\angle ABP = \angle ADC$，A，B，C，D 四点共圆；

（6）$AP \cdot BP = CP \cdot DP$，$A$，$D$，$B$，$C$ 四点共圆；

（7）$PA \cdot PB = PC \cdot PD$，$A$，$B$，$D$，$C$ 四点共圆；

（8）$PA^2 = PB \cdot PC$，AP 是过 A，B，C 三点的圆在 A 点的切线.

例 1

如图 2-132 所示，在△ABC 中，AD 是 BC 边上的高线. $DE \perp AB$ 于 E，$DF \perp AC$ 于 F. 求证：B，C，F，E 四点共圆.

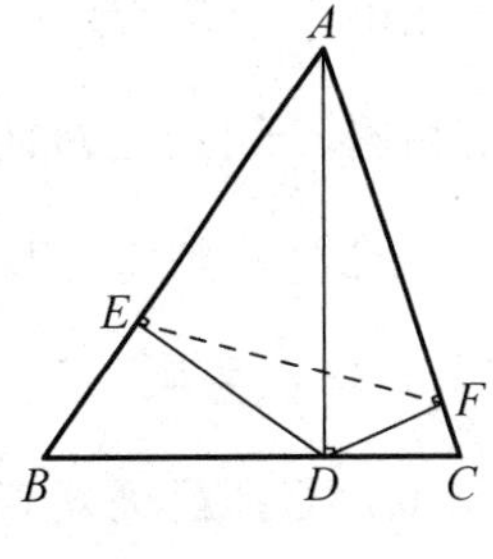

图 2-132

分析：连接 EF，要证 B，C，F，E 四点共圆，只需证明 $\angle AEF = \angle C$. 我们注意到在 Rt△ADC 中，$\angle C$ 与 $\angle DAC$ 互余，故 $\angle C = \angle ADF$. 因此，要证 $\angle AEF = \angle C$，只需证 $\angle AEF = \angle ADF$. 要证 $\angle AEF = \angle ADF$，只需 A，

E, D, F 四点共圆即可，只需 $\angle AED = \angle AFD = 90°$ 即可. 这在已知条件 $DE \perp AB$ 和 $DF \perp AC$ 中已经满足，倒推上述思路，不难写出证明.

例 2

如图 2-133 所示，在△ABC 中，$AB=AC$. 任意延长 CA 到 P，再延长 AB 到 Q，使 $AP=BQ$. 求证：△ABC 的外心 O 与 A，P，Q 四点共圆.

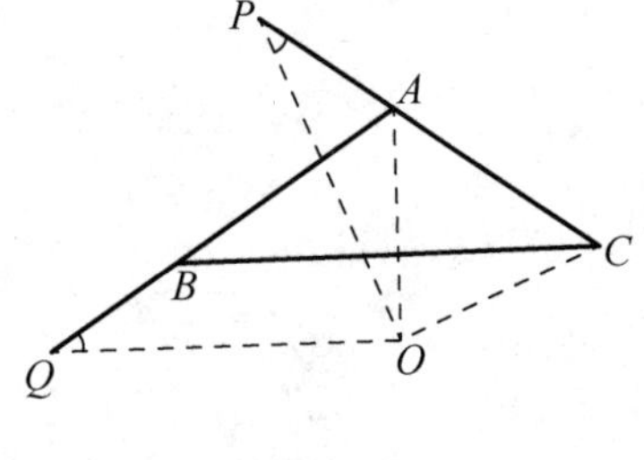

图 2-133

分析： 要证 A，P，Q，O 四点共圆，连接 AO，PO，QO 和 CO，只需证明 $\angle APO = \angle AQO$. 这时只需设法证明△COP≌△AOQ.

在△COP 与△AOQ 中，由 $OA=OC$（外心到三角形顶点距离相等），所以 $\angle OCP = \angle OCA = \angle CAO$.

又易知 AO 为等腰△ABC 顶角的角平分线，所以 $\angle CAO = \angle QAO$，因此 $\angle OCP = \angle QAO$. 另外 $CP=CA+AP=AB+BQ=AQ$，所以△COP≌△AOQ（边角边）. 至此，思路已经清晰，不难自己写出证明.

例 3

如图 2-134 所示，在锐角△ABC 中，BD，CE 分别为 AC 和 AB 边上的高线. $EM \perp BD$ 于 M，$DN \perp CE$ 于 N. 求证：$MN//BC$.

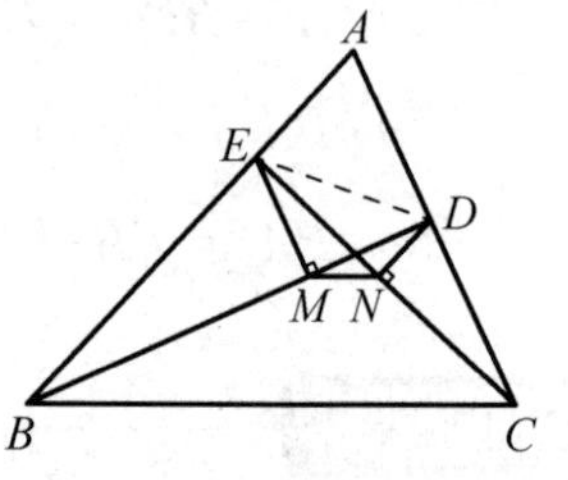

图 2-134

分析： 要证 $MN//BC$，只需证明 $\angle DMN = \angle DBC$.

由于 $\angle EMD = \angle DNE = 90°$，所以 D，E，M，N 四点共圆，因此 $\angle DMN = \angle DEN = \angle DEC$.

此时，要证 $\angle DMN = \angle DBC$，只需证明 $\angle DEC = \angle DBC$. 即只需证明 B，C，D，E 四点共圆. 而已知条件中的“BD, CE 分别为 AC 和 AB 边上的高线”表明，B，C，D，E 确定四点共圆. 至此，思路完全清晰，不难写出问题的证明.

例 4

如图 2-135 所示，$\odot O$ 中的弦 $AB//CD$. M 为 AB 的中点，DM 的延长线交圆于 E. 求证：O，M，E，C 四点共圆.

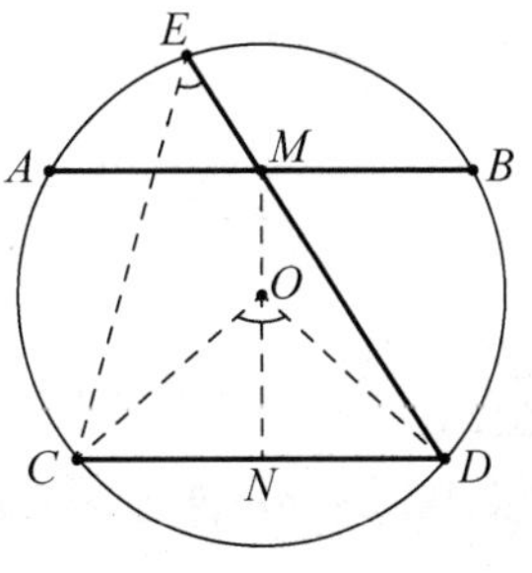

图 2-135

提示：要证 O，M，E，C 四点共圆，连接 EC，CO 和 OD，延长 MO 交 CD 于 N. 只需证 $\angle CEM=\angle CON$.

易知，$\angle CON=\dfrac{1}{2}$弧 CD 的度数$=\angle CEM$. 满足 O，M，E，C 四点共圆的条件.

例 5

在$\triangle ABC$中，$\angle B$，$\angle C$ 的角平分线相交于 T，$\angle B$，$\angle C$ 的外角的角平分线相交于 P.

求证：$\angle BPC=\dfrac{1}{2}(\angle ABC+\angle ACB)$.

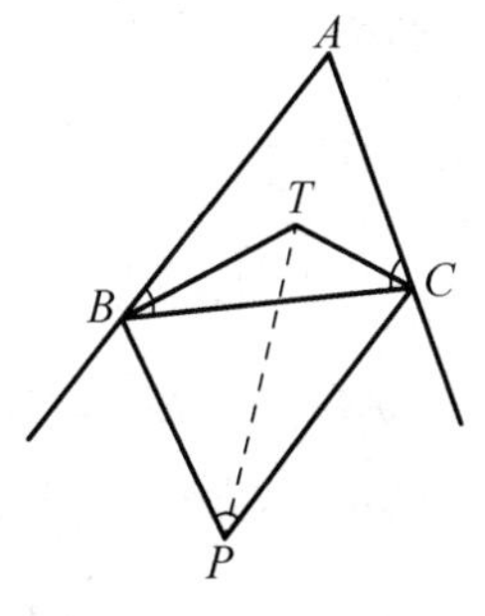

图 2-136

提示：如图 2-136 所示，因为 BT 平分 $\angle ABC$，BP 平分角 $\angle ABC$ 的邻补角，所以 $\angle TBP=90°$.

同理可证 $\angle TCP=90°$.

由于 $\angle TBP+\angle TCP=180°$，所以 T，B，P，C 四点共圆.

连接 TP，则有 $\angle BPT=\angle TCB=\dfrac{1}{2}\angle ACB$，$\angle TPC=\angle TBC=\dfrac{1}{2}\angle ABC$.

所以 $\angle BPC=\angle BPT+\angle TPC=\dfrac{1}{2}\angle ACB+\dfrac{1}{2}\angle ABC=\dfrac{1}{2}(\angle ABC+\angle ACB)$.

例 6

如图 2-137 所示，在直角$\triangle ABC$ 中，$\angle C=90°$，$\angle CAB=30°$. M 为斜边 AB 的中点，O 是$\triangle ABC$ 的内心. 求 $\angle OMC$ 的度数.

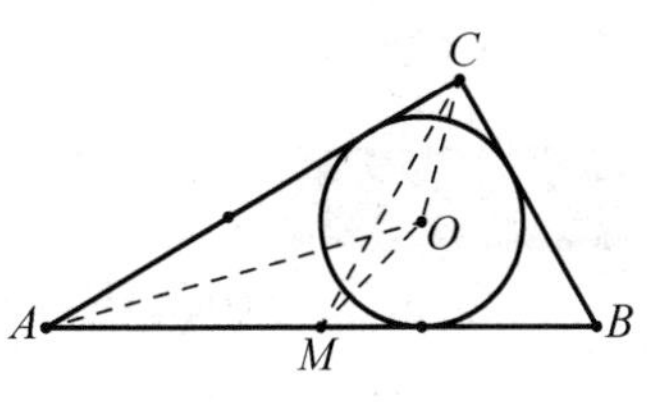

图 2-137

提示：$\angle OCA=45°$，$MC=MA$ 可推出 $\angle MCA=$

$\angle A=30^\circ$.

所以 $\angle OCM=15^\circ=\angle OAM$. 因此 C，O，M，A 四点共圆，所以 $\angle OMC=\angle OAC=15^\circ$.

（二）圆是轴对称图形，添加直径、半径、弦心距就是添加对称轴.

例 1

如图 2-138 所示，CD 是⊙O 的一条直径，AB 是一条不与 CD 相交的弦，过 C，D 分别作 AB 的垂线，垂足为 E 和 F. 求证：$AE=BF$.

分析: 过 O 作 $OG\perp AB$ 于 G. 由垂径定理可知 $AG=GB$. 由于 $AG=GB$，要证 $AE=BF$，只需证 $EG=GF$，也就是只需证 G 为 EF 的中点.

注意到 $OG//CE//DF$，$OC=OD$，所以 $EG=GF$ 成立. 思路已经清晰，不难写出证明.

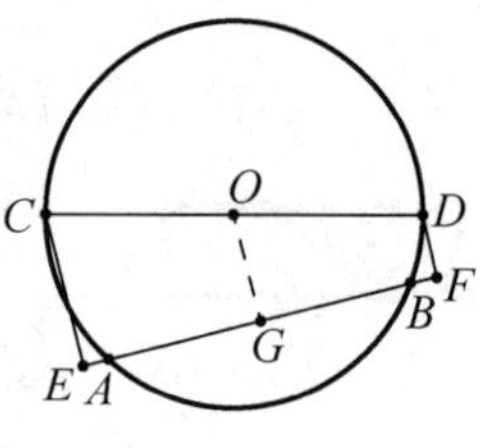

图 2-138

例 2

在⊙O 中，弦 CD 与直径 AB 相交于 P. 若 $\angle DPB=45^\circ$，圆的半径记为 R. 求证：$PC^2+PD^2=2R^2$.

分析: 如图 2-139 所示，作 $OE\perp CD$ 于 E，由垂径定理，得 $CE=ED$. 又已知 $\angle DPB=45^\circ$，所以 $\triangle OEP$ 是等腰直角三角形，即 $OE=EP$. 于是

$$\begin{aligned}PC^2+PD^2&=(CE-PE)^2+(DE+PE)^2\\&=(CE-PE)^2+(CE+PE)^2\\&=2CE^2+2PE^2=2(CE^2+OE^2).\end{aligned}$$

连接 OC，则 OC 为半径，在 Rt$\triangle OEC$ 中，有 $CE^2+OE^2=OC^2=R^2$，所以 $PC^2+PD^2=2R^2$.

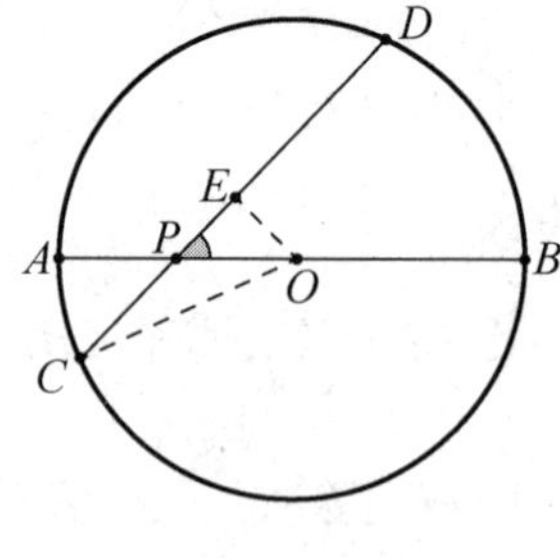

图 2-139

例 3

过⊙O_1 与⊙O_2 的一个交点 P 作平行于 O_1O_2 的直线，交⊙O_1 于 A，交⊙O_2 于 B. 过 P 作另一直线交⊙O_1 于 C，交⊙O_2 于 D. 求证：$AB>CD$.

分析： 如图 2-140 所示，过 O_1 作 $O_1M_1 \perp AP$ 于 M_1，过 O_2 作 $O_2M_2 \perp PB$ 于 M_2，由垂径定理可得 $AM_1=M_1P$，$PM_2=M_2B$，即 $M_1P=\frac{1}{2}AP$，$PM_2=\frac{1}{2}PB$.

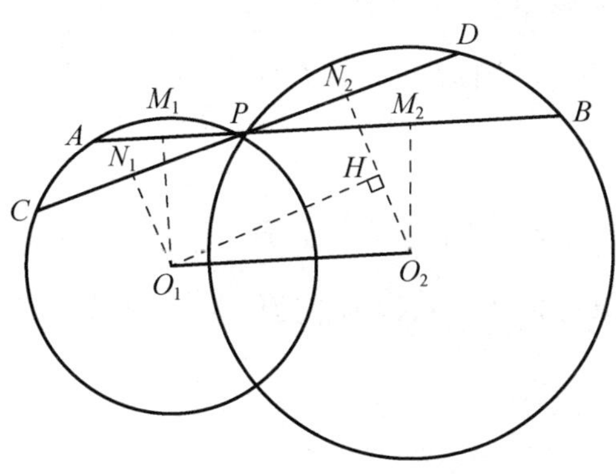

图 2-140

因此，$M_1M_2=M_1P+PM_2=\frac{1}{2}AP+\frac{1}{2}PB=\frac{1}{2}(AP+PB)=\frac{1}{2}AB.$

又因为 $AB//O_1O_2$，易知四边形 $O_1M_1M_2O_2$ 是矩形，所以 $O_1O_2=M_1M_2=\frac{1}{2}AB.$

同理，过 O_1 作 $O_1N_1 \perp CP$ 于 N_1，过 O_2 作 $O_2N_2 \perp PD$ 于 N_2.

则 $N_1P=\frac{1}{2}CP$，$PN_2=\frac{1}{2}PD.$

所以 $N_1N_2=N_1P+PN_2=\frac{1}{2}CP+\frac{1}{2}PD=\frac{1}{2}(CP+PD)=\frac{1}{2}CD.$

过 O_1 作 CD 的平行线交 O_2N_2 于 H，则四边形 $O_1N_1N_2H$ 是矩形.

因此 $O_1H=N_1N_2=\frac{1}{2}CD.$

在 $Rt\triangle O_1HO_2$ 中，$O_1O_2>O_1H$（斜边大于直角边），也就是 $\frac{1}{2}AB>\frac{1}{2}CD$，因此 $AB>CD.$

（三）两圆相交，连心线为两圆的对称轴，公共弦被连心线平分.

例 1

如图 2-141 所示，$\odot O_1$ 交两个同心圆 O 于两条公共弦 AB 和 CD. 求证：$AB//CD$.

分析：要证 $AB//CD$，需要构造 AB，CD 被第三条直线所截的基本图，为此连接 OO_1，因为连心线 OO_1 作为对称轴是弦 AB，CD 的中垂线，因此 AB，CD 同垂直于 OO_1，因此 AB 与 CD 平行.

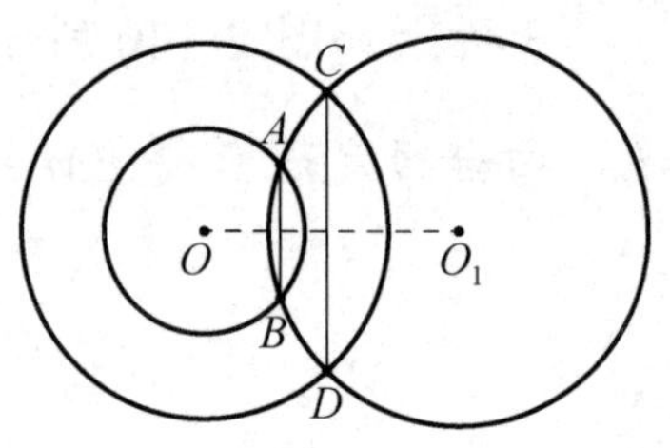

图 2-141

例 2

如图 2-142 所示，$\odot O_1$，$\odot O_2$ 相交于 E，F 两点. 过点 E 作割线交 $\odot O_1$ 于 A，交 $\odot O_2$ 于 B；过点 F 作割线交 $\odot O_1$ 于 C，交 $\odot O_2$ 于 D. 求证：$AC//BD$.

分析：如图 2-142 所示，要证 $AC//BD$，只需证同旁内角之和 $\angle 2+\angle 3=180°$. 但 $\angle 2$，$\angle 3$ 分属两个圆中，不能直接发生联系，为此连接公共弦 EF，在两个圆中形成以 EF 为公共边的两个圆内接四边形，于是有 $\angle 1+\angle 2=180°$，又有 $\angle 1=\angle 3$，所以 $\angle 3+\angle 2=180°$. 至此思路完全沟通，不难写出证明.

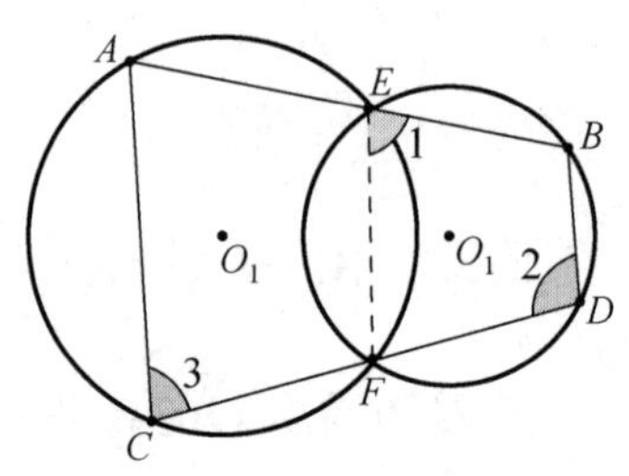

图 2-142

例 3

如图 2-143 所示，过 $\odot O_1$，$\odot O_2$ 的一个交点 A 作直线交 $\odot O_1$ 于 C，交 $\odot O_2$ 于 D. 设 M 是 O_1O_2 的中点，N 是 CD 的中点. 求证：$MN=MA$.

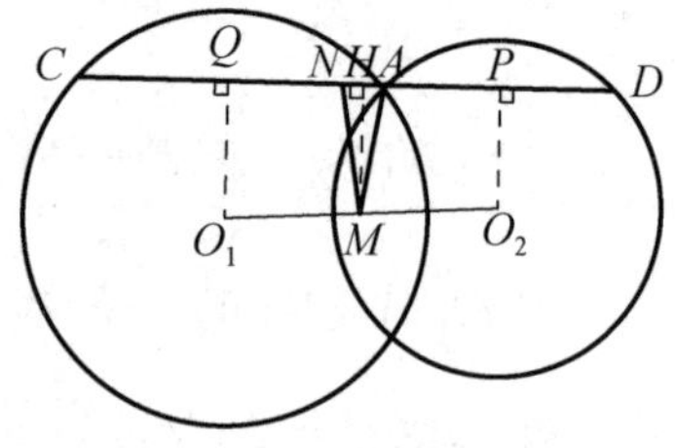

图 2-143

分析：作 $O_1Q\perp AC$ 于 Q，$O_2P\perp AD$ 于 P，则 Q 为 AC 中点，P 为 AD 中点.

因此 $QP=QA+AP=\dfrac{1}{2}AC+\dfrac{1}{2}AD=\dfrac{1}{2}(AC+AD)=\dfrac{1}{2}CD$.

又因为 $CN=ND=\dfrac{1}{2}CD$，所以由 $CN=QP$ 得 $CQ=NP$. 但 $AQ=CQ$，所以 $AQ=NP$，即 $QN+NA=NA+AP$，因此 $QN=AP$. ①

过 M 作 $MH\perp QP$ 于 H，则 $O_1Q//MH//O_2P$. 由于 M 为 O_1O_2 的中点，所以 H 为 QP 的中点，即 $QH=HP$，也就是 $QN+NH=HA+AP$. ②

② - ①得 $NH=HA$，易知 M 为线段 AN 中垂线上的一点，所以 $MN=MA$.

（四）两圆相切，可以添加公切线成为连接两圆相关角的纽带.

例 1

如图 2-144 所示，两圆内切于 P，外圆的弦 PB 交内圆于 A，延长内圆的弦 AC，交外圆的弦 BE 于 D. 求证：P，C，D，E 四点共圆.

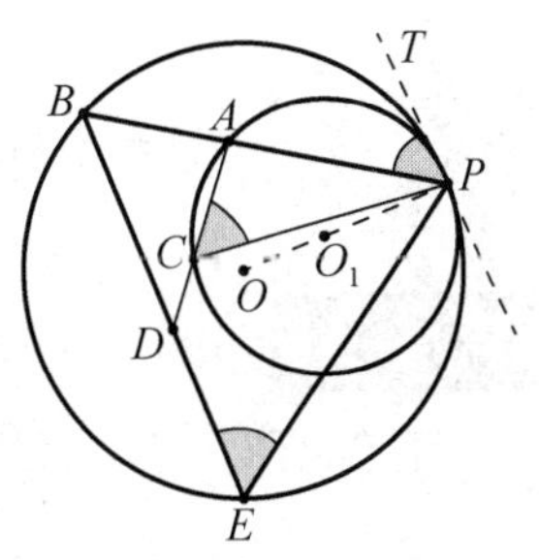

图 2-144

分析： 过 P 作两圆的公切线 TP. O，O_1，P 共线.

则 $\angle TPB=\angle ACP$， $\angle TPB=\angle BEP$.

因此 $\angle ACP=\angle BEP=\angle DEP$.

所以 P，C，D，E 四点共圆.

例 2

如图 2-145 所示，$\odot O_1$，$\odot O_2$ 外切于 P，截一直线于 A，B，C，D 四点. 求证：$\angle APD+\angle BPC=180^\circ$.

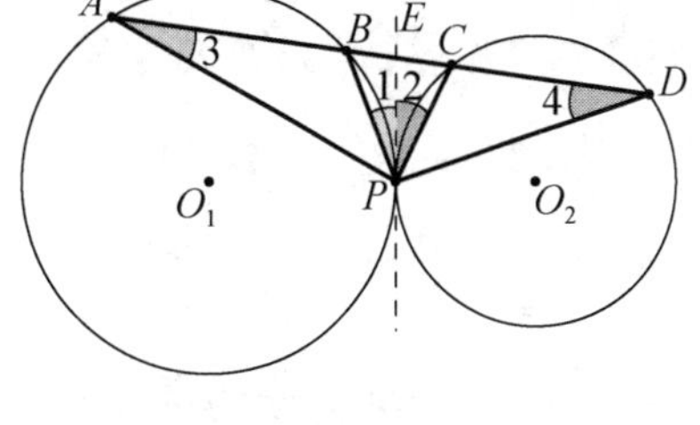

图 2-145

分析： 过 P 作两圆的公切线 PE，则 $\angle 1=\angle 3$， $\angle 2=\angle 4$.

因此 $\angle BPC=\angle 1+\angle 2=\angle 3+\angle 4$，根据三角形内角和定理，可得 $\angle BPC+\angle APD=\angle 3+\angle 4+\angle APD=180^\circ$.

例 3

$\triangle ABC$ 的两条高线 BE，CF 交于 H，$\triangle ABC$ 的外接圆的圆心为 O.

求证：$AO\perp EF$.

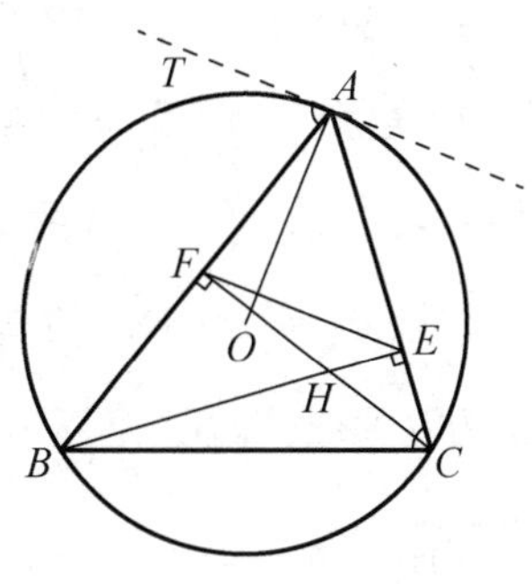

图 2-146

证明： 如图 2-146 所示，过 A 作 $\odot O$ 的切线 TA，由于 OA 是半径，所以 $TA\perp OA$.

由弦切角定理得 $\angle TAB=\angle BCA$.

另外 BE，CF 是 $\triangle ABC$ 的高线，$\angle BEC=\angle CFB=90^\circ$，所以 B，C，E，F 四点共圆.

因此$\angle AFE=\angle BCA$，所以$\angle TAB=\angle AFE$，可得$EF // TA$.

又因为$TA\perp OA$，所以$AO\perp EF$.

2.4.8 利用复合变换添加辅助线

（一）中心对称与轴对称的复合

例 1

在$\triangle ABC$中，$AB>AC$. P是中线AD上的任意一点.

求证：$AB+PC>AC+PB$.

证明：由$AB>AC$，先利用倍中线法（中心对称）证明$\angle DAC>\angle BAD$.

如图 2-147 所示，再作C点关于AD的对称点C'，则$\angle C'AD=\angle DAC>\angle BAD$. 所以$AB$落在$\angle C'AD$内部，从而$C'P$与$AB$相交，设交点为$E$.

则有$AB+PC'>AC'+PB$，注意$PC'=PC$，也就是$AB+PC>AC+PB$.

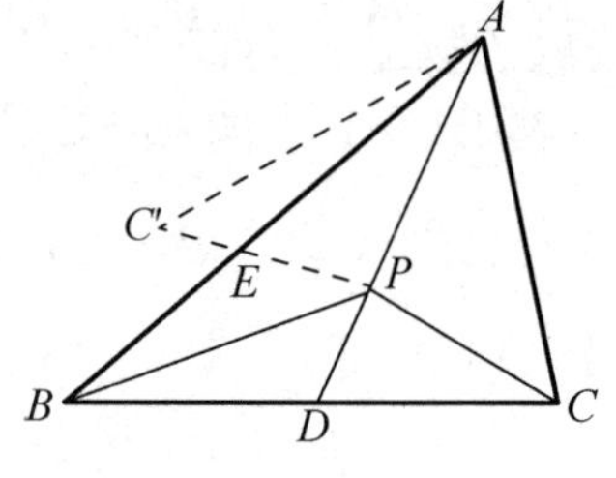

图 2-147

（二）平移和旋转的复合——滑动变换

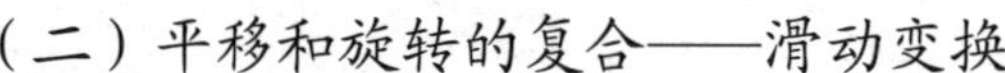

例 1

设M是等腰直角三角形ABC的腰AC的中点，$AD\perp BM$交斜边BC于D. 求证：$\angle AMB=\angle DMC$.

分析：如图 2-148 所示，由于$\angle 3$与$\angle 1$互余，$\angle 4$与$\angle 1$互余，又因为AB=AC，设想把$\triangle ABM$平移加旋转到$\triangle CAN$（$\angle 3$与$\angle 4$重合，$M\to N, A\to C$）.

问题变为证$\angle 2=\angle 5$，这时只要设法证明$\triangle MDC\cong\triangle NDC$即可.

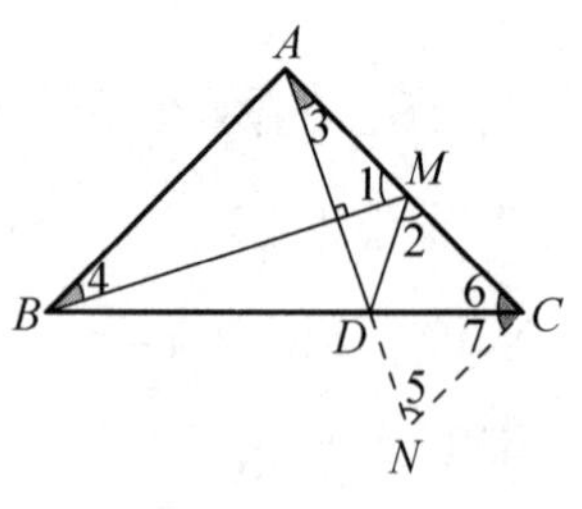

图 2-148

例 2

如图 2-149 所示，AH是正三角形ABC中BC边上的高，在点A，C处各有

一只电子乌龟 P 和 Q 同时起步，并以相同的速度分别沿着 AH，CA 向前匀速爬动. 则当两只电子乌龟到点 B 的距离之和 $PB+QB$ 最小时，$\angle PBQ$ 的度数是多少？

解： 如图 2-150 所示，将三角形 ABP 绕点 A 顺时针旋转$150°$，再沿 AC 平移到三角形 CQK 的位置.

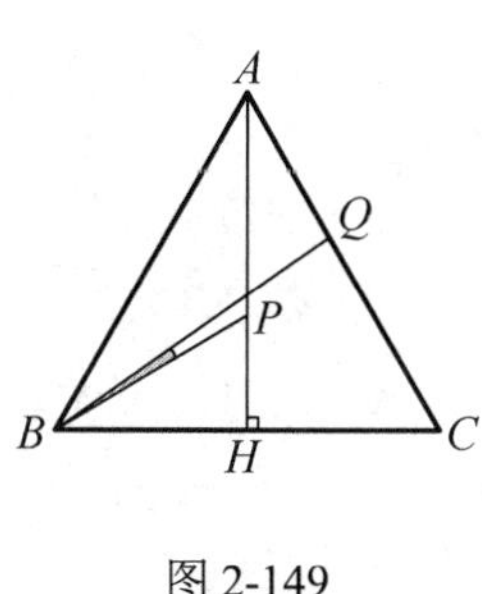

图 2-149

图 2-150

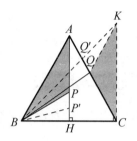

易知$\triangle CQK\cong\triangle APB$.

因此 $CQ=AP$，$CK=AB=a$. $\angle KCB=90°$，当点 Q 落在 KB 与 AC 的交点 Q' 时，此时 P 爬到 P'. 即 $AP'=CQ'$. 于是 $P'B+Q'B=KQ'+Q'B=KB$ 取得最小值.此时$\triangle BCK$ 是等腰直角三角形，易知 $\angle Q'BC=45°$，$\angle P'BA=\angle Q'KC=45°$，于是$\angle P'BQ'=45°+45°-60°=30°$

（三）相似与旋转的复合——位似旋转

例 1

在平面上放置两个正三角形 ABC 和 $A_1B_1C_1$（顶点按顺时针排列），并且 BC 与 B_1C_1 的中点重合. 求：（1）AA_1 与 BB_1 的夹角；（2）$AA_1:BB_1$.

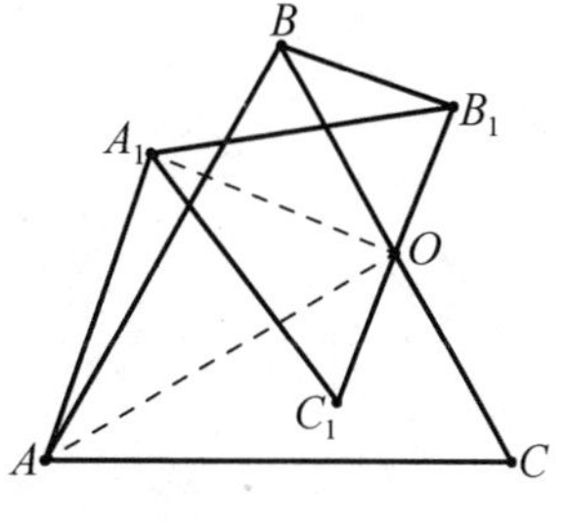

图 2-151

解： 如图 2-151 所示，作 $B\xrightarrow{S(O,\frac{\pi}{2},\sqrt{3})}A$，$B_1\xrightarrow{S(O,\frac{\pi}{2},\sqrt{3})}A_1$.

所以 $BB_1\xrightarrow{S(O,\frac{\pi}{2},\sqrt{3})}AA_1$.

因此 $\angle(BB_1,AA_1)=90°$，$AA_1=\sqrt{3}BB_1$，所以 $\dfrac{AA_1}{BB_1}=\sqrt{3}$.

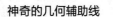

例 2

以$\triangle ABC$的三边为底作彼此相似的等腰三角形ABL，BCM，CAN，使$\triangle ABL$，$\triangle CAN$作向$\triangle ABC$的外侧，$\triangle BCM$作向内侧. 求证：$ALMN$是平行四边形.

证明： 因为$\triangle ABL$，$\triangle BCM$，$\triangle CAN$是彼此相似的等腰三角形，所以

$$\frac{BC}{AC}=\frac{MC}{NC}\text{，即}\frac{BC}{MC}=\frac{AC}{NC}.$$

同理$\frac{BL}{AB}=\frac{BM}{CB}=\frac{CN}{AC}$.

如图 2-152 所示，作$M\xrightarrow{S(C,\theta,\frac{BC}{MC})}B\xrightarrow{S(B,\theta,\frac{BL}{AB})}B$，$N\xrightarrow{S(C,\theta,\frac{BC}{MC})}A\xrightarrow{S(B,\theta,\frac{BL}{AB})}L$.

所以$MN\xrightarrow{S(X,2\theta,\frac{BC}{MC}\cdot\frac{BL}{AB})}BL$.

因为$\frac{BC}{MC}\cdot\frac{BL}{AB}=\frac{BC}{AB}\cdot\frac{BL}{MC}=\frac{BC}{AB}\cdot\frac{AB}{BC}=1$，所以$MN\xrightarrow{S(X,2\theta,1)}BL$.

因此$MN=BL$，进而$AL=BL=MN$. 同理可证$AN=ML$.

所以$ALMN$是平行四边形.

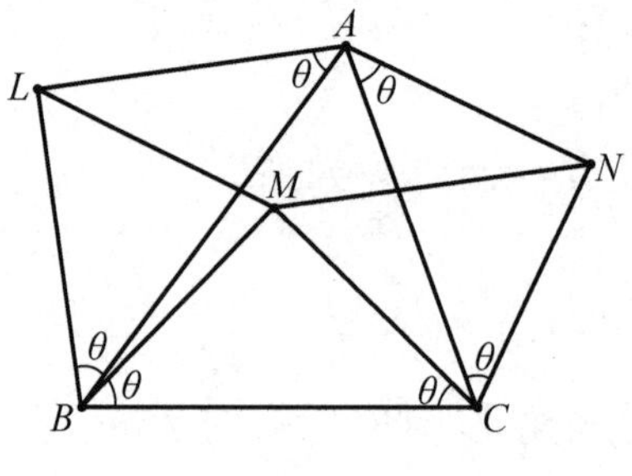

图 2-152

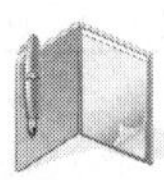 2.5 综合示范添加辅助线解题

我们已经分析过，添加辅助线是为明确解题思路而架设的桥梁，其思维的特点是建构，实现的方式是对图形进行分合割补的相关变换，目的是化繁为简、以简驭繁，从而将未知转化为已知，达到解题的目的.

因此，求解几何问题的第一步是认真审题，并按题设条件画出相应的图形，这一步是建构图形. 第二步就是制订解题思路，确定执行策略. 然后按照策略，逐步实施，逢山开路，遇水搭桥，设法添加辅助线，逐步推进，步步为营，直到思路清晰，找到解决问题的办法. 如果思路不通，就要查找原因、总结教训，另辟蹊径. 甚至有时也会退出重来. 不要以为“逢山开路，遇水搭桥”是轻而易举之事，其实，架桥不能千篇一律，修路也要各具特色，需要动脑设计，进行创造. 所以添加辅助线需要根据题设条件的特点进行思维建构，不同的人对同一个问题可以添加不同的辅助线，使解题过程美不胜收、大放异彩！

我们鉴赏一些经典的问题解法，向前人学习、向经验学习，使自己在求解新题目的过程中，能够逐步成长为解题快手、能手和高手.

2.5.1　经典几何题添加辅助线赏析

我们选取的例题有的有多种证法，我们只选其中一种基本证法进行说明.

例 1

在 $\triangle ABC$ 中，$AB=AC$，$\angle A=20°$. D 为 AB 上一点，且 $\angle BCD=70°$. 求证：$AD=BC$.

分析： 要证 $AD=BC$，只要设法证明 AD，BC 是一对全等三角形的对应边就可以了. 但图中不存在这样的一对全等三角形，所以要设法通过添加辅助线构造出来. 为此，如图 2-153 所示，作 $\angle A$ 的角平分线交 CD 于点 O，可知 $\angle 1=\angle 2=\angle 4=10°$，即 $OA=OB=OC$，所以 O 为 $\triangle ABC$ 的外心，此时画出 $\triangle ABC$ 的外接圆. 经计算可知 $\angle 3=20°$. 这时问题转化为要构造一个以 BC 为一边的与 $\triangle AOD$ 全等的三角形.

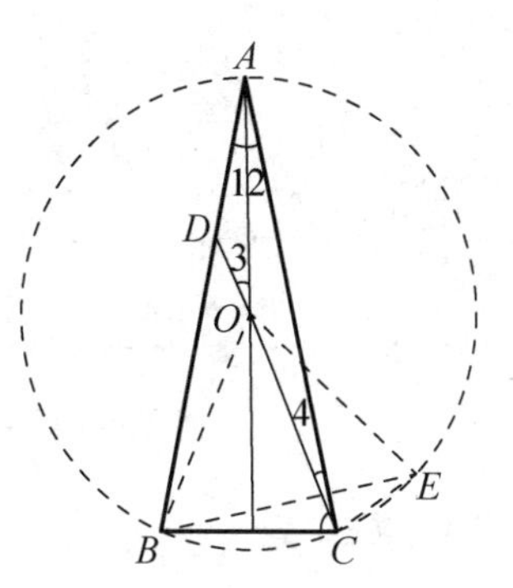

图 2-153

为此，作 $\angle CBE=\angle 1=10°$，BE 交外接圆于 E，连结 CE，可见 $\angle BEC=\angle BAC=20°$.

因此，要证 $AD=BC$，只需证 $\triangle AOD\cong\triangle BEC$.

要证$\triangle AOD\cong\triangle BEC$，因为已知$\angle EBC=\angle 1=10^\circ$，$\angle BEC=\angle 3=20^\circ$，只需证$AO=BE$即可.

要证$AO=BE$，只需$OE=OB=BE$即可，也就是$\triangle OBE$为等边三角形. 因为$\triangle OBE$中已知$OB=OE$，所以只需$\angle OBE=60^\circ$即可.

显然，由已知条件可以推出$\angle OBE=60^\circ$. 至此证明思路已经清晰，不难用综合法写出证明.

例 2

如图 2-154 所示，过$\odot O$的弦AB的中点M，引任意两条弦CD和EF. 连接CF和ED，交弦AB分别于点P，Q. 求证：$PM=MQ$.

分析：$\odot O$和AB是关于OM的轴对称图形.

要证$PM=MQ$，自然会想到利用对称图形构造一对分别以PM，MQ为边的三角形，再证明这两个三角形全等即可. 为此，添加辅助线，作D关于OM的对称点D_1，如图 2-155 所示，连接MD_1，PD_1，FD_1.

下面分析$\triangle PD_1M$与$\triangle QDM$全等的条件.

首先由对称性知$\angle AMD_1=\angle BMD$.

因为$AB//DD_1$，所以$\overset{\frown}{AD_1}=\overset{\frown}{BD}$，$MD=MD_1$.

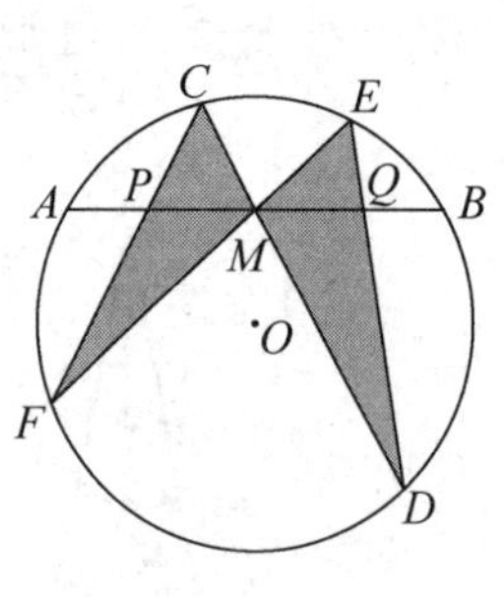

图 2-154

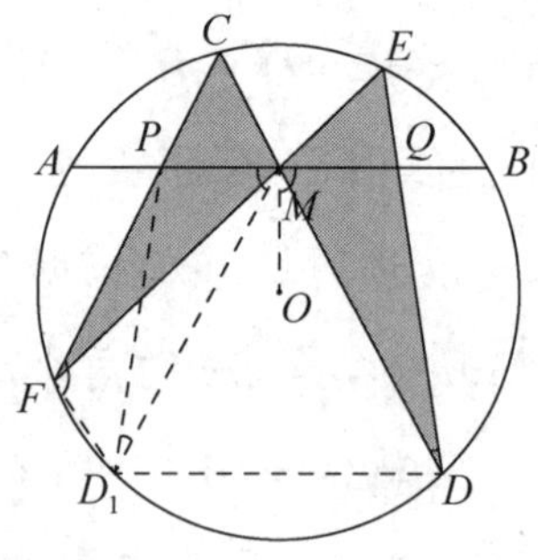

图 2-155

只要再寻找$\angle PD_1M$与$\angle QDM$相等的条件就够了.

注意$\angle AMD_1=\angle BMD=\dfrac{1}{2}\left(\overset{\frown}{AC}+\overset{\frown}{BD}\right)=\dfrac{1}{2}\left(\overset{\frown}{AC}+\overset{\frown}{AD_1}\right)=\dfrac{1}{2}\overset{\frown}{CD_1}$，

又因为$\angle PFD_1=\dfrac{1}{2}\overset{\frown}{D_1DBC}$，所以$\angle PFD_1+\angle PMD_1=\dfrac{1}{2}\cdot 360^\circ=180^\circ$，因此$P$，

F，D_1，M四点共圆.

所以$\angle PD_1M=\angle PFM=\angle CFE=\angle CDE=\angle QDM$.

至此，证明$\triangle PD_1M$与$\triangle QDM$全等的条件已经具备.

因此$\triangle PD_1M\cong\triangle QDM$（角、边、角），所以$PM=QM$.

例 3

如图 2-156 所示，PA，PB切圆O于点A，B. PO交AB于点M，过M任作一弦CD. 求证：$\angle APC=\angle BPD$.

证明： 在图 2-157 中，由A，O，B，P四点共圆，有$AM\cdot MB=OM\cdot MP$.

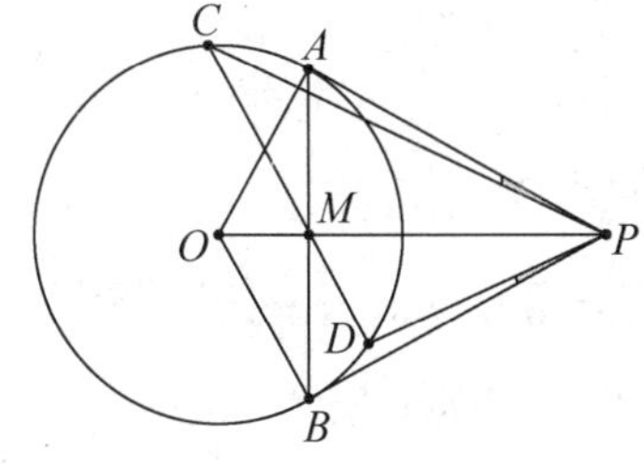

图 2-156

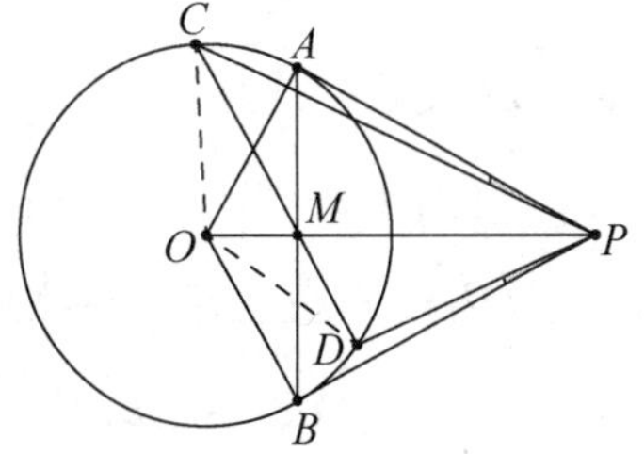

图 2-157

又因为$AM\cdot MB=CM\cdot MD$，

所以$CM\cdot MD=OM\cdot MP$.

所以O，C，P，D四点共圆.

连接半径OC，OD.

则有$OC=OD$，所以$\overset{\frown}{OC}=\overset{\frown}{OD}$.

所以$\angle CPO=\angle DPO$.

因为$\angle APO=\angle BPO$，所以$\angle APC=\angle BPD$.

例 4

如图 2-158 所示，已知$\triangle ABC$中，$\angle C=40^\circ$. D在边BC上，并且$BD=AC$，$\angle DAC=60^\circ$. 求$\angle B$的度数.

解： 如图 2-159 所示，将$\triangle ADC$关于C点逆时针旋转40°后，再整体向左平移使A与B重合，C与D重合，得到$\triangle BED$.

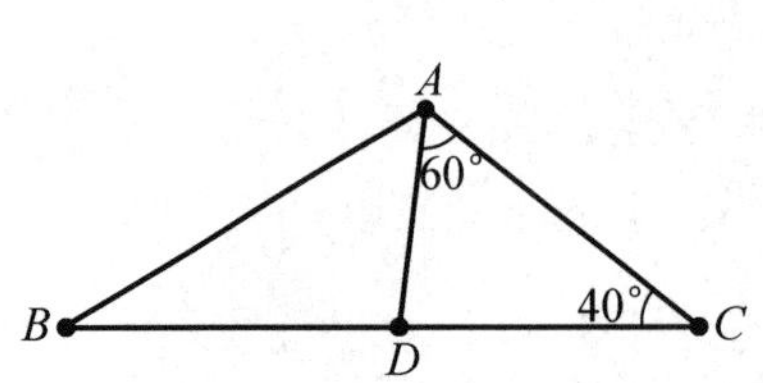

图 2-158

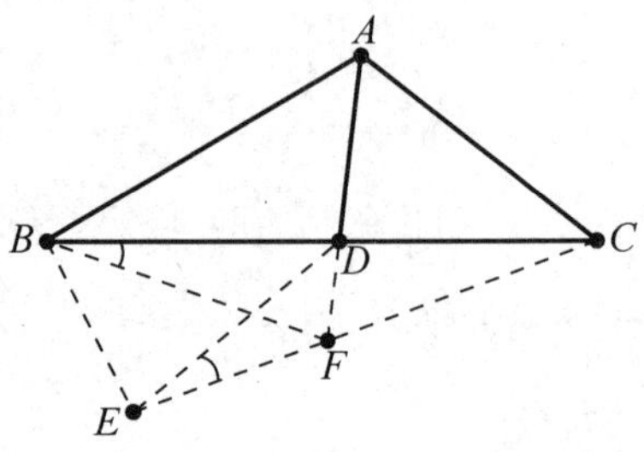

图 2-159

连接 EC，由于 $DE=DC$，$\angle BDE=\angle C=40°$，所以 $\angle DCE=\angle DEC=\frac{1}{2}\angle BDE=\frac{1}{2}\times 40°=20°$. 因此 $\angle ACF=40°+20°=60°$.

延长 AD 交 EC 于 F，因为 $\angle FAC=\angle ACF=60°$，所以 $\triangle AFC$ 是正三角形.

因此，$\angle AFC=60°=\angle EBD$，可知 B，E，F，D 四点共圆.

因为 $\angle DBF=\angle DEF=20°$，$\angle BDF=\angle ADC=180°-60°-40°=80°$，

所以 $\angle BFD=180°-\angle BDF-\angle DBF=180°-80°-20°=80°=\angle BDF$.

因此 $BF=BD=AC=AF$，即 $\triangle ABF$ 为顶角 $\angle AFB=80°$ 的等腰三角形，因此底角 $\angle ABF=\angle BAF=50°$. 所以 $\angle ABC=\angle ABF-\angle CBF=50°-20°=30°$.

例 5

以凸四边形 $ABCD$ 的边为直径，依次作四个圆，如图 2-160 所示. $\odot O_1$ 与 $\odot O_2$ 的公共弦为 BK，$\odot O_3$ 与 $\odot O_4$ 的公共弦为 DL. 求证：$BK//DL$.

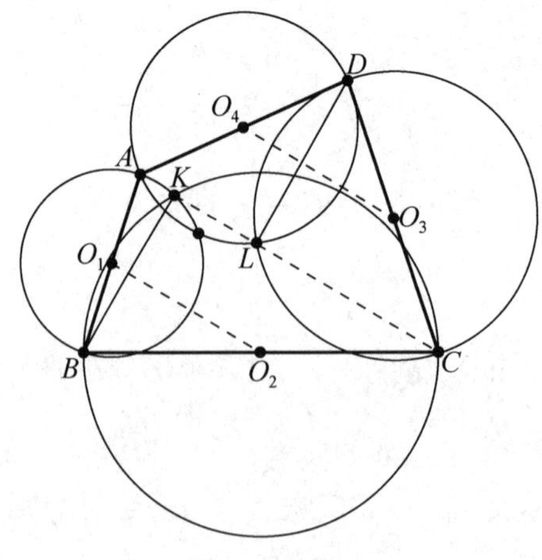

图 2-160

分析： 在图 2-160 中，直接证 $BK//DL$ 有困难. 但注意到两圆相交公共弦与连心线垂直的特点，易知 $BK \perp O_1O_2$，$DL \perp O_3O_4$，于是只要能够证明 $O_1O_2 // O_3O_4$，问题就解决了. 这时我们发现，四个圆的圆心恰是四边形各边的中点. 连接 AC，易知 O_1O_2，O_3O_4 都与 AC 平行，因此，$O_1O_2//O_3O_4$. 至此，思路已经清晰.

本题添加辅助线利用了相交两圆关于连心线的对称性，以及四边形中点连线的构图这些基本的变换形式.

例 6

如图 2-161 所示，凸五边形 $A_1A_2A_3A_4A_5$ 中，B_1，B_2，B_3，B_4 分别为 A_1A_2，A_2A_3，A_3A_4，A_4A_5 的中点，M, N 分别为 B_1B_3，B_2B_4 的中点，连接 MN.

求证：$MN = \dfrac{1}{4}A_1A_5$.

证明： 如图 2-162 所示，连接 A_1A_3，A_1A_4，取 A_1A_4 的中点 C，则 B_1B_2 平行且等于 $\dfrac{1}{2}A_1A_3$，CB_3 也平行且等于 $\dfrac{1}{2}A_1A_3$，所以 B_1B_2 与 CB_3 平行且相等，因此，四边形 $B_1B_2B_3C$ 是平行四边形. 于是 M 为 B_2C 的中点.

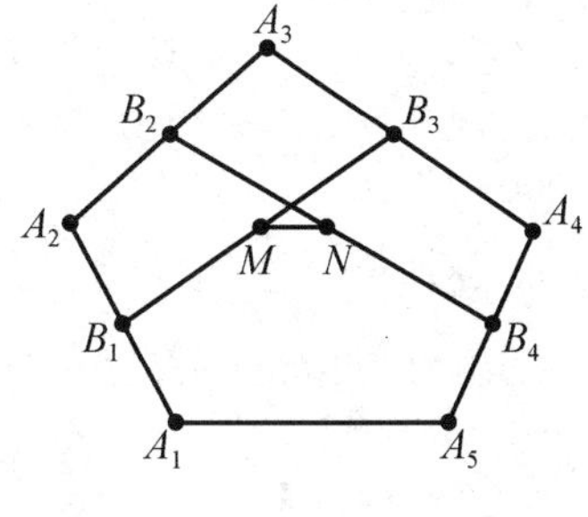

图 2-161

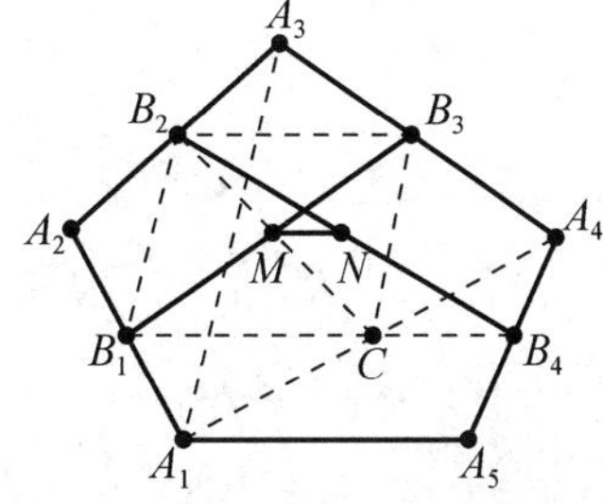

图 2-162

在三角形 B_2B_4C 中，根据中位线定理，有 $MN = \dfrac{1}{2}CB_4$.

而在三角形 $A_1A_4A_5$ 中，根据中位线定理，有 $CB_4 = \dfrac{1}{2}A_1A_5$.

所以 $MN = \dfrac{1}{2}CB_4 = \dfrac{1}{2}\left(\dfrac{1}{2}A_1A_5\right) = \dfrac{1}{4}A_1A_5$.

例 7

设 I 是△ABC 内切圆的中心（内心），W_1 是∠BAC 的平分线与△ABC 外接圆 O 的交点. I 是线段 AW_1 的中点. 求证：$BC=\frac{1}{2}(AB+AC)$.

图 2-163

分析： 如图 2-163 所示，由于 I 是△ABC 内切圆中心，连接 CI, CW_1，易知 $\angle CIW_1=\frac{1}{2}(\angle A+\angle C)=\angle ICW_1$，所以 $CW_1=W_1I$.

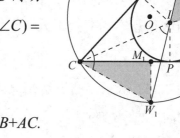

由于 I 是 AW_1 的中点，因此 $CW_1=AI$.

要证 $BC=\frac{1}{2}(AB+AC)$，只需证 $2BC=AB+AC$.

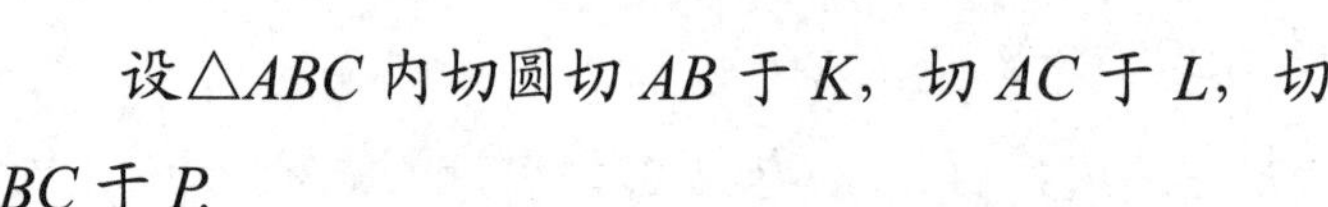

设△ABC 内切圆切 AB 于 K，切 AC 于 L，切 BC 于 P.

则有 $AK=AL$，$BK=BP$，$CP=CL$.

所以 $BC=BP+CP=BK+CL$.

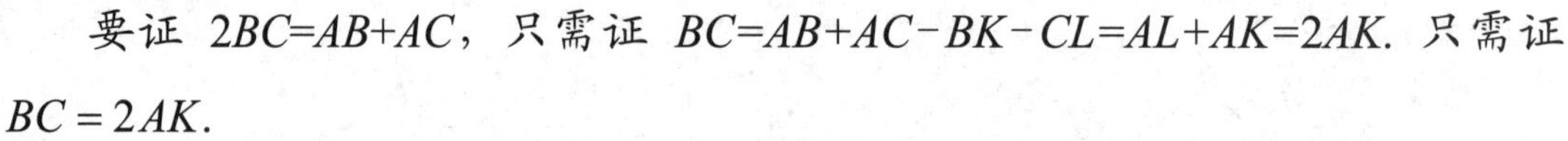

要证 $2BC=AB+AC$，只需证 $BC=AB+AC-BK-CL=AL+AK=2AK$. 只需证 $BC=2AK$.

取 BC 中点 M_1，只需证 $CM_1=AK$.

连接 M_1W_1，IK，所以只需证 Rt△CW_1M_1≌Rt△AIK.

因为 $CW_1=AI$，$\angle M_1CW_1=\angle KAI$，显然 Rt△$CW_1M_1$≌Rt△$AIK$ 的条件已经具备，至此思路已经清晰.

例 8

在△ ABC 中，∠A，∠B，∠C 的对边分别记为 a，b，c. $b<\frac{1}{2}(a+c)$，求证：$\angle B<\frac{1}{2}(\angle A+\angle C)$.

分析： 在△ ABC 中，要证 $\angle B<\frac{1}{2}(\angle A+\angle C)$，等价于证 $2\angle B<\angle A+\angle C$ 或 $3\angle B<\angle A+\angle B+\angle C=180°$，即等价于证明 $\angle B<60°$. 这样证明的目的就明确了.

证明： 在△ABC中，如图 2-164 所示，延长BA到D，使$AD=BC=a$. 延长BC到E，使$CE=BA=c$.

则$BD=BE=a+c$，即△BDE中有$\angle BDE=\angle BED$.

过D作AC的平行线，与过C所引BD的平行线相交于点F. 连接EF，则四边形$ADFC$为平行四边形. 所以$DF=AC=b$，$CF=AD=a$，$\angle FCE=\angle ABC$.

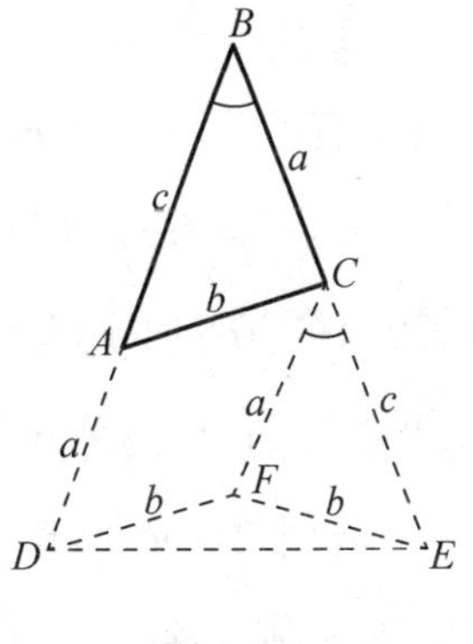

图 2-164

又因为$CE=BA=c$，所以$\triangle FCE\cong\triangle CBA$（SAS），因此有$FE=CA=b$.

对D，F，E三点，由已知$b<\frac{1}{2}(a+c)$及三角形不等式可得$DE\leqslant DF+EF=2b<a+c=BD=BE$，所以在△$BDE$中，有$\angle B<\angle BDE$，$\angle B<\angle BED$.

相加得$2\angle B<\angle BDE+\angle BED$，即$2\angle B<180^\circ-\angle B=\angle A+\angle C$，所以$\angle B<\frac{1}{2}(\angle A+\angle C)$.

例 9

求证三角形ABC的垂心H，重心M，外心O三点共线，且$OM:MH=1:2$.

证明： 设A_1，B_1，C_1分别是△ABC中BC，AC和AB边的中点，M是重心，如图 2-165 所示，作$A_1\xrightarrow{H(M,-2)}A$，$B_1\xrightarrow{H(M,-2)}B$，$C_1\xrightarrow{H(M,-2)}C$，

即$\triangle A_1B_1C_1\backsim\triangle ABC$.

设$\triangle A_1B_1C_1$三边的高线相交于O，而△ABC三条高线交于垂心H，

所以$O\xrightarrow{H(M,-2)}H$，即O，M，H共线，且$OM:MH=1:2$.

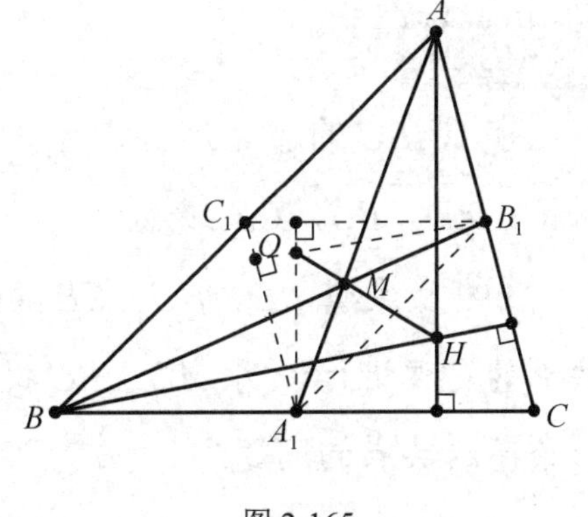

图 2-165

三角形的垂心H，重心M，外心O三点共线，此线称为欧拉线. 给出的证法凸显了变换的作用. 本题的其他证法留给读者去思考.

例 10

P 是 $\triangle ABC$ 的外接圆上一点. 由 P 向各边 BC，CA，AB 引垂线 PD，PE，PF. 求证：三个垂足 D，E，F 共线（西摩松线）.

分析： 要证 D，E，F 共线，连接 DE，DF，根据证明三点共线的通法，只需证 $\angle BDF=\angle CDE$ 即可.

直接证明 $\angle BDF=\angle CDE$ 有困难，需设法分别转移为它们的等角，由 $PE\perp AC$，$PD\perp BC$，$PF\perp AB$，可知 P，D，C，E 四点共圆，P，D，F，B 四点共圆. 可考虑利用和圆有关的角进行转移.

如图 2-166 所示，连接 PB 和 PC，由 P，D，F，B 共圆，推得 $\angle BDF=\angle BPF$，由 P，D，C，E 共圆，推得 $\angle CDE=\angle CPE$.

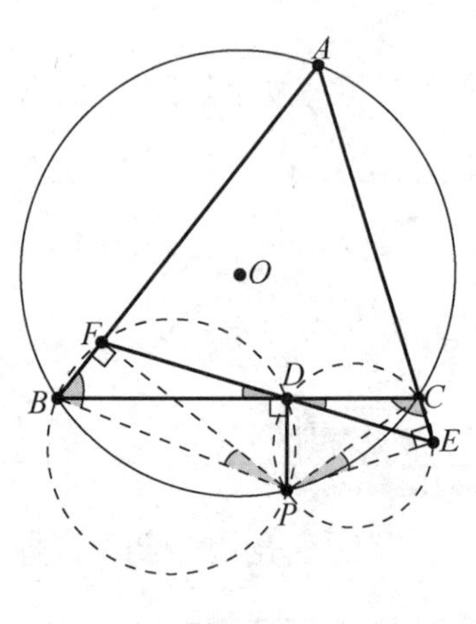

图 2-166

因此要证 $\angle BDF=\angle CDE$，只需证 $\angle BPF=\angle CPE$ 即可.

由于 $\angle BPF$ 的余角为 $\angle ABP$，$\angle CPE$ 的余角为 $\angle PCE$，因此只需 $\angle ABP=\angle PCE$ 即可.

由于 $ABPC$ 是外接圆的内接四边形，所以 $\angle ABP=\angle PCE$ 显然成立. 至此思路清晰，不难写出综合法的证明.

例 11

在 $\triangle ABC$ 的边 AB，AC 上向形外各作正方形 $ABEF$，$ACGH$. 又作 $AD\perp BC$. 求证：AD，BG，CE 共点.

分析： 要证 AD，BG，CE 共点，直接证有困难，可以设法利用已知的三线共点的定理进行证明. $AD\perp BC$ 提示我们设法转化为以 BC 为边的一个三角形的三条高线共点的问题.

根据 $\triangle AFH$ 中 FH 边上的中线等于 BC 边的一半，试将 AD 延长到 K，使得 $AK=BC$. 连接 BK，CK，得到 $\triangle KBC$，其中 AD 恰在它的一条高线上. 这时，只

要证明 CE，BG 也在 $\triangle KBC$ 的另两条高线上，即 $CE\perp BK$，$BG\perp CK$ 就可以了.

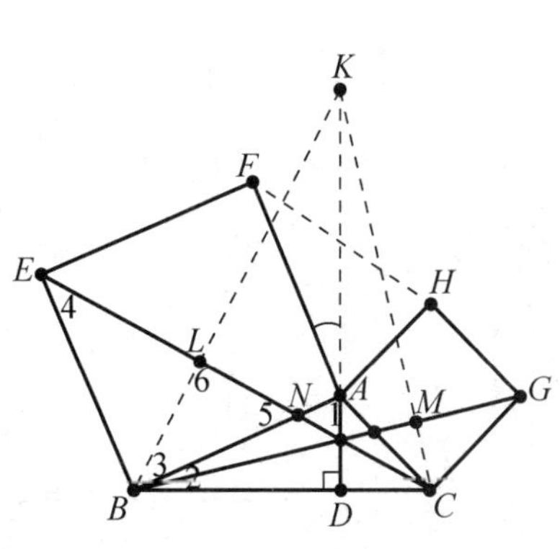

图 2-167

如图 2-167 所示，我们注意到，由于 $\angle KAF+\angle 1=90^\circ=\angle 2+\angle 1$，所以 $\angle KAF=\angle 2$，$\angle KAB=\angle KAF+90^\circ=\angle 2+90^\circ=\angle CBE$.

又有 $AK=BC$，$AB=BE$，所以 $\triangle KAB\cong\triangle CBE$（边角边），所以 $\angle 3=\angle 4$.

但 $\angle 4$ 与 $\angle 5$ 互余，所以 $\angle 3$ 与 $\angle 5$ 互余，即 $\angle 3+\angle 5=90^\circ$，所以 $\angle 6=90^\circ$.

所以 $CE\perp KB$ 于 L.

同法可证，$BG\perp CK$ 于 M.

根据垂心定理可知 KD，BM，CL 交于一点，当然有 AD，BG，CE 共点.

此例使我们感到，随着分析思路的展开，所添加的辅助线应运而生，非常自然.

例 12

在锐角△ ABC 的外接圆上，点 A_1，B_1，C_1 分别是 A，B，C 的对径点（圆的同一条直径的两个端点）. A_0，B_0，C_0 分别为边 BC，CA 和 AB 的中点.

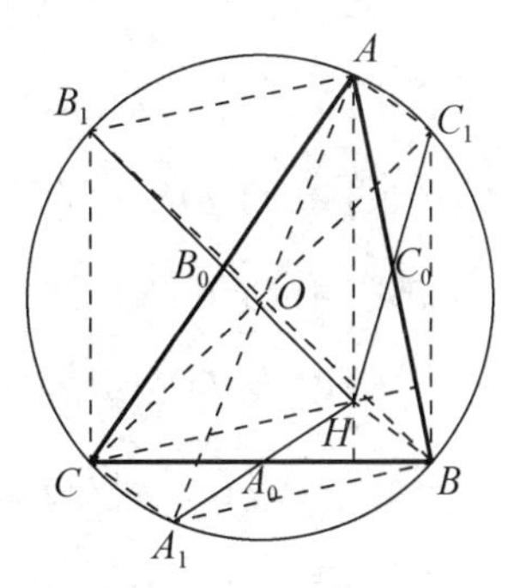

图 2-168

证明： 直线 A_1A_0，B_1B_0 和 C_1C_0 共点.

分析： 设 H 是锐角△ ABC 的垂心.

如图 2-168 所示，研究四边形 $CHBA_1$.

易知 $CHBA_1$ 是平行四边形.

因此 A_1A_0 通过 H.

同理可证 B_1B_0 通过 H，C_1C_0 通过 H，

所以直线 A_1A_0，B_1B_0 和 C_1C_0 有公共点 H.

例 13

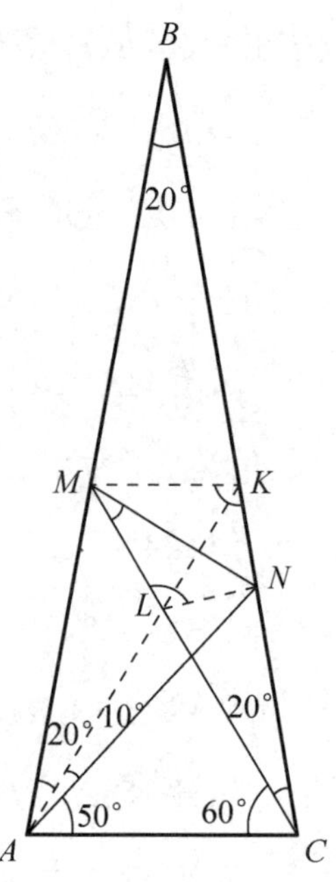

图 2-169

在三角形 ABC 中已知 $AB=BC$，$\angle B=20^\circ$. 在 AB 上取点 M，使得 $\angle MCA=60^\circ$，而在 BC 上取点 N，使得 $\angle NAC=50^\circ$.

求 $\angle NMC$.

分析： 在 BC 上取点 K（如图 2-169 所示），使得 $\angle KAC=60^\circ$，$MK//AC$. 设 L 是 AK 和 MC 的交点，$\triangle ALC$ 是正三角形，$\triangle ANC$ 是等腰三角形. 这意味着，$\triangle LNC$ 也是等腰三角形，$\angle LCN=20^\circ$. 现在可求得 $\angle NLM$ 和 $\angle MKN$ 都是 100°.

因为 $\triangle MKL$ 是正三角形，所以 $\angle KLN=\angle NKL=40^\circ$. 所以 $KN=LN$，

所以 $\triangle MKN \cong \triangle MLN$，$\angle NMC=\angle NMK=30^\circ$.

例 14

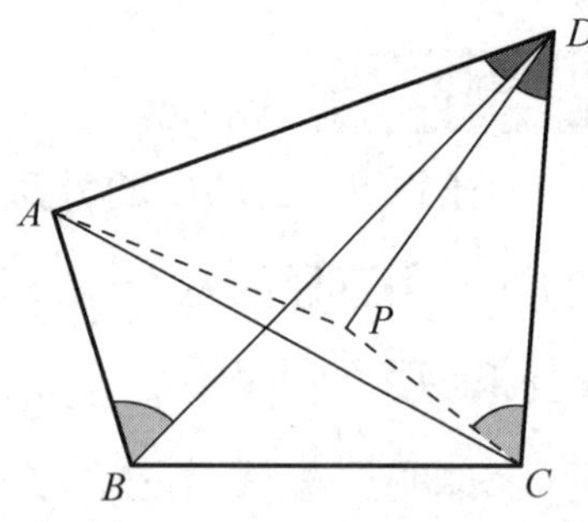

图 2-170

（广托勒密定理） 四边形 $ABCD$ 中，对角线 AC，BD 的乘积不超过其对边乘积之和. 即 $AC\times BD\leqslant AB\times CD+BC\times DA$.

证明：（1）若四边形 $ABCD$ 是凸四边形. 如图 2-170 所示，作 $\angle CDP=\angle ADB$，$\angle DCP=\angle ABD$，所作两角的 DP 边与 CP 边交于点 P. 连接 AP. 则易证 $\triangle ADB\backsim\triangle PDC$.

所以有 $DB:AB=DC:PC$，

即 $AB\cdot DC=DB\cdot PC$. ①

另有 $DB:AD=DC:PD$，$\angle ADP=\angle BDC$.

所以 $\triangle ADP\backsim\triangle BDC$，有 $AD:AP=BD:BC$，即 $BC\cdot AD=BD\cdot AP$. ②

①②相加得

$$AB\cdot DC+BC\cdot AD=DB\cdot PC+BD\cdot AP=BD(AP+PC)\geqslant BD\cdot AC.$$

即 $AC \cdot BD \leqslant AB \cdot CD + BC \cdot DA$.

（2）若 $ABCD$ 是凹四边形，如图 2-171 所示，作点 A 关于 BD 的对称点 A_1，连接 A_1D，A_1B，A_1C，则 A_1BCD 是凸四边形，根据（1）的结果，有

$$A_1C \cdot BD \leqslant A_1B \cdot CD + BC \cdot DA_1. \quad ③$$

注意，在$\triangle A_1DC$ 与$\triangle ADC$ 中，

$A_1D = AD$，$CD = CD$，$\angle A_1DC > \angle ADC$，所以 $A_1C > AC$.

又因为 $A_1D=AD$，$A_1B=AB$，代入③式，得 $AC \cdot BD \leqslant AB \cdot CD + BC \cdot DA$.

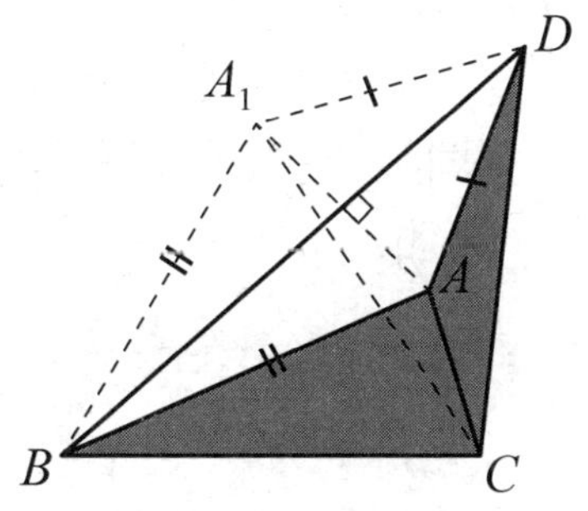

图 2-171

例 15

在$\triangle ABC$ 中，最大角小于$120°$. 试在$\triangle ABC$ 内取一点 P，使得 P 到三个顶点的距离之和 $PA + PB + PC$ 为最小.

解： 设 P 为$\triangle ABC$ 内任一点，把$\triangle ABP$ 绕 B 点逆时针旋转$60°$，P 转到 P'，A 转到 A'（如图 2-172 所示）.

因为 $\angle PBP' = 60°$，$BP = BP'$，所以$\triangle BPP'$ 是正三角形，$PP' = PB$，$A'P' = AP$.

$$AP + BP + CP = A'P' + P'P + PC \geqslant A'C.$$

因为 A'，C 都是定点，所以 $A'C$ 是 $PA+PB+PC$ 的最小值，当且仅当 C，P，P'，A' 共线时达到该最小值.

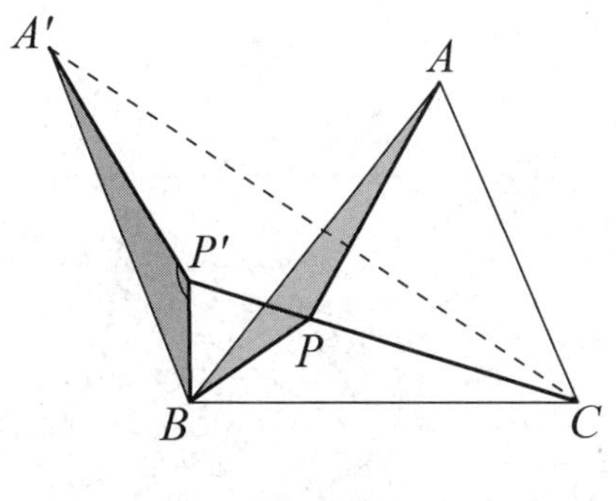

图 2-172

而在 C，P，P'，A' 共线时，有 $\angle CPB = 180° - \angle BPP' = 120°$，$\angle APB = \angle A'P'B = 180° - \angle PP'B = 120°$.

因此，P 点是以 BC 为弦，含$120°$角的位于三角形 ABC 内的弓形弧与以 AB 为弦，含$120°$角的位于三角形 ABC 内的弓形弧的交点. 这个点称为费马点. 反过来，如果 P 是费马点，根据图中所示，$\angle CPB + \angle P'PB = 120° + 60° = 180°$，因此 C，P，P' 共线.

同理，$\angle A'P'B+\angle BP'P=\angle APB+\angle BP'P=120^\circ+60^\circ=180^\circ$，所以 A，P'，P 共线，因此 A'，P'，P，C 共线. P 点一定是 $PA+PB+PC$ 取得最小值的点.

例 16

延长凸五边形 $ABCDE$ 各边，使其在外部交成五个三角形.

求证：这五个三角形的外接圆的另五个交点（非 A，B，C，D，E）共圆.

证明： 如图 2-173 所示，设五个三角形 ABF，BCG，CDH，DEK 和 EAL 的外接圆的另五个交点（非 A，B，C，D，E）为 A'，B'，C'，D'，E'. 要证这五个点共圆，我们先证 A'，B'，D'，E' 共圆，再同理可证 E'，A'，B'，C' 共圆，于是可知 A'，B'，C'，D'，E' 都在由不共线的三点 E'，A'，B' 所决定的圆上. 我们按这一思路先证明 A'，B'，D'，E' 共圆.

如图 2-174 所示，因为 E，K，D'，D 共圆，所以 $\angle EKD'=\angle HDD'$. ①

因为 H，C，D，D' 共圆，所以 $\angle HDD'=\angle HCD'$. ②

由式①式②可得 $\angle FKD'=\angle EKD'=\angle HCD'$，所以 F，K，D'，C 四点共圆.

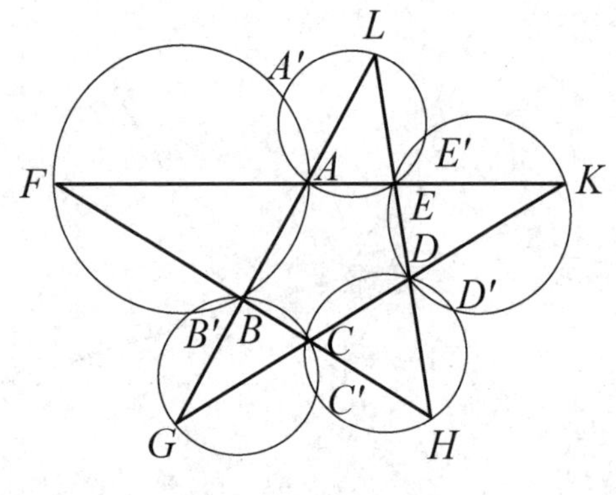

图 2-173

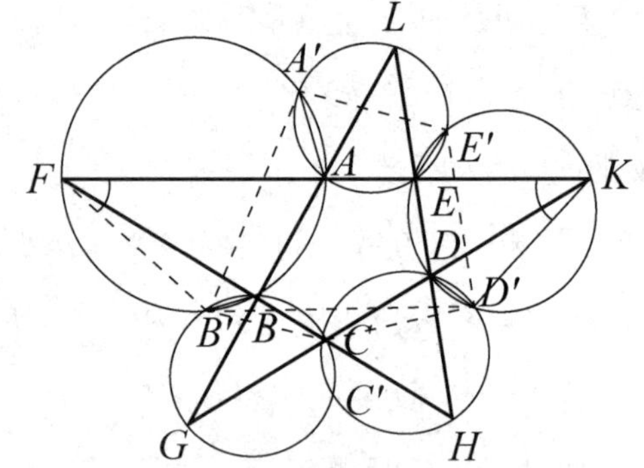

图 2-174

同理可证 $\angle KFB'=\angle B'BG=\angle B'CG$，所以 F，B'，C，K 四点共圆.

因此得 B'，D' 都在过不共线的三点 F，C，K 的圆上.

根据 B'，F，K，D' 共圆，有 $\angle FKD'+\angle D'B'F=180^\circ$. ③

再由 E'，E，D'，K 共圆，有 $\angle EE'D'=\angle EKD'=\angle FKD'$. ④

将式④代入式③得，$\angle EE'D'+(\angle D'B'A'+\angle A'B'F)=180^\circ$.

又有 $\angle A'B'F=\angle A'AF=\angle A'E'E$，代入得 $\angle EE'D'+(\angle D'B'A'+\angle A'E'E)=$

$180°$，即 $(\angle EE'D' + \angle A'E'E) + \angle D'B'A' = 180°$，也就是 $\angle A'E'D' + \angle D'B'A' = 180°$. 所以 A'，B'，D'，E' 四点共圆. 依上述步骤同理可证 E'，A'，B'，C' 共圆.

因此可得 A'，B'，C'，D'，E' 五点共圆.

例 17

锐角三角形 ABC 中，高线 AH_1，BH_2，CH_3 共点于 H（垂心）. M_1，M_2，M_3 分别为边 BC，CA，AB 的中点. P_1，P_2，P_3 分别为线段 AH，BH，CH 的中点. 求证：H_1，H_2，H_3，M_1，M_2，M_3，P_1，P_2，P_3 九点共圆.

分析： 如图 2-175 所示，易证 $P_2P_1M_2M_1$ 是个矩形.

所以 P_2，P_1，M_2，M_1 共圆.

易证 H_1，H_2，P_3 在这个圆上，M_3 也在这个圆上. 再证 H_3 在这个圆上.

所以 H_1，H_2，H_3，M_1，M_2，M_3，P_1，P_2，P_3 九点共圆.

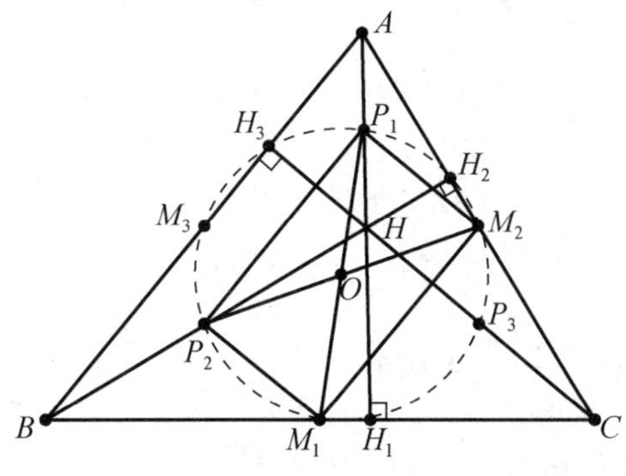

图 2-175

例 18

如图 2-176 所示，在凸四边形 $ABCD$ 中，$\angle A + \angle C = 90°$. 求证：$(AB \cdot CD)^2 + (AD \cdot BC)^2 = (AC \cdot BD)^2$.

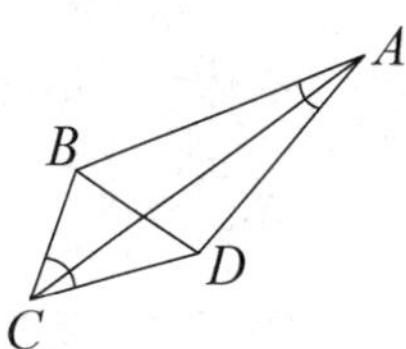

图 2-176

分析： 需要证明的式子

$$(AB \cdot CD)^2 + (AD \cdot BC)^2 = (AC \cdot BD)^2.$$

与勾股定理的表达式相似，差异只在于勾股定理表达式每一项都是线段的平方，而这里是线段乘积的平方. 要化归为勾股定理来证明，就要设法消除这个差异. 为此，各项均除以 AC^2，得

$$\left(\frac{AB\cdot CD}{AC}\right)^2+\left(\frac{AD\cdot BC}{AC}\right)^2=BD^2.$$

这样一来，一个直角三角形已现端倪，BD 应是斜边，$\frac{AB\cdot CD}{AC}$ 和 $\frac{AD\cdot BC}{AC}$ 应是直角边.

根据求第四比例项的方法，启发我们作出一对相似三角形，使 AB 与 DE 是一组对应边，可知 $\frac{AB\cdot CD}{AC}$ 表示 DE；同法可求 $\frac{AD\cdot BC}{AC}$ 表示的线段. 这样，将本题的证明，化归为勾股定理的应用，可得如下证法.

证明: 如图 2-177 所示，在凸四边形 $ABCD$ 内取一点 E，使得 $\angle EDC=\angle BAC$，$\angle ECD=\angle BCA$，则 $\triangle ECD\backsim\triangle BCA$，所以 $\frac{AB\cdot CD}{AC}=DE$.

连接 BE，再证 $\triangle BCE\backsim\triangle ACD$，所以 $\frac{AD\cdot BC}{AC}=BE$.

由 $\angle A+\angle C=90^\circ$，不难推得 $\angle BED=90^\circ$.

在 Rt$\triangle BED$ 中，根据勾股定理得 $DE^2+BE^2=BD^2$，

所以 $\left(\frac{AB\cdot CD}{AC}\right)^2+\left(\frac{AD\cdot BC}{AC}\right)^2=BD^2$

即 $(AB\cdot CD)^2+(AD\cdot BC)^2=(AC\cdot BD)^2$.

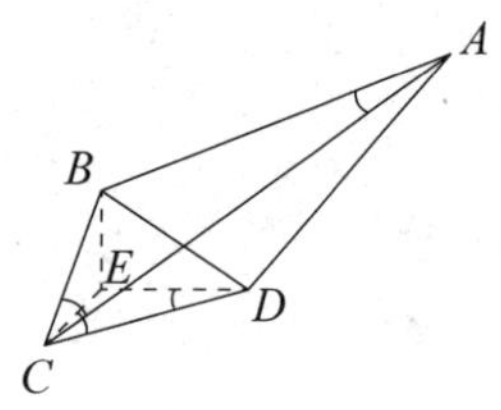

图 2-177

例 19

如图 2-178 所示，三角形 ABC 的外心为 O，内心为 I. R 和 r 分别是三角形 ABC 的外接圆半径和内切圆半径，$OI=d$. 求证：$d^2=R^2-2Rr$.

分析: 要证 $d^2=R^2-2Rr$. 就要建立 d=OI 与外接圆半径 R 及内切圆半径 r 的联系. 为此延长 OI，交圆于 D，E.

要证 $d^2=R^2-2Rr$，只需证 $R^2-d^2=2Rr$，只需证 $(R+d)(R-d)=2Rr$，即 $IE\cdot ID=2Rr$，也就是 $AI\cdot IF=2Rr$ 即可.

易证图 2-179 中 IF=FB，故只需证 $\frac{AI}{2R}=\frac{r}{FB}$ 即可.

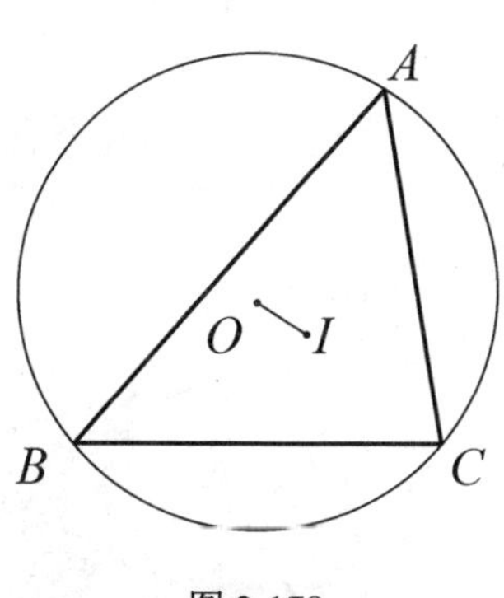

图 2-178

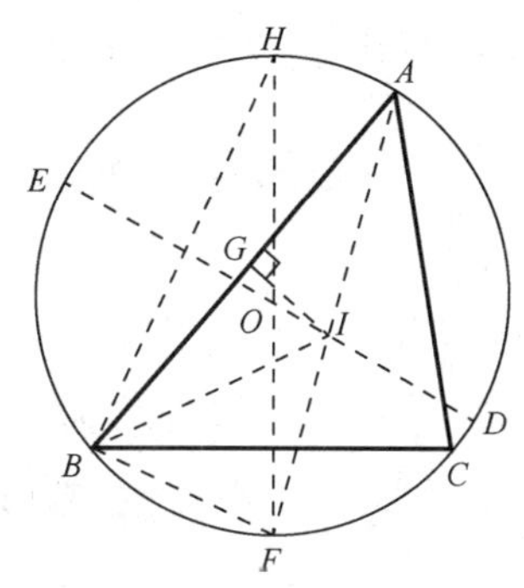

图 2-179

为此就要设法构造以这四条线段为对应边的两个相似的三角形.

为此，连接 FO 交圆于 H，则有 $FH=2R$.

连接 HB，这时出现了包含 $2R$ 和 FB 的 $\mathrm{Rt}\triangle HBF$，再自 B 作 $IG\perp AB$ 于 G，有 $IG=r$，出现了包含 AI 和 r 的 $\mathrm{Rt}\triangle AGI$.

下面自然要寻找 $\mathrm{Rt}\triangle HBF$ 与 $\mathrm{Rt}\triangle AGI$ 相似的条件，容易发现对应同弧的圆周角 $\angle BHF=\angle BAF$. 至此思路完全清晰.

由 $\mathrm{Rt}\triangle HBF\backsim\mathrm{Rt}\triangle AGI$ 可得 $\dfrac{AI}{HF}=\dfrac{IG}{FB}$.

就是 $\dfrac{AI}{2R}=\dfrac{r}{BF}=\dfrac{r}{IF}$.

因此可得出需要的等式 $AI\cdot IF=2Rr$.

大家可以看到，根据解题思路的展开，通过几何变换有目的地进行添加辅助线，非常容易掌握解题方法.

说明： 本题也是一个著名的欧拉定理. 由此题容易得出一个三角形的外接圆半径不小于内切圆半径两倍的结论.

例 20

设$\triangle ABC$ 的三边长分别为 a，b，c，面积为 S. 求证：$a^2+b^2+c^2\geqslant 4\sqrt{3}S$.

分析： 要证 $a^2+b^2+c^2\geqslant 4\sqrt{3}S$. 只需 $\dfrac{1}{4\sqrt{3}}\left(a^2+b^2+c^2\right)\geqslant S$

只需 $\dfrac{1}{3}\left(\dfrac{\sqrt{3}}{4}a^2\right)+\dfrac{1}{3}\left(\dfrac{\sqrt{3}}{4}b^2\right)+\dfrac{1}{3}\left(\dfrac{\sqrt{3}}{4}c^2\right)\geqslant S$　①

这时观察式①各项的几何意义.

$\frac{\sqrt{3}}{4}a^2$ 为边长为 a 的正三角形的面积，$\frac{1}{3}\left(\frac{\sqrt{3}}{4}a^2\right)$ 是这个正三角形面积的 $\frac{1}{3}$.

为此，如图 2-180 所示，在 $\triangle ABC$ 中分别以 BC, CA, BA 为边向形外作正三角形 BA_1C，CB_1A，AC_1B，这三个正三角形的中心依次是 O_1，O_2，O_3，则有

$$\frac{1}{3}\left(\frac{\sqrt{3}}{4}a^2\right)=S_{\triangle BO_1C}，$$

$$\frac{1}{3}\left(\frac{\sqrt{3}}{4}b^2\right)=S_{\triangle CO_2A}，$$

$$\frac{1}{3}\left(\frac{\sqrt{3}}{4}c^2\right)=S_{\triangle AO_3B}.$$

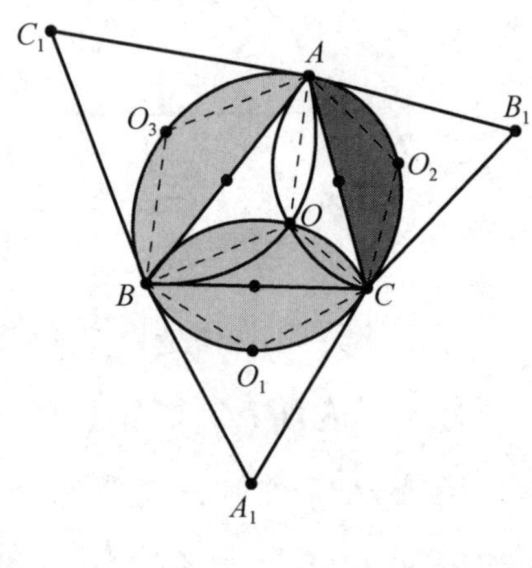

图 2-180

式①要成立，只需 $S_{\Delta BO_1C}+S_{\Delta CO_2A}+S_{\Delta AO_3C}\geqslant S$ 即可.

（1）若 $\triangle ABC$ 中有一个内角不小于 120°，不妨设 $\angle A\geqslant 120^\circ$. 这时以 BC 为弦，含 120° 角在 O_1 点关于 BC 另一侧所作的弓形将盖住 $\triangle ABC$.

此时，$S_{\triangle BO_1C}\geqslant S$.

更有 $S_{\triangle BO_1C}+S_{\triangle CO_2A}+S_{\triangle AO_3B}\geqslant S$.

（2）若 $\triangle ABC$ 中最大内角的度数小于 120°. 这时设以 BC 为弦，向 O_1 点关于 BC 另一侧所作的含 120° 角的弓形弧，以 AC 为弦，向 O_2 点关于 AC 另一侧所作的含 120° 角的弓形弧在 $\triangle ABC$ 内部交于 O 点，连接 AO, BO, CO，则 $\angle AOB=360^\circ-120^\circ-120^\circ=120^\circ$. 因此 O 点也在以 AB 为弦，含 120° 角的弓形弧上.

易知 $S_{\triangle BO_1C}\geqslant S_{\triangle BOC}$，$S_{\triangle CO_2A}\geqslant S_{\triangle COA}$，$S_{\triangle AO_3B}\geqslant S_{\triangle AOB}$，

相加得 $S_{\triangle BO_1C}+S_{\triangle CO_2A}+S_{\triangle AO_3B}\geqslant S_{\Delta BOC}+S_{\triangle COA}+S_{\triangle AOB}=S$.

于是，可证得式①成立.

因此有 $a^2+b^2+c^2 \geqslant 4\sqrt{3}S$.

本题中的不等式叫作外森比克不等式.

例 21

已知 $ABCDEF$ 是 $\odot O$ 的内接六边形，其中 $\overset{\frown}{AB}$，$\overset{\frown}{CD}$，$\overset{\frown}{EF}$ 都是 60° 的弧. 弦 BC，DE，FA 的中点依次为 I，J，K. 求证：$\triangle IJK$ 是正三角形.

分析：如图 2-181 所示，为了证明 $\triangle IJK$ 是正三角形，这里选择证明 $IJ=IK$，$\angle JIK=60^\circ$ 的思路.

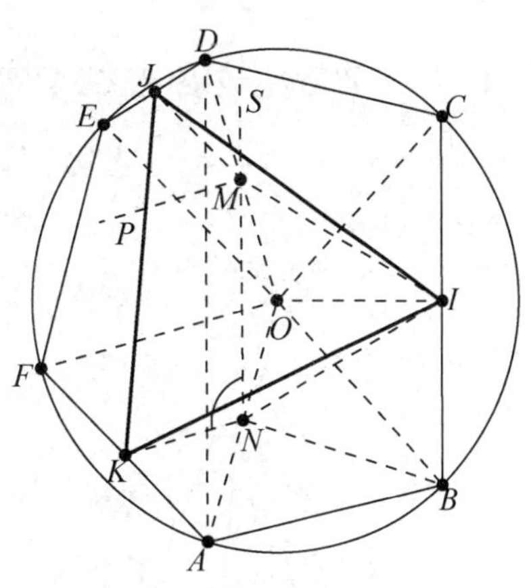

图 2-181

已知 $\overset{\frown}{AB}$，$\overset{\frown}{CD}$，$\overset{\frown}{EF}$ 都 60° 的弧，设 $\odot O$ 的半径为 R，则有 $AB=CD=EF=R$. 易知 $BC//AD$. 根据圆的对称性，可知 $ABCD$ 是以 OI 为对称轴的等腰梯形. 取 OD 的中点 M，OA 的中点 N，由对称性知 $IM=IN$. 另外，$\angle OIB=90^\circ=\angle ONB$，所以 O，I，B，N 四点共圆，因此推得 $\triangle MIN$ 是正三角形.

要证 $IJ=IK$，$\angle JIK=60^\circ$，连接 JM，KN，只需证 $\triangle IJM$ 与 $\triangle IKN$ 全等即可.

易知 $MJ=\dfrac{1}{2}OE=\dfrac{R}{2}=\dfrac{1}{2}OF=NK$，$IM=IN$.

设 $\angle MNK=\alpha$，则 $\angle INK=\alpha+60^\circ$. 作 $MP//NK$，因为 $MJ//OE$，$MP//NK//OF$，所以 $\angle JMP=\angle EOF=60^\circ$.

又因为 $\angle SMP=\angle MNK=\alpha$，所以 $\angle IMJ=\angle IMS+\angle SMJ=120^\circ+(\alpha-60^\circ)=60^\circ+\alpha=\angle INK$.

因此 $\triangle IJM \cong \triangle IKN$（边角边）. 因此有 $IJ=IK$，$\angle JIM=\angle KIN$.

又因为 $\angle JIK=\angle MIN+\angle JIM-\angle KIN=\angle MIN=60^\circ$.

所以 $\triangle IJK$ 是正三角形.

例 22

（莫莱定理） 将任意三角形的各角三等分，则每两个角的相邻三等分线的交点的连接线段构成一个等边三角形.

证明： 如图 2-182 所示，任作$\triangle X'Y'Z'$，以 $Z'Y'$为底边在$\triangle X'Y'Z'$外侧作等腰$\triangle X''Y'Z'$，使得

$$\angle X''Z'Y' = \angle X''Y'Z' = \alpha = 60^\circ - \frac{1}{3}\angle BAC.$$

同法以 $X'Z'$为底边在$\triangle X'Y'Z'$外侧作等腰$\triangle Y''X'Z'$，使得

$$\angle Y''X'Z' = \angle Y''Z'X' = \beta = 60^\circ - \frac{1}{3}\angle ABC.$$

以 $X'Y'$为底边在$\triangle X'Y'Z'$外侧作等腰$\triangle Z''X'Y'$，使得

$$\angle Z''X'Y' = \angle Z''Y'X' = \gamma = 60^\circ - \frac{1}{3}\angle ACB.$$

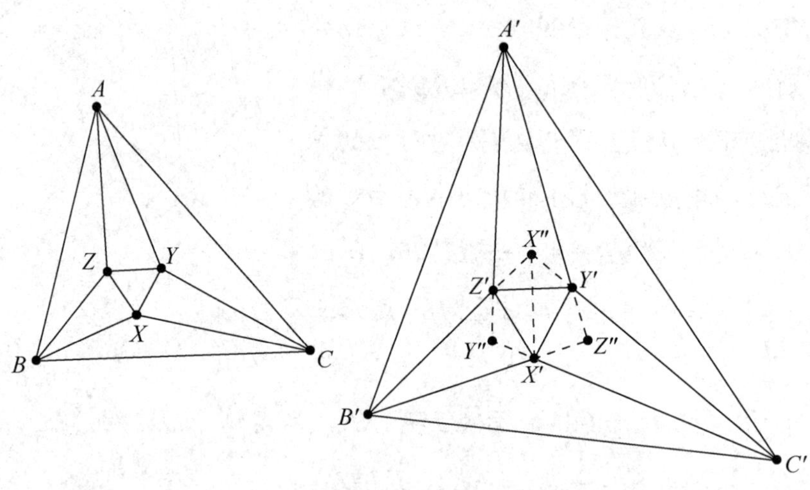

图 2-182

分别延长 $X''Z'$，$Z''X'$，$Y''X'$，$X''Y'$，$Z''Y'$，$Y''Z'$，分别相交于点 B'，C'，A'. 易知$\alpha+\beta+\gamma=120^\circ$.

$$\angle A'Z'X'' = 180^\circ - 60^\circ - \angle X''Z'Y' - \angle Y''Z'X' = 120^\circ - \alpha - \beta = \gamma.$$

同理可得$\angle A'Y'X'' = \beta$.

所以$\angle Y'A'Z' = 180^\circ - (\beta+\gamma) - 2\alpha = 60^\circ - \alpha$.

同理可得$\angle Z'B'X' = 60^\circ - \beta$，$\angle X'C'Y' = 60^\circ - \gamma$，$\angle B'X''Y' = 180^\circ - 2\alpha$.

所以$\triangle B'X''C'$的内心应在以 $B'C'$为弦，含弓形角为$90^\circ + \dfrac{\angle B'X''C'}{2} = 90^\circ + 90^\circ - \alpha = 180^\circ - \alpha$的弓形弧上.

又因为 $\angle B'X'C' = (180° - 2\alpha) + (60° - \beta) + (60° - \gamma)$

$$= 180° - \alpha + (120° - \alpha - \beta - \gamma) = 180° - \alpha,$$

所以 X'点在上述的弓形弧上.

连接 $X'X''$，易知 $X'X''$平分 $\angle B'X''C'$，所以 X'点为$\triangle B'X''C'$ 的内心.

同理可证 Y'为$\triangle C'Y''A'$ 的内心，Z'为$\triangle A'Z''B'$的内心.

所以 $\angle A'B'C' = 3\angle X'B'Z' = 3(60° - \beta) = 3\times\frac{1}{3}\angle ABC = \angle ABC$.

同理可得 $\angle B'A'C' = \angle BAC$，$\angle A'C'B' = \angle ACB$.

因此$\triangle ABC \backsim \triangle A'B'C'$.

进一步得$\triangle AZB \backsim \triangle A'Z'B'$，$\triangle AYC \backsim \triangle A'Y'C'$，$\triangle BXC \backsim \triangle B'X'C'$，

$\triangle AYZ \backsim \triangle A'Y'Z'$，$\triangle BXZ \backsim \triangle B'X'Z'$，$\triangle CYZ \backsim \triangle C'Y'Z'$.

所以$\triangle XYZ \backsim \triangle X'Y'Z'$. 因此$\triangle XYZ$ 是正三角形.

上面的证法应用了构造图形和位似变换的方法，是莫莱定理的证明方法中较有启发性的一种.

2.5.2　著名竞赛题添加辅助线选析

例 1

如图 2-183 所示，在五边形 $ABCDE$ 中，$\angle ABC = \angle ADE$ 且 $\angle AEC = \angle ADB$.

求证：$\angle BAC = \angle DAE$.

分析：要证 $\angle BAC = \angle DAE$，因为图中未给出线段相等的关系，直接构造全等三角形会有困难，但图中给出了不同位置的等角，提示我们可以试一试构造辅助圆，通过圆周角转化角的关系.

如图 2-184 所示，设 BD，CE 的交点为 P. 连接 AP，由于 $\angle AEC = \angle ADB$，所以 A，E，D，P 四点共圆.

作过 A，E，D，P 四点的圆，有 $\angle APE = \angle ADE = \angle ABC$.

所以 A，B，C，P 四点共圆.

作过 A，B，C，P 四点的圆，可以得证 $\angle BAC = \angle BPC = \angle DPE = \angle DAE$.

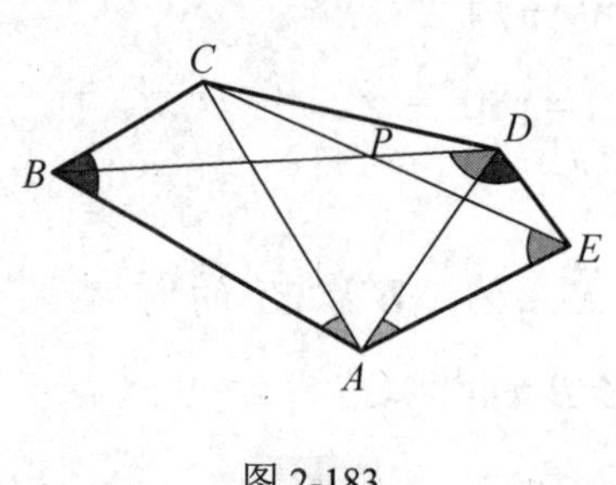

图 2-183

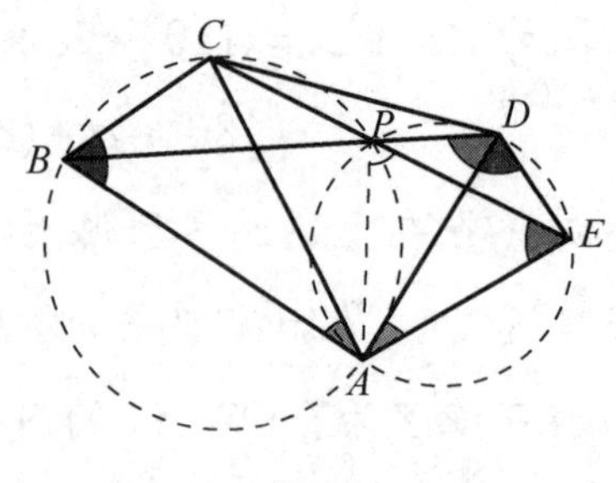

图 2-184

例 2

在三角形 ABC 中，$AB=AC$，$AD\perp BC$ 于 D，$DE\perp AC$ 于 E，G 是 BE 的中点，作 $EH\perp AG$ 于 H，与 AD 交于点 K，BE 与 AD 交于点 F（如图 2-185 所示）.

求证：$DF=KF$.

证明： 在△ABC 中，$AB=AC$，$AD\perp BC$ 于 D，则 D 为 BC 的中点.

如图 2-186 所示，取 DE 的中点 I，连接 GI，交 AD 于点 J，延长 GI 交 CE 于 N，则 N 为 CE 的中点. 连接 DN，因为 G 为 BE 的中点，所以 $GN//BC$.

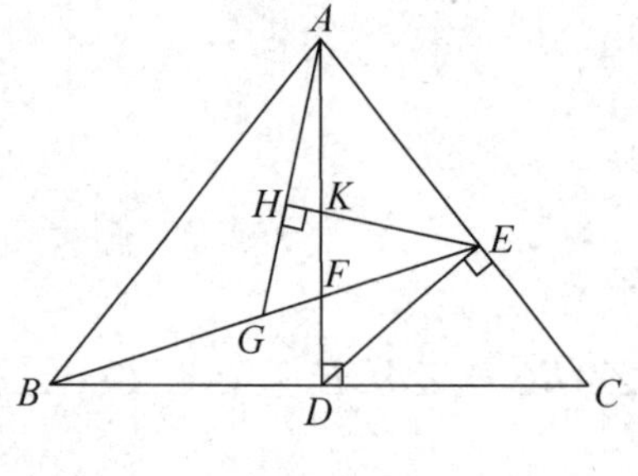

图 2-185

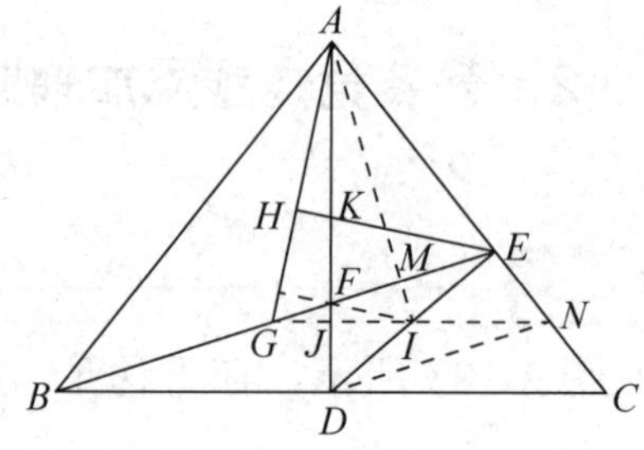

图 2-186

在△AND 中，因为 $AD\perp BC$ 于 D，且 $GN//BC$，所以 $AD\perp GN$，即 NJ 是 AD 边上的高，又已知 $DE\perp AN$，所以 I 为△AND 的垂心，因此 $AI\perp DN$.

因为 $DN//BE$，所以 $AI\perp BE$ 于 M，即 $GM\perp AI$ 于 M. 又因为 $AJ\perp GN$ 于 J，交 GM 于 F，所以 F 为△AGI 的垂心，因此 $IF\perp AG$. 因为 $EH\perp AG$，所以 $IF//EH//EK$.

在△DEK 中，I 为 DE 的中点，$IF//EK$，所以 $DF=KF$.

例 3

如图 2-187 所示，在四边形 $ABCD$ 中，$AB=CD$. 分别以 BC，AD 为底边作

两个同向的相似等腰三角形 EBC，FAD. 求证：EF 平行于 BC 和 AD 中点的连线.

证明： 如图 2-188 所示，沿 DA 方向平移 DC，使 D 落在 A，C 落在 C_1. 于是 $AC_1=DC=AB$，$\triangle ABC_1$ 是等腰三角形.

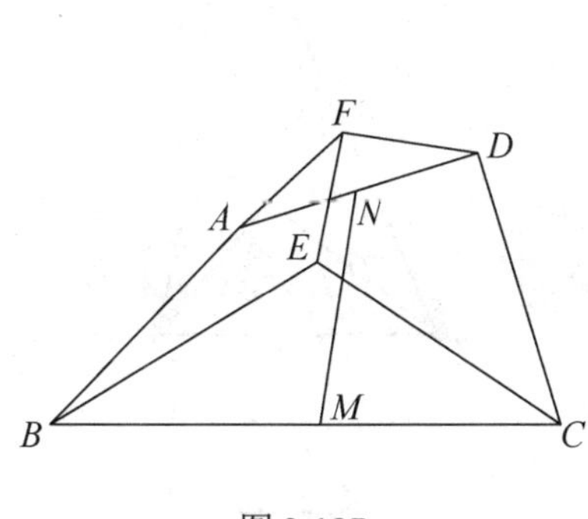

图 2-187

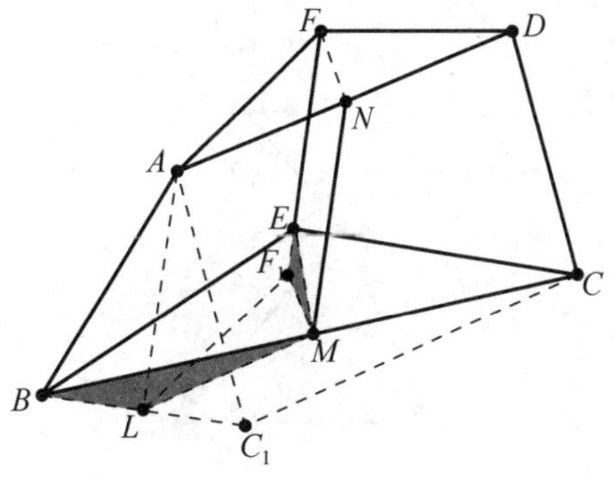

图 2-188

设 L 为 BC_1 的中点，则有 $AL\perp BC_1$.

设 M,N 分别为 BC,AD 的中点，则由 $LM \underset{=}{//} \frac{1}{2}C_1C$，$C_1C \underset{=}{//} AD$，推得 $NM \underset{=}{//} AL$，所以 $NM\perp BC_1$.

再沿 AL 方向平移 AF，使 A 落在 L，F 落在 F_1.

连接 EF_1，F_1M，F_1L，则 $FF_1\perp BC_1$.

又因为 $AF \underset{=}{//} LF_1$，$FN \underset{=}{//} F_1M$，且 $AN \underset{=}{//} LM$，则 $\triangle FAN\cong\triangle F_1LM$.

从而 $\angle F_1ML=\angle FNA=90°$，$\angle EMB=90°$，所以 $\angle F_1ME=\angle BML$.

由 $\triangle FAD\backsim\triangle EBC$，而 N，M 分别为 AD，BC 的中点，可知 $\triangle FAN\backsim\triangle EBM$.

于是 $\dfrac{F_1M}{LM}=\dfrac{FN}{AN}=\dfrac{EM}{BM}$，即知 $\triangle MEF_1\backsim\triangle MBL$.

这样，$EM\perp BM$，$F_1M\perp LM$ 得 $EF_1\perp BL$，又因为 $FF_1\perp BC_1$，因此 F，E，F_1 三点共线.

所以 $EF\perp BC_1$，故 $MN//EF$.

例 4

在梯形 $ABCD$ 的两腰 AB 和 CD 上各取一点 K 和 L，证明：如果 $\angle BAL=\angle CDK$，那么 $\angle BLA=\angle CKD$（如图 2-189 所示）.

（1988 年列宁格勒数学奥林匹克八年级试题）

证明： 在图 2-190 中，因为 $\angle BAL=\angle CDK$，

所以 A，K，L，D 四点共圆.

所以 $\angle BKL=\angle ADC$，又因为 $\angle BCD+\angle ADC=180^\circ$，

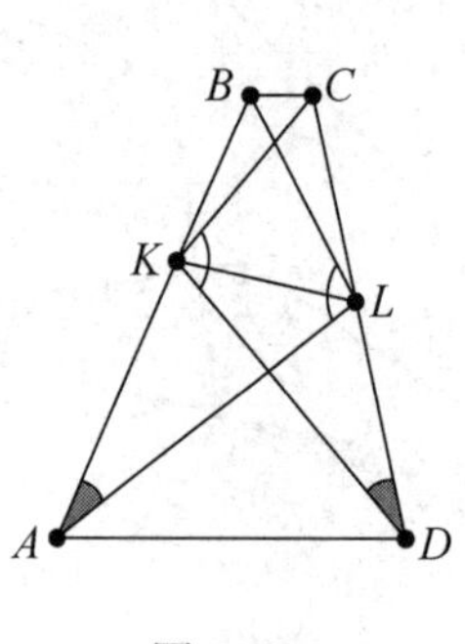

图 2-189

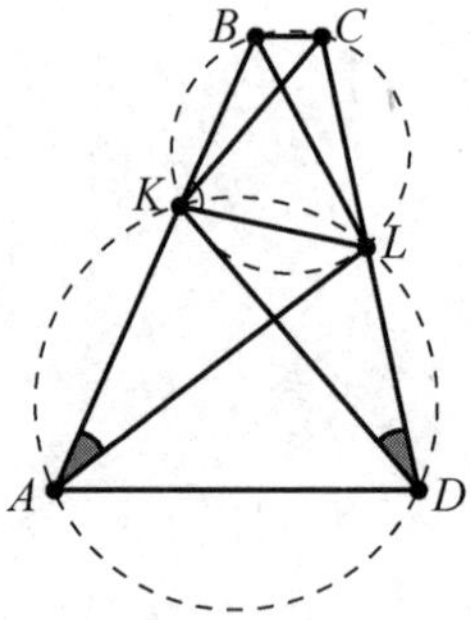

图 2-190

所以 $\angle BCD+\angle BKL=180^\circ$.

因此 B，C，L，K 四点共圆，所以 $\angle ABL=\angle DCK$.

在$\triangle ABL$ 与$\triangle CDK$ 中，有

$\angle BLA=180^\circ-\angle ABL-\angle BAL=180^\circ-\angle DCK-\angle CDK=\angle CKD$.

例 5

AB 是已知圆的一条弦，它将圆分成两部分，M 和 N 分别是两段弧的中点，以 B 为旋转中心，将弓形 $\overset{\frown}{AMB}$ 顺时针转一个角度成弓形 $\overset{\frown}{A_1MB}$，如图 2-191 所示，AA_1 的中点为 P. 求证：$MP\perp NP$.

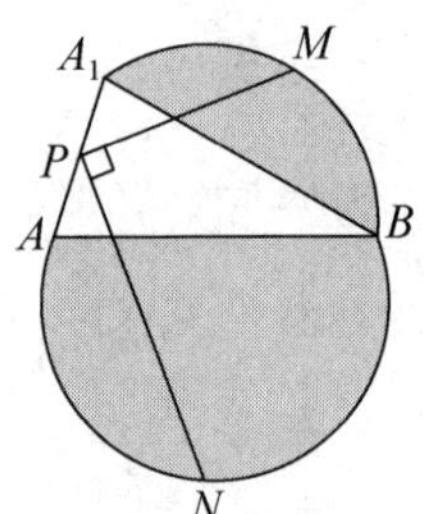

图 2-191

证明： 取 AB 的中点 C，A_1B 的中点 C_1，易知 $A_1B=AB$，于是 $A_1C_1=AC$.

如图 2-192 所示，连接 MC_1，NC，则 $MC_1\perp A_1B$，$NC\perp AB$，在未旋转时，C_1 与 C 是同一点，MN 是垂直于 AB 的直径，由相交弦定理得 $MC_1\cdot NC=AC\cdot CB=AC^2$.

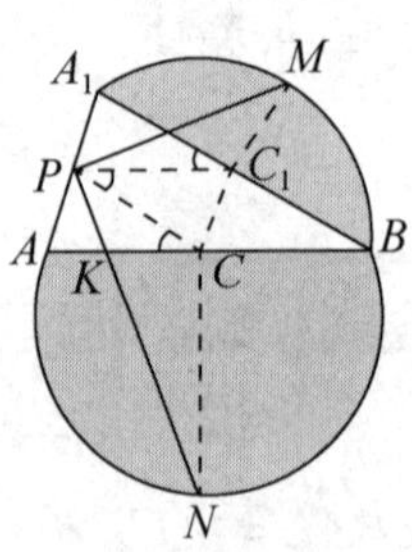

图 2-192

连接 PC，PC_1，则 $PC_1 \underline{\underline{//}} AC$，$PC \underline{\underline{//}} A_1C_1$，$\angle A_1C_1P=\angle C_1PC=\angle ACP$.

所以 $MC_1\cdot CN=PC_1\cdot PC$，即 $\dfrac{MC_1}{PC}=\dfrac{PC_1}{CN}$.

又因为$\angle MC_1P=90°+\angle A_1C_1P=90°+\angle ACP=\angle NCP$，

所以 $\triangle MC_1P\backsim\triangle PCN$，所以$\angle MPC_1=\angle PNC$.

设PN交AB于K，$\angle C_1PN=\angle CKN$，

所以$\angle MPN=\angle MPC_1+\angle C_1PN=\angle PNC+\angle CKN=90°$，

因此$MP\perp NP$.

例 6

如图2-193所示，设D是$\triangle ABC$内的一点，满足$\angle DAC=\angle DCA=30°$，$\angle DBA=60°$，$E$是$BC$边上的中点，$F$是$AC$边上的三等分点，满足$AF=2FC$.

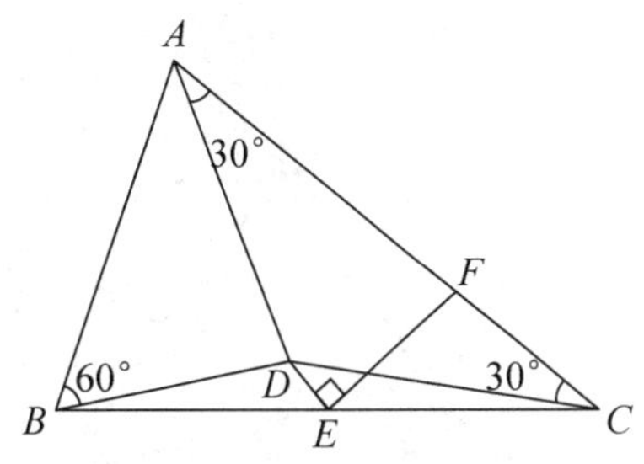

图2-193

求证：$DE\perp EF$.

证明： 如图2-194所示，作$DM\perp AC$于M，$FN\perp CD$于N，连接EM，EN.

设$CF=a, AF=2a$，则$CN=CF\cdot\cos 30°=\dfrac{\sqrt{3}a}{2}=\dfrac{1}{2}CD$，即$N$是$CD$的中点.

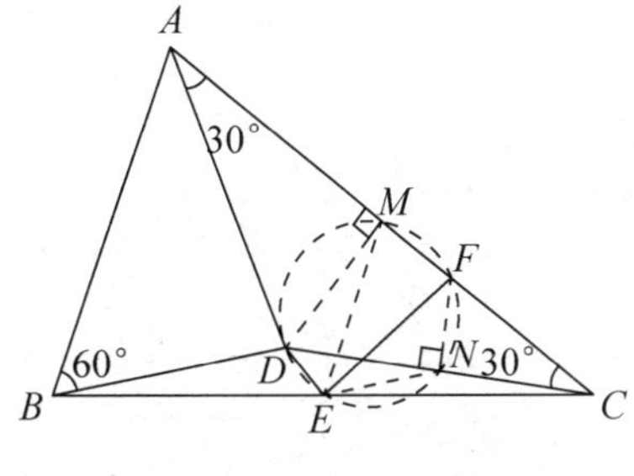

图2-194

又因为M是AC边上的中点，E是BC边上的中点，所以$EM\,/\!/\,AB$，$EN\,/\!/\,BD$，得$\angle MEN=\angle ABD=60°=\angle MDC$，故$M$，$D$，$E$，$N$四点共圆.

又显然有D，M，F，N四点共圆，所以D，E，F，M，N五点共圆.

从而$\angle DEF=90°$.

例 7

如图2-195所示，在凸五边形$ABCDE$中，$AB=AC$，$AD=AE$，$\angle CAD=\angle ABE+\angle AEB$，$M$是$BE$的中点. 求证：$CD=2AM$.

分析： 因为要证$CD=2AM$，AM又是$\triangle ABE$的BE边的中线，如图2-196所示，自然会想到延长AM到P，使得$AM=MP$，则$AP=2AM$，只需证$AP=CD$即可. 为此连接PE，只需证$\triangle ACD\cong\triangle EPA$即可. 下面就要分析$\triangle ACD$与$\triangle EPA$

全等的条件. 显然 $AC = AB = EP$，$AD=AE$，还需要证明 $\angle CAD = \angle AEP$.

在$\triangle ABM$与$\triangle EPM$中，因为 $AM=MP$，$BM=ME$，$\angle AMB = \angle EMP$，所以$\triangle ABM \cong \triangle PEM$（边角边）.

因此 $AB=PE$，$\angle ABE = \angle PEM$.

所以 $\angle CAD = \angle ABE + \angle AEB = \angle BEP + \angle AEB = \angle AEP$.

分析至此，$\triangle ACD$与$\triangle EPA$全等的条件均已具备. 思路已经清晰，不难用综合法写出证明.

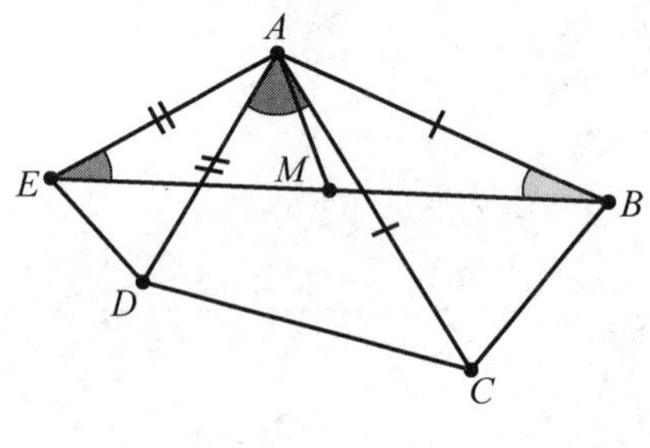

图 2-195

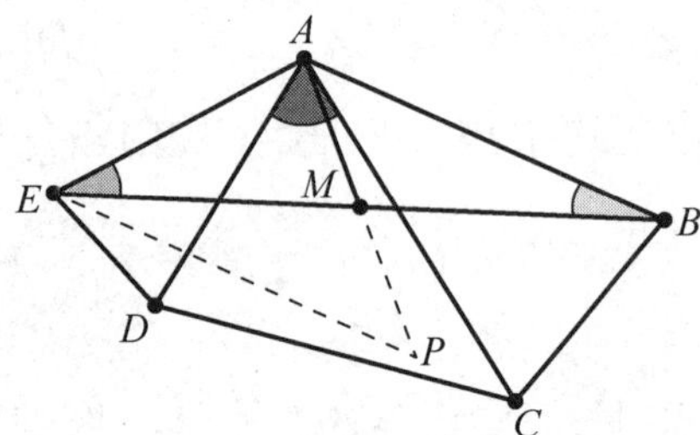

图 2-196

例 8

如图 2-197 所示，四边形 $ABCD$ 内接于圆，另一圆的圆心 O 在边 AD 上，且与其余三边相切，求证：$AB+CD=AD$.

（1985 年第 26 届 IMO 试题）

解： 设圆 O 分别切三边于点 E，F，G. 连接 OE，OF，OG.

如图 2-198 所示，把$\triangle BOF$绕点 O 顺时针旋转定角（$\angle FOG$）到$\triangle HOG$的位置.

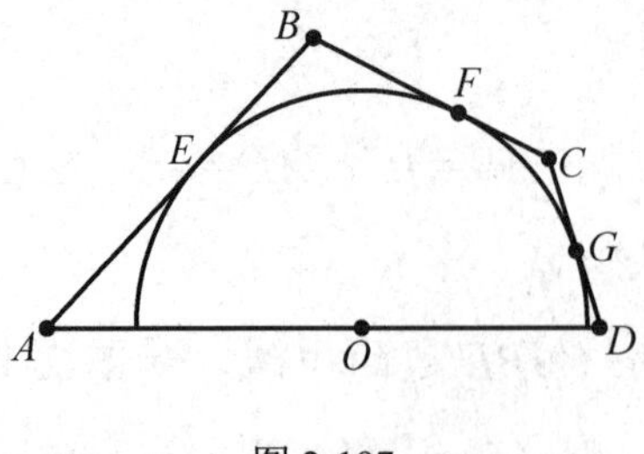

图 2-197

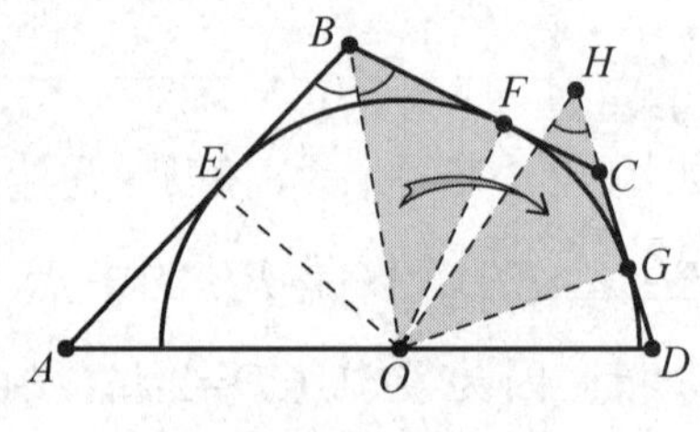

图 2-198

设 $\angle H=\angle OBF=\angle OBA=\theta$，则 $\angle D=180^\circ-2\theta$，$\angle HOG=90^\circ-\theta$，$\angle GOD=90^\circ-\angle D=2\theta-90^\circ$.

则 $\angle HOD=(90^\circ-\theta)+(2\theta-90^\circ)=\theta$，即

$OD=DH=DG+GH=DG+BF=DG+BE$. ①

同理可证 $AO=AE+GC$. ②

①+②得 $AD=AB+CD$.

例 9

如图 2-199 所示，在△ABC 中，$\angle ABC=\angle BAC=70^\circ$. P 为形内一点，$\angle PAB=40^\circ$，$\angle PBA=20^\circ$. 求证：$PA+PB=PC$.

（2012 年北京市初二年级数学竞赛题）

证明： 因为 $\angle ABC=\angle BAC=70^\circ$，所以 $AC=BC$，$\angle ACB=40^\circ$.

如图 2-200 所示，在 BP 延长线上取一点 N，使 $PN=PA$，连接 AN，CN. 因为 $\angle APB=120^\circ$，所以 $\angle APN=60^\circ$，因此△APN 是等边三角形.

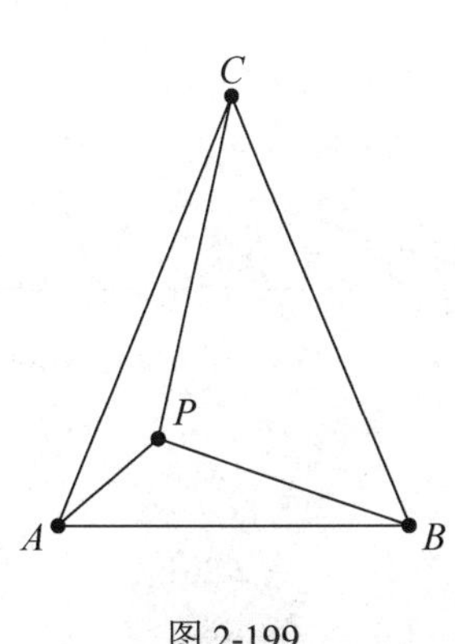

图 2-199

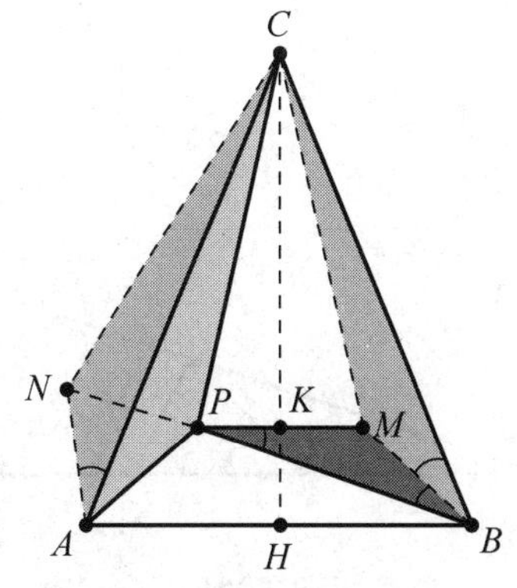

图 2-200

由 $\angle PAC=30^\circ=\angle NAC$，可得 AC 为 PN 的垂直平分线，所以 $NC=PC$，$\angle NCA=\angle PCA$.

将△CAN 逆时针旋转到△CBM 的位置，因此 $\angle NCM=\angle NCA+\angle ACM=\angle ACM+\angle BCM=40^\circ$.

作 $CH\perp AB$ 于 H，交 PM 于 K.

由 $PC=MC$，得 $CH\perp PM$，因此 $PM//AB$.

由 $\angle MBC=\angle NAC=30^\circ$，$\angle MBA=40^\circ$，可推出 $\angle MBP=20^\circ=\angle MPB$.

所以 $PM=BM=PN$，此时 $\triangle NCP\cong\triangle MCP$，所以 $\angle MCP=\angle NCP$.

所以 $\angle NCA=\frac{1}{2}\angle NCP=\frac{1}{4}\angle NCM=\frac{1}{4}\angle ACB=\frac{1}{4}\cdot 40^\circ=10^\circ$.

所以 $\angle NCB=\angle NCA+\angle ACB=10^\circ+40^\circ=50^\circ=\angle NBC$，因此 $NB=NC$.

又因为 $PC=NC$，所以 $PC=BN=NP+PB=PA+PB$.

例 10

设 $\angle MON=20^\circ$. A 为 OM 上一点，$OA=4\sqrt{3}$；D 为 ON 上一点，$OD=8\sqrt{3}$；C 为 AM 上任一点，B 是 OD 上任一点（如图 2-201 所示）. 求证：折线 $ABCD$ 的长 $AB+BC+CD\geqslant 12$.

（1991 年全国理科实验班招生选拔试题）

证明： 如图 2-202 所示，以 OM 为轴，作 D 点关于 OM 的对称点 D_1，连接 OD_1，则 $\angle MOD_1=20^\circ$.

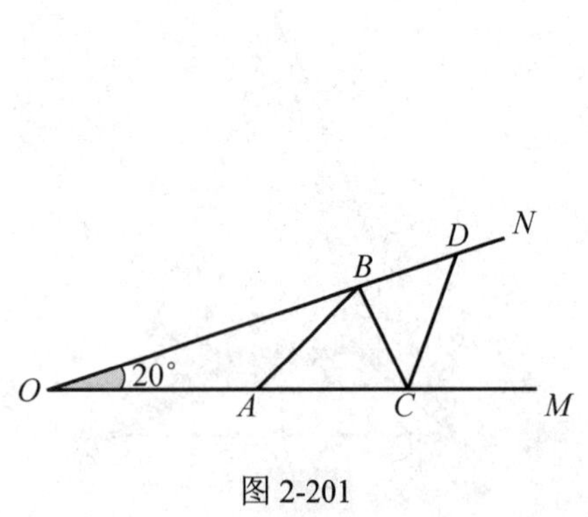

图 2-201

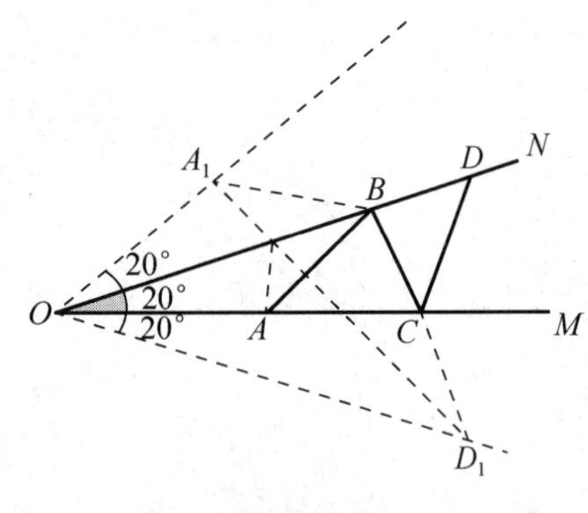

图 2-202

作 A 点关于 ON 的对称点 A_1，连接 OA_1，则 $\angle A_1ON=20^\circ$，所以 $\angle A_1OD_1=60^\circ$. 连接 A_1D_1，A_1B，CD_1，则 $A_1B=AB$，$CD_1=CD$. 有 $AB+BC+CD=A_1B+BC+CD_1$.

因为 $OA_1=OA=4\sqrt{3}$，$OD_1=OD=8\sqrt{3}$，所以 A_1，D_1 为定点. 因此连接定点 A_1，D_1 的线段为最短. 所以 $A_1B+BC+CD_1\geqslant A_1D_1$.

在$\triangle A_1OD_1$中，$\angle A_1OD_1=60^\circ$，$OA_1=4\sqrt{3}=\frac{1}{2}\left(8\sqrt{3}\right)=\frac{1}{2}OD_1$，

所以$\triangle A_1OD_1$是直角三角形（可通过勾股定理证明）.

所以有$A_1D_1=\sqrt{\left(8\sqrt{3}\right)^2-\left(4\sqrt{3}\right)^2}=12$.

所以$AB+BC+CD=A_1B+BC+CD_1\geqslant A_1D_1=12$.

本题通过轴对称设法将折线“化直”，然后利用“两点之间线段最短”来证明. 需要注意的是：轴对称操作后，折线与线段比较时，折线与线段的两个公共端点必须是定点，这时才能确定该线段之长是定值. 本题可以转换为极值问题：“设$\angle MON=20^\circ$. A为OM上一点，$OA=4\sqrt{3}$；D为ON上一点，$OD=8\sqrt{3}$. 试在AM上找一点C，在OD上找一点B. 使得$AB+BC+CD$的长度最小. 请确定C，B两点的位置，并求出$AB+BC+CD$的长度的最小值.”问题形式改变，但实质内容一样，可见不等式与极值问题存在内在的联系.

例 11

如图2-203所示，$\triangle ABC$是正三角形，$\triangle A_1B_1C_1$的边A_1B_1，B_1C_1，C_1A_1交$\triangle ABC$各边分别于C_2，C_3，A_2，A_3，B_2，B_3. 已知$A_2C_3=C_2B_3=B_2A_3$，且$\left(C_2C_3\right)^2+\left(B_2B_3\right)^2=\left(A_2A_3\right)^2$. 证明：$A_1B_1\perp A_1C_1$.

分析： 条件中的$\left(C_2C_3\right)^2+\left(B_2B_3\right)^2=\left(A_2A_3\right)^2$与勾股定理的结论类似，只需设法平移线段，将$C_2C_3$，$A_2A_3$，$B_2B_3$集中到一个三角形中即可，这个三角形要为直角三角形，为证明$A_1B_1\perp A_1C_1$创造条件.

证明： 如图2-204所示，过A_2作C_2C_3的平行线交过C_2所作C_3A_2的平行线于点O. 则四边形$A_2OC_2C_3$是平行四边形. 故$A_2O=C_2C_3$，$OC_2=A_2C_3=B_3C_2$.

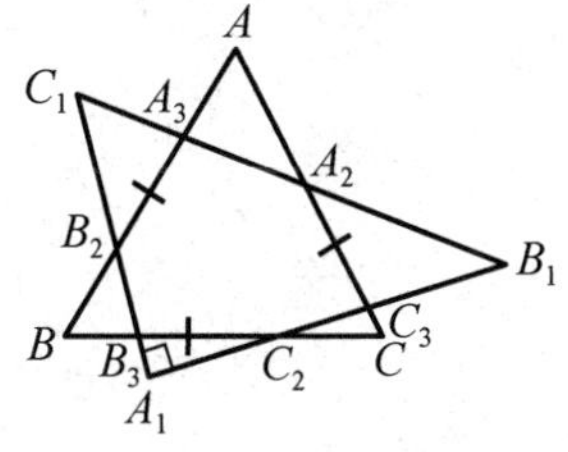

图2-203

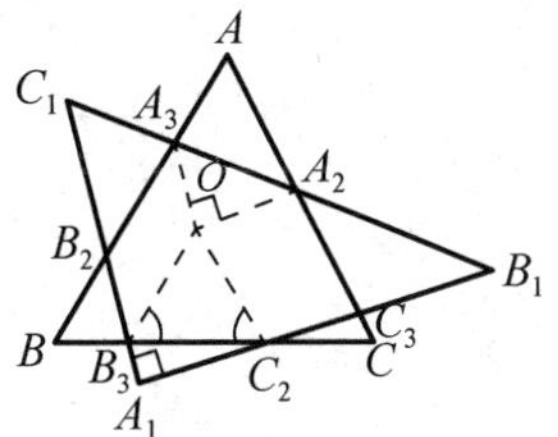

图2-204

又因为$\angle OC_2B_3=\angle C=60^\circ$，所以$\triangle OB_3C_2$是正三角形.

从而有$\angle OB_3C_2=60^\circ=\angle B\Rightarrow OB_3//A_3B_2$，且$OB_3=C_2B_3=A_3B_2$.

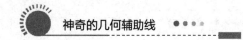

因此，四边形 $OB_3B_2A_3$ 是平行四边形.

故 $OA_3 \parallel B_3B_2$，且 $OA_3 = B_3B_2$.

由已知 $\left(C_2C_3\right)^2 + \left(B_2B_3\right)^2 = \left(A_2A_3\right)^2$，可得 $\left(OA_2\right)^2 + \left(OA_3\right)^2 = \left(A_2A_3\right)^2$，

在 $\triangle A_3OA_2$ 中，由勾股定理的逆定理，得 $\angle A_2OA_3 = 90°$.

由 $OA_3 \parallel B_3B_2$，$OA_2 \parallel C_2C_3$，即 $OA_3 \parallel A_1C_1$，$OA_2 \parallel A_1B_1$，

可得 $\angle C_1A_1B_1 = 90°$，即 $A_1B_1 \perp A_1C_1$.

例 12

在凸四边形 $ABCD$ 中，$\angle ADB + \angle ACB = \angle CAB + \angle DBA = 30°$，且 $AD=BC$，如图 2-205 所示. 证明：$CA^2+DB^2=DC^2$.

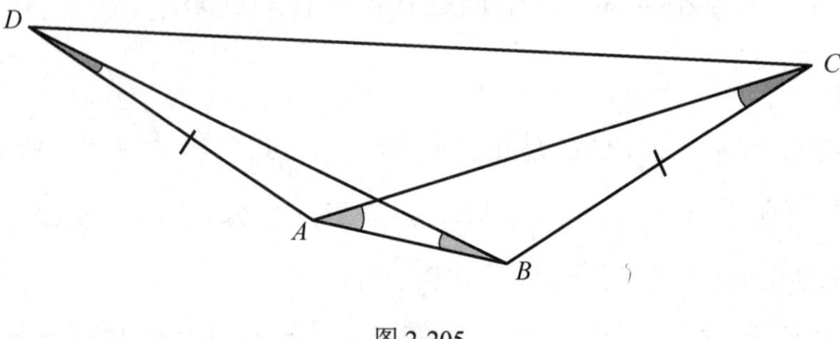

图 2-205

解： 如图 2-206 所示，将有关角标出字母或数字符号.

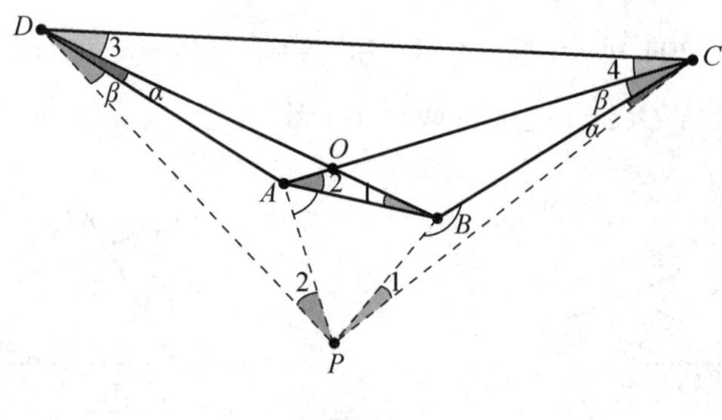

图 2-206

因为 $\angle 1 + \angle 2 = 30°$，$\angle AOB = \angle COD$，所以 $\angle 3 + \angle 4 = 30°$.

将 $\triangle CAB$ 通过旋转、平移放到 $\triangle DPA$ 的位置. 即作 $\triangle DPA \cong \triangle CAB$. 连接 PB，PC.

易知 $\angle PAB = \angle PDB + \angle APD + \angle ABD = (\angle\alpha + \angle\beta) + (\angle 1 + \angle 2) = 30^\circ + 30^\circ = 60^\circ$. 又因为 $AP=AB$，所以 $\triangle PAB$ 是正三角形，$\angle ABP = \angle APB = 60^\circ$

在 $\triangle CBP$ 与 $\triangle DAB$ 中，因为 $CB=DA$，$\angle CBP = 360^\circ - 60^\circ - \angle CBA = 360^\circ - 60^\circ - \angle DAP = \angle DAB$，$PB=BA$，所以 $\triangle CBP \cong \triangle DAB$（边角边），因此 $CP=DB$.

另外，$\angle CPD = \angle 1 + 60^\circ + \angle 2 = 60^\circ + 30^\circ = 90^\circ$，所以 $\triangle CPD$ 是直角三角形. 表明线段 CP，DP，DC 可以围成一个直角三角形. 因为 $DB=CP$，$CA=DP$，即线段 DB，CA，DC 可以围成一个直角三角形. 所以 $CA^2+DB^2=DC^2$.

例 13

如图 2-207 所示，D 为 $\triangle ABC$ 内一点，使得 $\angle BAD=\angle BCD$，且 $\angle BDC=90^\circ$. 已知 $AB=5$，$BC=6$，M 为 AC 的中点，求 DM.

分析： 题设条件比较分散，如何加以应用？由于有 $BD \perp CD$ 的条件，且 M 是 AC 中点，可以以 BD 为轴将 Rt$\triangle BDC$ 反射为 Rt$\triangle BDE$，如图 2-208 所示，延长 CD 到 E，使得 $DE=DC$，连接 BE，将 DM 加倍平移为 AE.

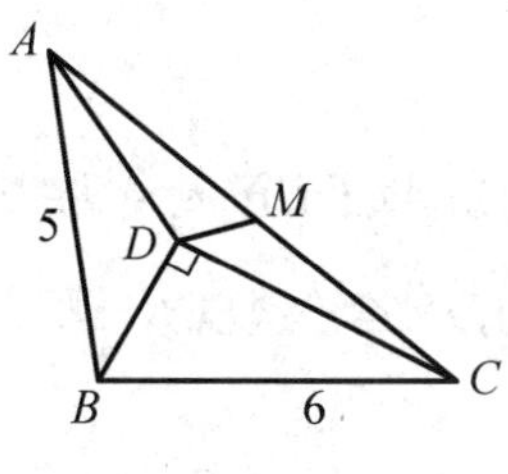

图 2-207

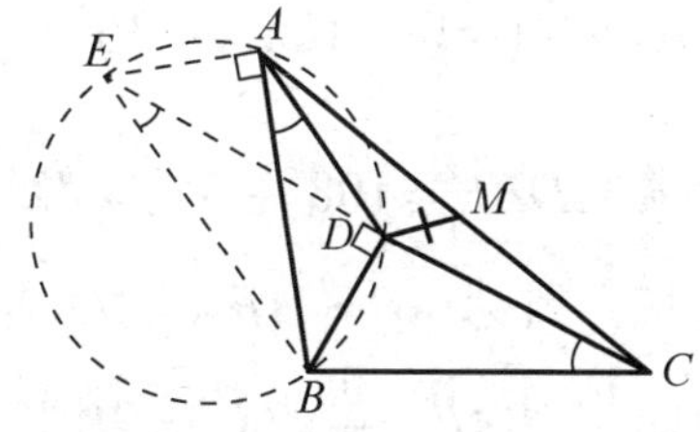

图 2-208

则 $\triangle BDE \cong \triangle BDC$，所以 $BE=BC=6$.

易见 $\angle BED=\angle BCD=\angle BAD$，所以 A，D，B，E 四点共圆.

过 A，D，B，E 四点添设辅助圆，因此 $\angle EAB=\angle EDB=90^\circ$.

这时，可以将 $BC=6$，$AB=5$，$AE=2DM$，集中到 Rt$\triangle BAE$ 中，由勾股定理可求 AE，因此它的一半 DM 可求.

所以 $AE = \sqrt{6^2 - 5^2} = \sqrt{11}$，$DM = \dfrac{\sqrt{11}}{2}$.

例 14

如图 2-209 所示，在凸四边形 $ABCD$ 中，已知 $AB=BC=CD$，并且 $\angle ABC=168°$，$\angle BCD=108°$. 求 $\angle BAD$ 的度数.

解： 如图 2-210 所示，作正三角形 ABF，则 $\angle ABF=60°$.

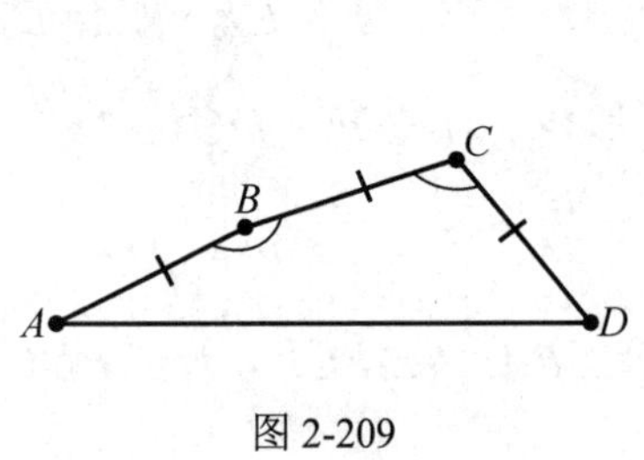

图 2-209

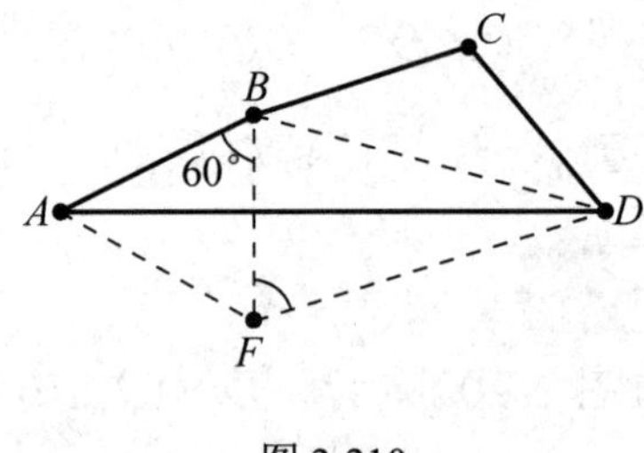

图 2-210

所以 $\angle CBF=168°-60°=108°$.

同时 $BF=BC=CD$，因此四边形 $FBCD$ 为等腰梯形. 连接 BD. 由于 $BC \parallel DF$，因此 $\angle BFD=180°-108°=72°$. 由于三角形 BCD 是等腰三角形，因此 $\angle CBD=\frac{1}{2}(180°-108°)=36°$.

于是 $\angle DBF=108°-36°=72°=\angle BFD$，所以三角形 DBF 是等腰三角形，即 $DB=DF$. 因为 $AB=AF$，AD 是公共边，所以 $\triangle ADF \cong \triangle ADB$，因此 $\angle BAD=\angle FAD=\frac{1}{2}\angle BAF=\frac{1}{2}\times 60°=30°$.

例 15

如图 2-211 所示，在三角形 ABC 中，已知 $\angle B=45°$，P 为 BC 边上一点，使得 $\angle APC=60°$，且 $PC=2PB$. 求 $\angle ACB$.

解： 作 C 点关于 AP 的对称点 C_1，连接 BC_1 成射线 BY. 则 $\triangle ACP \cong \triangle AC_1P$（如图 2-212 所示）.

且有 $PC_1=PC=2PB$，$\angle C_1PA=\angle CPA=60°$，所以 $\angle C_1PB=60°$.

因此 $\angle C_1BP=90°$，$\angle C_1BA=\angle ABC=45°$.

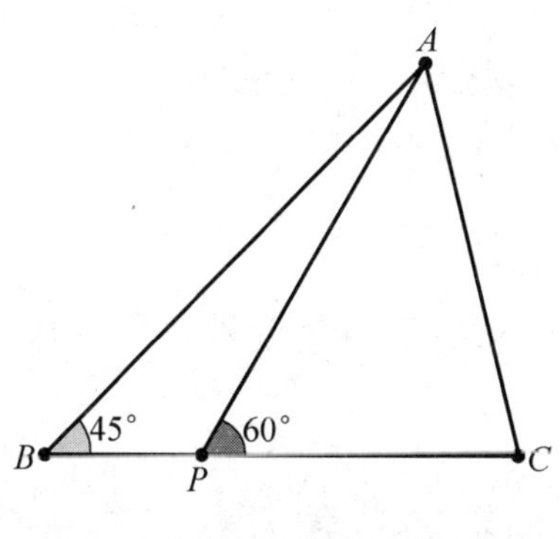

图 2-211

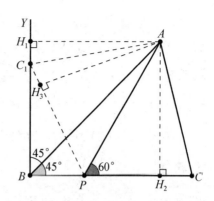

图 2-212

又因为 $\angle BC_1P=30^\circ$，所以 $\angle YC_1P=150^\circ$

自 A 作 BY 的垂线 AH_1，作 PC 的垂线 AH_2，作 PC_1 的垂线 AH_3.

由于 A 在 $\angle YBC$ 的平分线上，所以 $AH_1=AH_2$；又因为 A 在 $\angle C_1PC$ 的平分线上，所以 $AH_3=AH_2$；因此 $AH_1=AH_3$，即 A 在 $\angle YC_1P$ 的平分线上，所以 $\angle ACB=\angle AC_1P=\dfrac{1}{2}\angle YC_1P=75^\circ$.

例 16

已知四边形 $ABCD$ 是圆的内接四边形，证明：

$$|AB-CD|+|AD-BC|\geqslant 2|AC-BD|.$$

（**1999 年第 28 届美国数学奥林匹克试题**）

证明： 首先证明 $|AB-CD|\geqslant|AC-BD|$.

（1）若 $AB=CD$，则 $AC=BD$，等号成立.

（2）若 $AB\neq CD$，不妨设 $AB>CD$，如图 2-213 所示，记 AC 和 BD 相交于点 E.

$\triangle ABE\backsim\triangle DCE$，得 $EA>ED$，$EB>EC$.

在 EA 上截取 $EG=ED$，在 EB 上截取 $EF=EC$，连接 GF，得 $\triangle GEF\cong\triangle DEC$，所以 $FG=CD$.

又由 $\angle EAB=\angle EDC=\angle EGF$，得 $AB/\!/GF$，作 $FH/\!/AE$ 交 AB 于点 H，则 $AHFG$ 是平行四边形，$AH=FG=CD$，$FH=AG$.

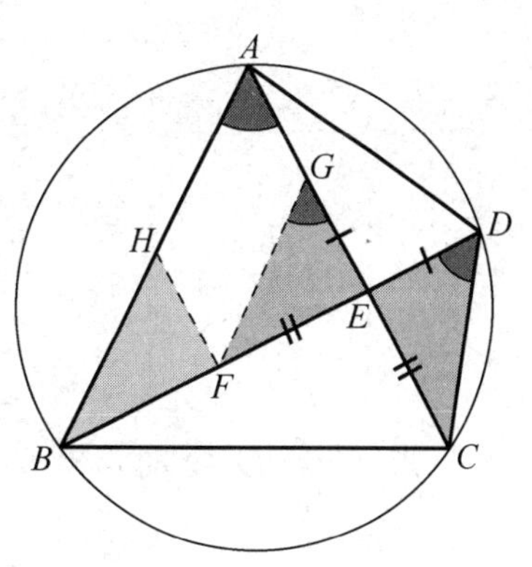

图 2-213

因此，$AB-CD=BH>|FH-BF|=|AC-BD|$.

综上所述，$|AB-CD|\geqslant|AC-BD|$. 当 $AB=CD$ 时，等号成立.

同理可得，$|AD-BC|\geqslant|AC-BD|$，当 $AD=BC$ 时，等号成立.

故 $|AB-CD|+|AD-BC|\geqslant 2|AC-BD|$.

当且仅当 $AB=CD$ 且 $AD=BC$ 时，即四边形 $ABCD$ 为矩形时，等号成立.

例 17

设 $ABCD$ 是一个凸四边形，它的三条边满足 $AB=AD+BC$. 在四边形内，距离 CD 为 h 的地方有一点 P，使得 $AP=h+AD$，$BP=h+BC$（如图 2-214 所示）.

求证：$\dfrac{1}{\sqrt{h}}\geqslant\dfrac{1}{\sqrt{AB}}+\dfrac{1}{\sqrt{BC}}$.

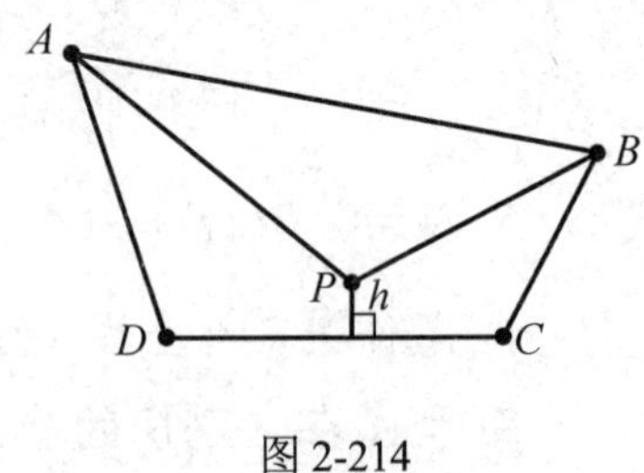

图 2-214

（1989 年第 30 届 IMO 试题 4）

证明： 分别以 A 为圆心，AD 为半径，以 B 为圆心，BC 为半径，以及以 P 为圆心，h 为半径作圆. 设圆 A 与圆 B 相切于 G. 考虑曲边三角形 GDC，圆 P 内切于此曲边三角形.

设 EF 是圆 A 与圆 B 的外公切线（见图 2-215）.

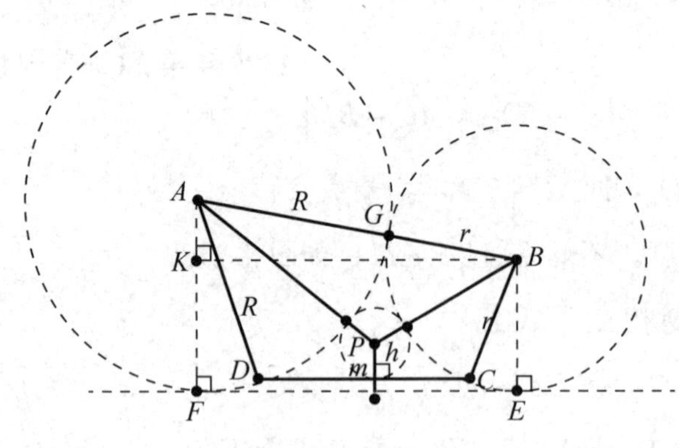

图 2-215

当 C 和 D 分别沿圆 B 和圆 A 趋近于 E 和 F 时，圆 P 逐渐变大. 当圆 P 最终与 EF 相切时，h 最大. 设圆 P 与 EF 相切时的半径为 m，则 $m\geqslant h$.

在圆 P 与 EF 相切时，我们把 AB，BP，PA 分别投影到 EF 上. 设圆 A 和圆

B 的半径分别为 R 和 r，根据勾股定理，可得这三个投影的长分别为

$$\sqrt{(R+r)^2-(R-r)^2}\text{，}$$

$$\sqrt{(R+m)^2-(R-m)^2}\text{，}$$

$$\sqrt{(r+m)^2-(r-m)^2}$$

而且 $$\sqrt{(R+r)^2-(R-r)^2}=\sqrt{(R+m)^2-(R-m)^2}+\sqrt{(r+m)^2-(r-m)^2}$$

所以 $$\sqrt{Rr}=\sqrt{Rm}+\sqrt{rm}$$

因此有 $$\frac{1}{\sqrt{m}}=\frac{1}{\sqrt{R}}+\frac{1}{\sqrt{r}}$$

注意到 $m\geqslant h$，所以 $\frac{1}{\sqrt{h}}\geqslant\frac{1}{\sqrt{m}}=\frac{1}{\sqrt{R}}+\frac{1}{\sqrt{r}}$，即 $\frac{1}{\sqrt{h}}\geqslant\frac{1}{\sqrt{AB}}+\frac{1}{\sqrt{BC}}$.

例 18

在矩形 $ABCD$ 中，$AB=20\text{cm}$，$BC=10\text{cm}$. 若在 AC，AB 上各取一点 M，N，使得 $BM+MN$ 的值最小，求这个最小值（如图 2-216 所示）.

（1998 年北京市中学生数学竞赛初二复赛试题）

解：如图 2-217 所示，作点 B 关于 AC 的对称点 B'，连接 AB'.

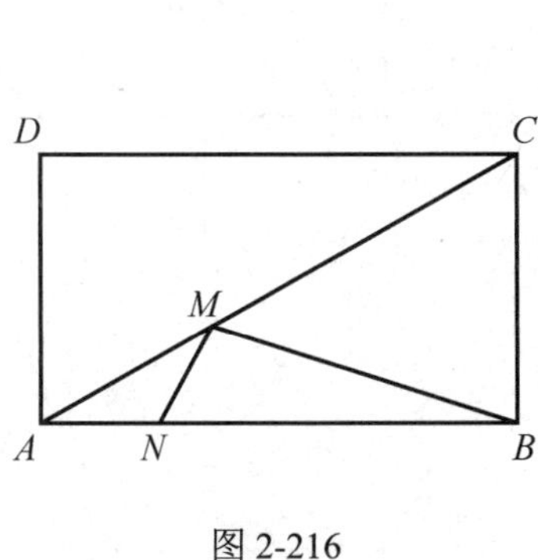

图 2-216

图 2-217

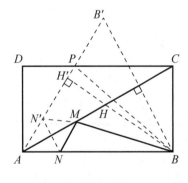

则 N 点关于 AC 的对称点为 AB' 上的 N' 点. 这时，$B\to M\to N$ 的最小值等于 $B\to M\to N'$ 的最小值，即 B 到 AB' 的距离 BH'. 即 $BM+MN$ 的最小值为 BH'.

现在求 BH' 的长. 设 AB' 与 DC 交于 P 点，连接 BP，则△ ABP 的面积等于 $\frac{1}{2}\times20\times10=100$.

注意到 $PA=PC$，设 $AP=x$，则 $PC=x$，$DP=20-x$.

根据勾股定理得 $PA^2=DP^2+DA^2$，即 $x^2=(20-x)^2+10^2$，$x^2=400-40x+x^2+100$，解得 $x=12.5$.

所以 $BH'=\dfrac{100\times2}{12.5}=16$（cm），即 $BM+MN$ 的最小值是 16cm.

例 19

长为 1000m、宽为 600m 的矩形 $ABCD$ 是一个货场，A,D 是入口(如图 2-218 所示)．现拟在货场内建一个收费站 P，在铁路线 BC 段上建一个发货站台 H. 设铺设公路 AP，DP 以及 PH 之和为 l，试求 l 的最小值.

当铺设公路总长 l 取最小值时，请你指出收费站 P 和发货站台 H 的几何位置.

（2011 年北京市初二数学竞赛试题）

解: 如图 2-219 所示，将矩形 $ABCD$ 绕点 A 顺时针旋转 $60°$，得到矩形 $AB_1C_1D_1$，同时 P 落在 P_1，H 落在 H_1.

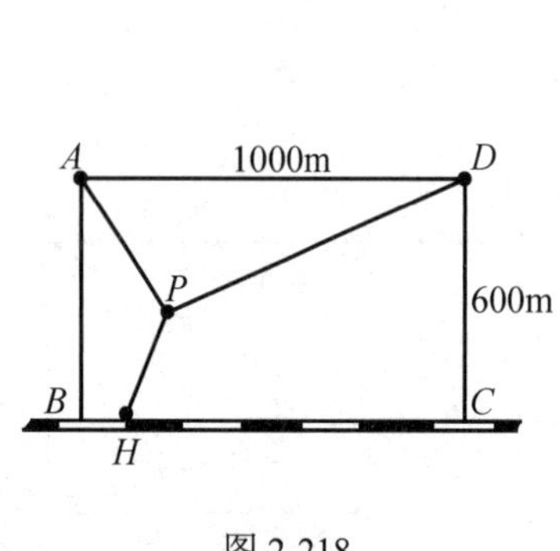

图 2-218

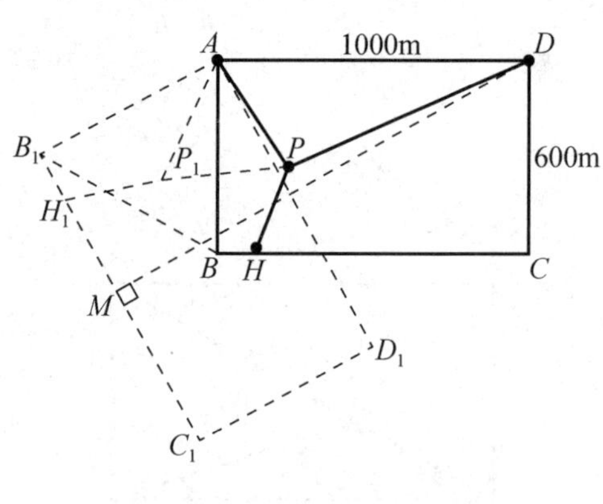

图 2-219

则有 $AP=AP_1=PP_1$，$P_1H_1=PH$.

所以 $l=PD+PA+PH=PD+PP_1+P_1H_1$，而 B_1C_1 是定直线，因此 l 的最小值就是点 D 到定直线 B_1C_1 的距离 DM．经计算可知

$$DM=1000\times\frac{\sqrt{3}}{2}+600=600+500\sqrt{3}\text{（m）}.$$

当铺设公路总长 l 取最小值时，收费站 P 的几何位置在以 AD 为底边，两

底角为 30° 的等腰三角形的顶点，发货站台 H 的几何位置在 BC 边的中点（如图 2-220 所示）.

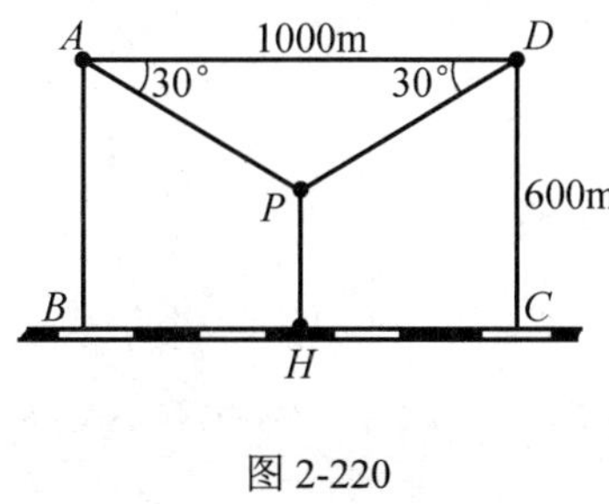

图 2-220

例 20

如图 2-221 所示，在△ABC 中，D$\angle BAC=45^\circ$. $AD\perp BC$ 于 D，$BD=2$，$DC=3$. 求△ABC 的面积.

分析： 要求△ABC 的面积，只需求出 AD 即可. 直接求有困难，但看到 $\angle BAC=45^\circ$，若分别将 $\angle BAD$ 和 $\angle CAD$ 关于 AB 和 AC 作轴对称，可形成一个 90° 角.

解： 将 Rt△ ABD 沿 AB 边翻折，得到 Rt△ ABD_1，如图 2-222 所示，易知 Rt△ $ABD\cong$Rt△ ABD_1.

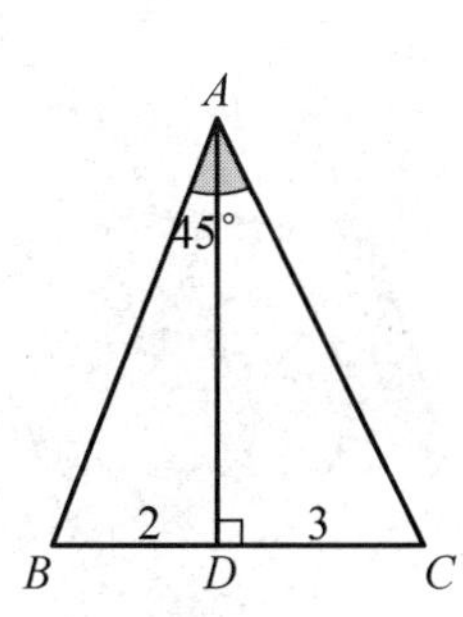

图 2-221

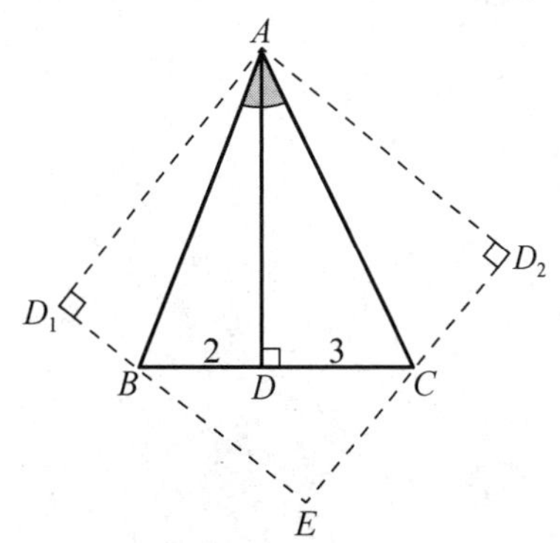

图 2-222

将 Rt△ACD 沿 AC 边翻折，得到 Rt△ ACD_2，易知 Rt△ $ACD\cong$Rt△ ACD_2. 延长 D_1B，D_2C 相交于 E，则 D_1AD_2E 是正方形.

设 $AD=x$，则 $AD_1=AD_2=D_2E=ED_1=x$.

$BD = BD_1 = 2$，$CD_2 = CD = 3$，$BC = 5$.

所以 $BE = x-2$，$CE = x-3$.

在 Rt△ BEC 中，根据勾股定理，

得 $BE^2 + CE^2 = BC^2$，

即 $(x-2)^2 + (x-3)^2 = (2+3)^2$.

整理得 $x^2 - 5x - 6 = 0$，分解因式得 $(x-6)(x+1) = 0$.

因为 $x > 0$，则有 $x+1 > 0$，所以 $x-6=0$，$x=6$，即 $AD = 6$.

所以 $S_{\triangle ABC} = \frac{1}{2} \times 5 \times 6 = 15$.

例 21

如图 2-223 所示，在三角形 ABC 中，$AB = AC$，$\angle BAC = 120°$. 三角形 ADE 是正三角形，点 D 在 BC 边上，$BD : DC = 2 : 3$. 当三角形 ABC 的面积是 50 平方厘米时，求三角形 ADE 的面积是多少平方厘米.

（**1998 第七届日本算术奥林匹克决赛试题 4**）

解： 将△ ABC 绕点 A 逆时针旋转 $120°$ 得到△ ACM，再将△ ACM 绕点 A 逆时针旋转 $120°$ 得到△ AMB，最后拼成正三角形△ MBC，则正△ ADE 变为正△ AD_1E_1 和正△ AD_2E_2（如图 2-224 所示）.

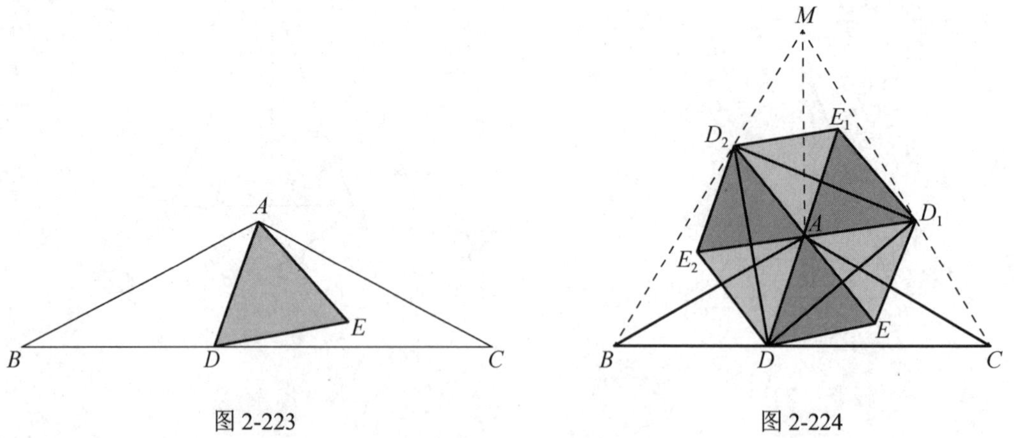

图 2-223　　图 2-224

易知 $DED_1E_1D_2E_2$ 是正六边形，DD_1D_2 是正三角形，其面积是三角形 ADE 面积的 3 倍. 因此，设法由正△ MBC 面积为 150 平方厘米，求出三角形 DD_1D_2 的面积，问题就解决了. 注意到 $BD : DC = CD_1 : D_1M = MD_2 : D_2B = 2 : 3$. 连接

DM，如图 2-225 所示，则$\triangle MBD$的面积是$\triangle MBC$面积的$\frac{2}{5}$，等于$150\times\frac{2}{5}=60$平方厘米.

而$\triangle D_2BD$的面积是$\triangle MBD$面积的$\frac{3}{5}$，等于$60\times\frac{3}{5}=36$平方厘米. 同理可得$\triangle MD_1D_2$，$\triangle DCD_1$的面积也是 36 平方厘米. 因此三角形DD_1D_2的面积等于$150-3\times36=42$平方厘米. 三角形ADE的面积是三角形DD_1D_2面积的$\frac{1}{3}$，等于 14 平方厘米.

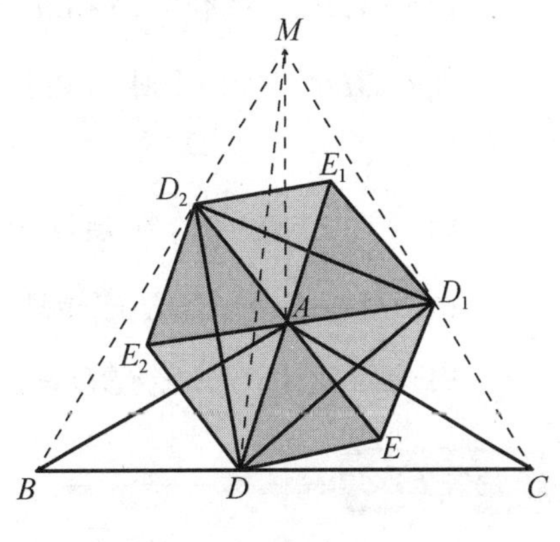

图 2-225

例 22

在如图 2-226 所示的三角形ABC中，D为BC边上一点，$BD=3$，$AB=7$，$AD=5$. 如果$S_{\triangle ACD}=5S_{\triangle ABD}$.

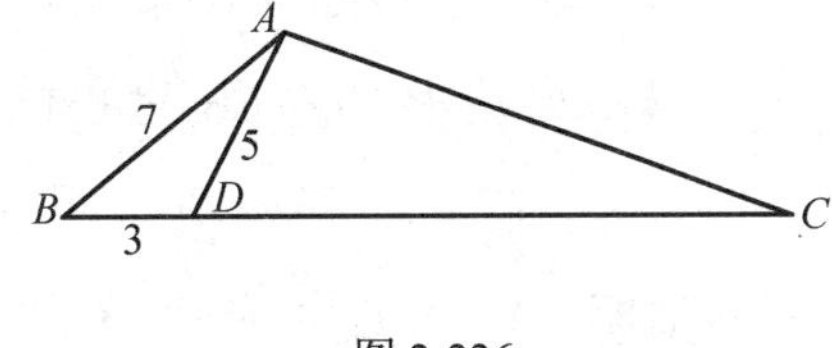

图 2-226

求证：$\angle ABC=2\angle ACB$.

证明：由$S_{\triangle ACD}=5S_{\triangle ABD}$，可得$DC=15$.

如图 2-227 所示，作$\triangle ABC$的外接圆，延长AD交圆于F。连接BF，则

$$\angle AFB=\angle ACB,$$

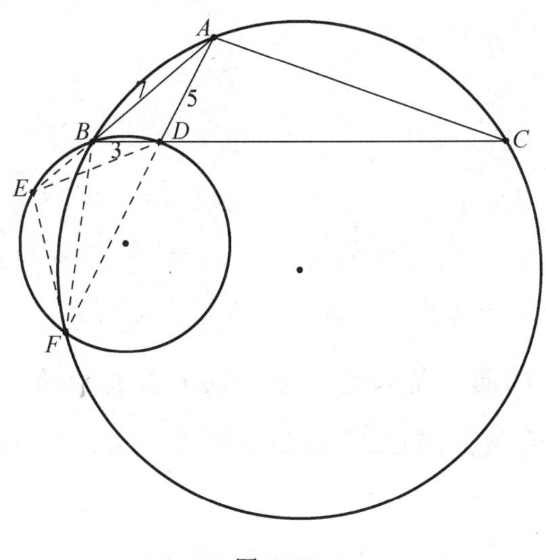

图 2-227

由相交弦定理得，$5\times DF=3\times 15,\Rightarrow DF=9$.

作$\triangle BDF$的外接圆，延长AB交该圆于E，连接DE，EF.

$$\angle AFB=\angle DFB=\angle BED.$$

由A对$\triangle BDF$的外接圆应用割线定理：$7(7+BE)=5(5+9)$，$\Rightarrow BE=3$.

由$BD=BE$，$\triangle BDE$是等腰三角形，即$\angle BED=\angle BDE$，所以$\angle ABD=2\angle BED$.

因此，$\angle ABC=\angle ABD=2\angle BED=2\angle AFB=2\angle ACB$.

例 23

在锐角三角形ABC中，角A的平分线与三角形的外接圆交于另一点A_1. 点B_1，C_1与此类似. 直线AA_1与B，C两角的外角平分线相交于A_0，点B_0，C_0与此类似. 求证：

（1）三角形$A_0B_0C_0$的面积是六边形$AC_1BA_1CB_1$面积的2倍.

（2）三角形$A_0B_0C_0$的面积至少是三角形ABC面积的4倍.

（第30届IMO试题二）

证明：（1）设三角形ABC的内心为I. 在图2-228中，易证$\angle BIA_1=\angle IBA_1\Rightarrow BA_1=IA_1$，$B_0B\perp A_0B\Rightarrow \angle A_1BA_0=\angle A_1A_0B$. 所以$A_1A_0=BA_1=IA_1$，因此$BA_1$是$\triangle IBA_0$的中线，所以$S_{\triangle A_0BI}=2S_{\triangle A_1BI}$.

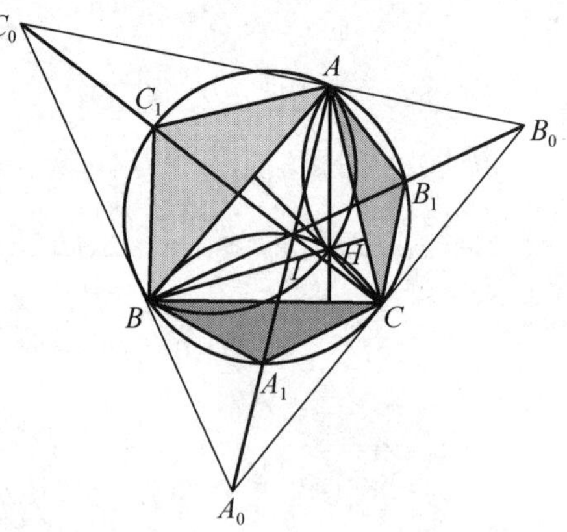

图2-228

同理有$S_{\triangle A_0CI}=2S_{\triangle A_1CI}$，

相加得$S_{A_0BIC}=2S_{A_1BIC}$.　①

类似可得$S_{B_0CIA}=2S_{B_1CIA}$，　②

$S_{C_0BIA}=2S_{C_1BIA}$.　③

①+②+③得
$$S_{\triangle A_0B_0C_0}=S_{A_0BIC}+S_{B_0CIA}+S_{C_0BIA}=2S_{A_1BIC}+2S_{B_1CIA}+2S_{C_1BIA}$$
$$=2(S_{A_1BIC}+S_{B_1CIA}+S_{C_1BIA})=2S_{AC_1BA_1CB_1}.$$

所以，三角形$A_0B_0C_0$的面积是六边形$AC_1BA_1CB_1$面积的2倍.

（2）作锐角三角形ABC的三条高线交于垂心H，则H在形内（如图2-228所示）.

易证$\angle BHC=180°-\angle A=\angle BA_1C$，同理可得$\angle CHA=\angle CB_1A$，$\angle AHB=$

$\angle AC_1B$.

又因为 A_1 为弧 BC 的中点，所以 $S_{\triangle BA_1C} \geqslant S_{\triangle BHC}$，同理可知 $S_{\triangle CB_1A} \geqslant S_{\triangle CHA}$，$S_{\triangle AC_1B} \geqslant S_{\triangle AHB}$.

相加得 $S_{\triangle BA_1C}+S_{\triangle CB_1A}+S_{\triangle AC_1B} \geqslant S_{\triangle BHC}+S_{\triangle CHA}+S_{\triangle AHB}=S_{\triangle ABC}$.

所以 $S_{\text{六边形}AC_1BA_1CB_1}=S_{\triangle BA_1C}+S_{\triangle CB_1A}+S_{\triangle AC_1B}+S_{\triangle ABC}$

$$\geqslant S_{\triangle BHC}+S_{\triangle CHA}+S_{\triangle AHB}+S_{\triangle ABC} \geqslant 2S_{\triangle ABC}.$$

由（1）所证的结论立刻得出：$S_{\triangle A_0B_0C_0}=2S_{AC_1BA_1CB_1} \geqslant 4S_{\triangle ABC}$.

即三角形 $A_0B_0C_0$ 的面积至少是三角形 ABC 面积的 4 倍.

例 24

在锐角$\triangle ABC$ 中，O 是外心，I 是内心，如图 2-229 所示. 连接 AI，BI 和 CI 的直线交$\triangle ABC$ 的外接圆分别于点 A_1, B_1 和 C_1. 求证：$\dfrac{S_{\triangle ABC}}{S_{\triangle A_1B_1C_1}}=\dfrac{2r}{R}$（其中 R 是$\triangle ABC$ 的外接圆半径，r 是$\triangle ABC$ 的内切圆的半径）.

证明： 如图 2-230 所示，由于 I 是内心，连接 AI，BI 和 CI 的直线交$\triangle ABC$ 的外接圆分别于点 A_1，B_1 和 C_1. 易知 A_1 是 $\overset{\frown}{BC}$ 的中点，B_1 是 $\overset{\frown}{AC}$ 的中点，C_1 是 $\overset{\frown}{AB}$ 的中点. 连接 AB_1，B_1C，CA_1，A_1B，BC_1，C_1A.

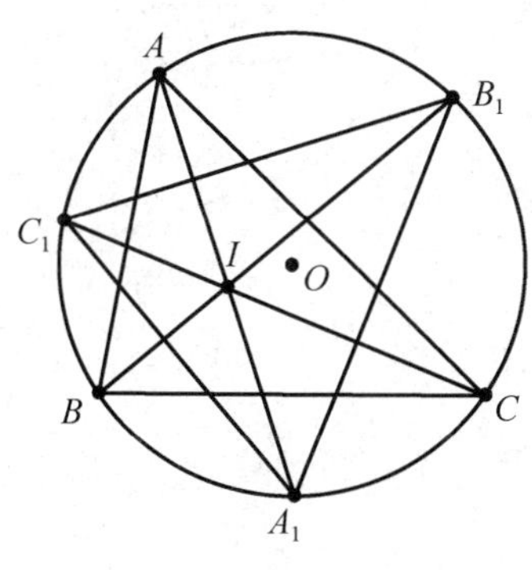

图 2-229

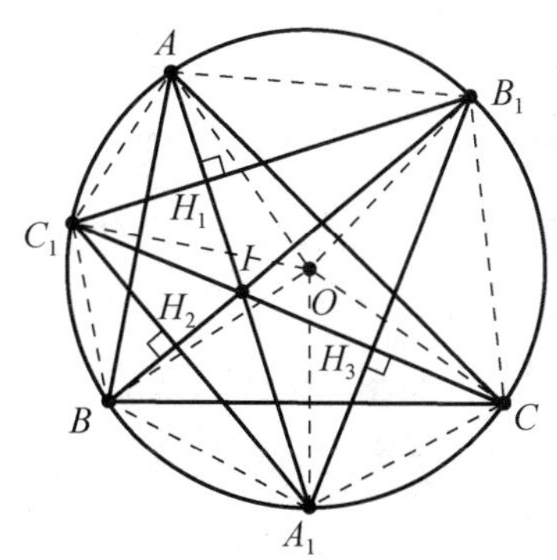

图 2-230

则有 $A_1B=A_1C$，$B_1C=B_1A$，$C_1A=C_1B$.

设 AA_1 交 B_1C_1 于 H_1，BB_1 交 A_1C_1 于 H_2，CC_1 交 A_1B_1 于 H_3.

计算可知 $\angle AH_1B_1=90^\circ$，因此 $AA_1 \perp B_1C_1$.

同理可得$BB_1 \perp C_1A_1$，$CC_1 \perp A_1B_1$.

我们用两种方法计算六边形$AB_1CA_1BC_1$的面积S.

一方面，注意到$\triangle AB_1C_1 \cong \triangle IB_1C_1$，因此$AH_1 = IH_1$．所以$S_{四边形AB_1IC_1} = 2 \cdot S_{\triangle B_1IC_1}$.

同理可得$S_{四边形BC_1IA_1} = 2 \cdot S_{\triangle A_1IC_1}$，$S_{四边形CA_1IB_1} = 2 \cdot S_{\triangle B_1IA_1}$.

相加得
$$\begin{aligned}S &= S_{四边形AB_1IC_1} + S_{四边形BC_1IA_1} + S_{四边形CA_1IB_1}\\ &= 2\left(S_{\triangle B_1IC_1} + S_{\triangle C_1IA_1} + S_{\triangle A_1IB_1}\right) = 2S_{\triangle A_1B_1C_1}.\end{aligned}$$

另一方面，连接OA，OB_1，OC，OA_1，OB，OC_1，由垂径定理得$OB_1 \perp AC$，$OA_1 \perp BC$，$OC_1 \perp AB$.

则
$$\begin{aligned}S &= S_{四边形OAB_1C} + S_{四边形OBC_1A} + S_{四边形OCA_1B}\\ &= \frac{1}{2}\left(OB_1 \times AC + OC_1 \times BA + OA_1 \times CB\right) = \frac{R\left(AC + BA + CB\right)}{2}\\ &= \frac{R \times S_{\triangle ABC}}{r}.\end{aligned}$$

所以$\dfrac{R \times S_{\triangle ABC}}{r} = 2S_{\triangle A_1B_1C_1}$．因此得证$\dfrac{S_{\triangle ABC}}{S_{\triangle A_1B_1C_1}} = \dfrac{2r}{R}$.

例 25

如图 2-231 所示，凸六边形$ABCDEF$中，$AB = BC = CD$，$DE = EF = FA$，$\angle BCD = \angle EFA = 60°$．设$G$和$H$是这个六边形内的两点，使得$\angle AGB = \angle DHE = 120°$．求证：$AG+GB+GH+DH+HE \geqslant CF$.

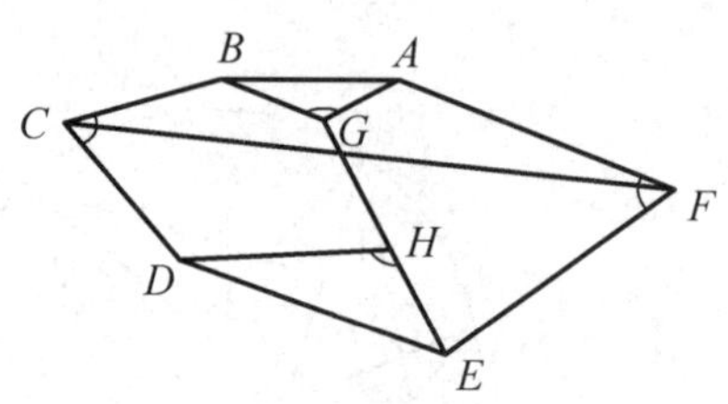

图 2-231

分析： 如图 2-232 所示，连接BD，EA，由$BC = CD$，$EF = FA$，$\angle BCD = \angle EFA = 60°$可知$\triangle BCD$，$\triangle AEF$都是正三角形.

只要作六边形$ABCDEF$关于BE所在直线l的轴对称图形DBC_1AEF_1，则可以将问题转化为：

图 2-232 中，AC_1BDF_1E是凸六边形．$\angle BC_1A = \angle EF_1D = 60°$，$BC_1 = C_1A$，$DF_1 = EF_1$，$CF = C_1F_1$．$\angle BGA = \angle DHE = 120°$．求证：$BG + GA + GH + HD + HE \geqslant C_1F_1$.

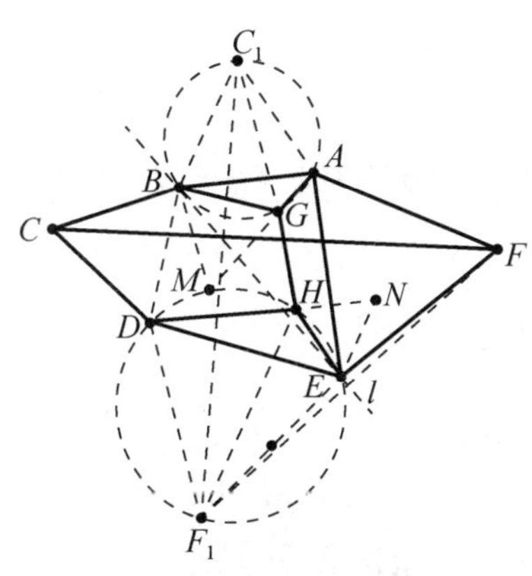

图 2-232

为此，连接 C_1G，F_1H，易见 $C_1G + GH + HF_1 \geqslant C_1F_1$.

要证 $BG + GA + GH + HD + HE \geqslant CF$，则证明 $BG + GD \geqslant C_1G$，$HD + HE \geqslant HF_1$ 即可.

因为 $\angle BGA = \angle DHE = 120^\circ$，所以 B，C_1，A，G 四点共圆，E，F_1，D，H 四点共圆. 因此 $\angle BC_1G = \angle BAG$，$\angle EF_1H = \angle EDH$.

以 B 为旋转中心，将 $\triangle BC_1G$ 顺时针旋转 60°，C_1 与 A 重合，G 落在点 M，$\angle BC_1G$ 与 $\angle BAM$ 重合，$\triangle BC_1G$ 落到 $\triangle BAM$ 的位置，即 $\triangle BC_1G \cong \triangle BAM$.

易知 $\triangle BGM$ 是正三角形，所以 $MG = BG$.

因此 $BG + GA = MG + GA = AM = C_1G$.　　①

同法，以 E 为旋转中心，将 $\triangle EF_1H$ 顺时针旋转 60°，$\triangle EF_1H$ 落到 $\triangle EDN$ 的位置，即 $\triangle EF_1H \cong \triangle EDN$，可证得 $HD + HE = HF_1$.　　②

由线段的性质得，$C_1G + GH + HF_1 \geqslant C_1F_1$.　　③

将①②代入③得，$GA + GB + GH + HD + HE \geqslant C_1F_1$.

注意到 $C_1F_1 = CF$，所以 $GA + GB + GH + DH + HE \geqslant CF$.

2.5.3　一题多证添加辅助线举例谈

有些题目由于思路不同可以有多种解法，因此随着思路的展开辅助线的添加方式也自然有别. 下面的例题可以带领大家欣赏辅助线的奇妙与构图的精美.

例 1

如图 2-233 所示，三角形 ABC 中，$AB=AC$，$\angle A=100^\circ$，BD 平分 $\angle ABC$. 求证：$BD+AD=BC$.

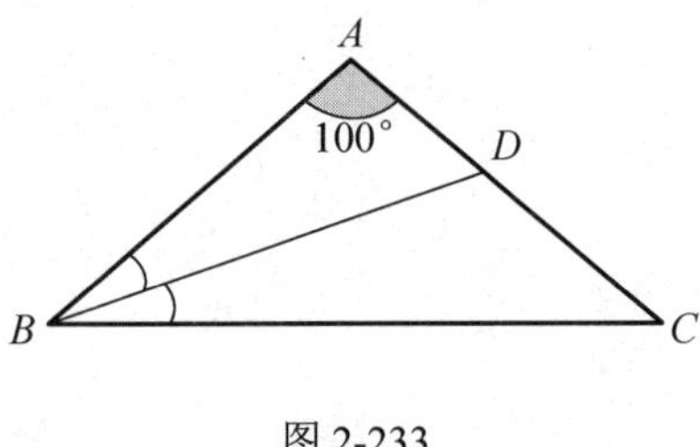

图 2-233

证法 1： 如图 2-234 所示，延长 BD 到 E，使 $DE=AD$，则下面只需证明 $BE=BC$ 即可. 要证 $BE=BC$，只需证 $\angle BEC=\angle BCE$. 为此在 BC 上取点 F，使 $BF=BA$，则 $\triangle ABD\cong\triangle FBD$，$\angle BFD=100^\circ$，$DF=DA=DE$，$\angle DFC=80^\circ$. 又由于$\triangle CDE\cong\triangle CDF$（边角边），则 $\angle BEC=\angle DFC=80^\circ$，所以 $\angle BCE=180^\circ-20^\circ-80^\circ=\ 80^\circ=\angle BEC$. 所以 $BE=BC$，所以 $BD+AD=BC$.

证法 2： 如图 2-235 所示，因为 $\angle BDC>\angle A>\angle C=40^\circ$，所以 $BC>BD$. 因此可在 BC 上取点 E，使得 $BE=BD$. 连接 DE，作 $DF/\!/BC$ 交 AB 于点 F. 则 $\angle 1=\angle 2=\angle 3$，所以 $DF=FB=CD$.

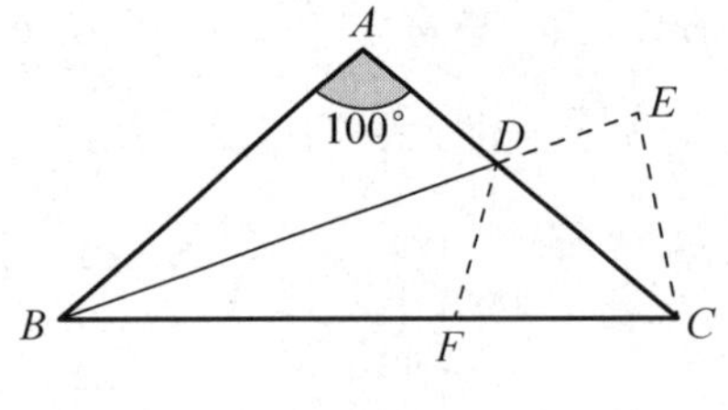

图 2-234

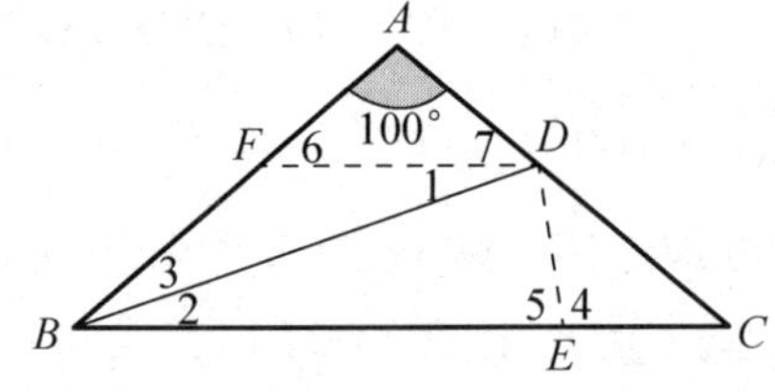

图 2-235

因为等腰$\triangle BED$ 的顶角 $\angle 2=20^\circ$，故 $\angle 5=80^\circ$，所以 $\angle 4=100^\circ$.

又因为 $\angle C=40^\circ$，故 $\angle EDC=40^\circ$，所以 $DE=EC$.

易知等腰$\triangle AFD\cong\triangle ECD$，所以 $AD=ED=EC$.

因此 $BC=BE+EC=BD+AD$.

证法 3： 如图 2-236 所示，因为 BD 是 $\angle B$ 的平分线，故把$\triangle BDA$ 翻折到$\triangle BDF$ 的位置.

这时，$DF=DA$，$\angle 2=\angle A=100^\circ$.

又因为 $\angle C=40^\circ$，所以 $\angle FDC=60^\circ$. 作 $\angle CDE=\angle C$，则 $DE=EC$，$\angle DEC=100^\circ$.

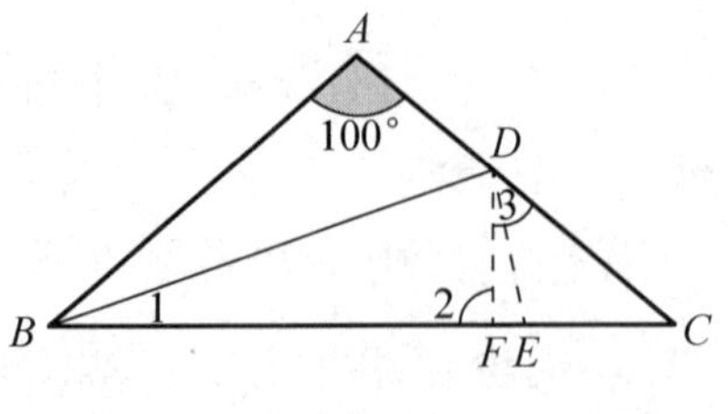

图 2-236

所以△DFE是等腰三角形，且 $BE=BD$.

而 $EC=ED=DF=DA$，故 $BC=BE+EC=BD+DA$.

证法 4： 如图 2-237 所示，在 BC 上取 $BE=BD$，连接 DE.

在等腰△BDE 中，$\angle 1=20°$，故底角 $\angle 2=80°$．又因为 $\angle C=40°$，故 $\angle CDE=40°$，所以 $DE=EC$. 因 $BD>BA$，故可延长 BA 到 F，使 $BF=BD$. 连接 DF.

则△BDF≌△BDE. 所以 $\angle F=\angle 2=80°$，$\angle FAD=180°-\angle A=80°$.

因此 $DA=DF=DE=EC$．所以 $BC=BE+EC=BD+AD$．

证法 5： 如图 2-238 所示，延长 BD 到 E，使 $DE=AD$. 则只需证明 $BE=BC$ 即可. 连接 EA，自 B 作 $BF\perp EA$ 于 F，作 $AH\perp BC$ 于 H.

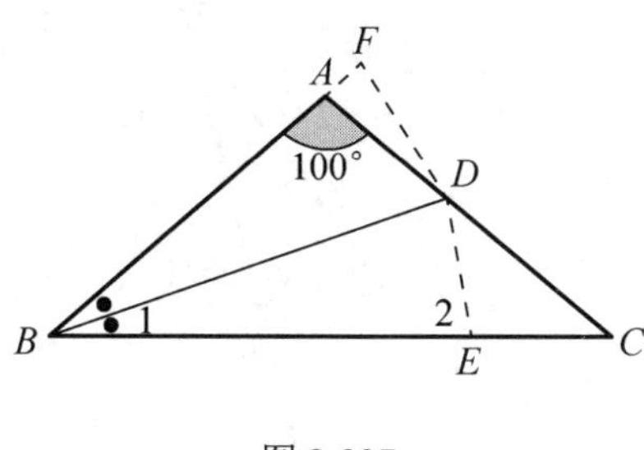

图 2-237

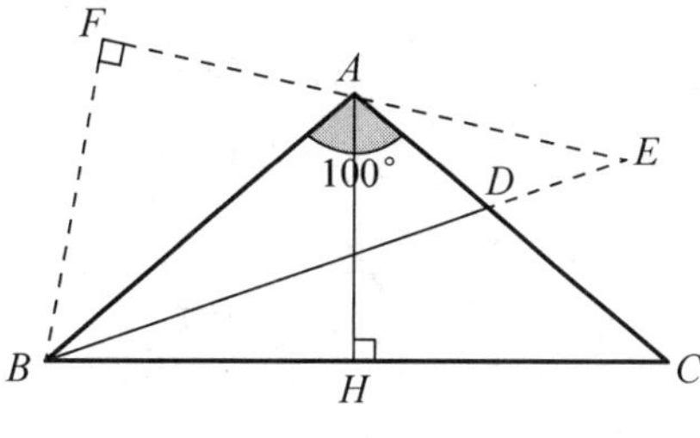

图 2-238

注意到 $\angle ADB=60°$，所以 $\angle FEB=30°$．所以 $BF=\dfrac{1}{2}BE$，$BH=\dfrac{1}{2}BC$.

由△AFB≌△AHB（斜边、锐角），可得 $BF=BH$.

因此 $BE=BC$，即 $AD+BD=BC$.

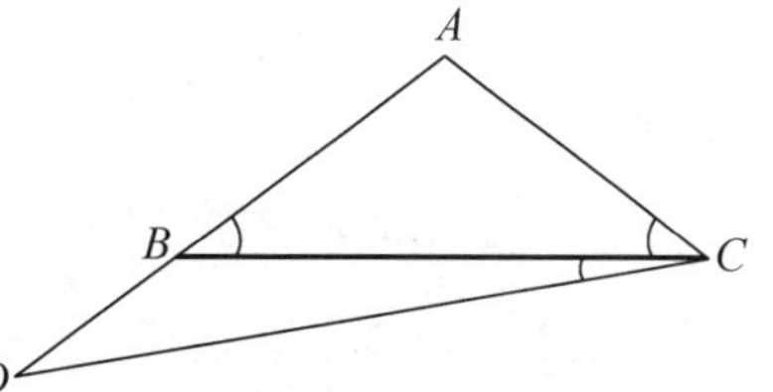

图 2-239

思考： 三角形 ABC 是等腰三角形，其中 $\angle B=\angle C=40°$. 将 AB 延长到 D，使得 $AD=BC$（如图 2-239 所示）. 求证：$\angle BCD=10°$.

（**美国密歇根州 1979 年赛题**）

提示： 如图 2-240 所示，作 $\angle C$ 的平分线交 AB 边于 E. 由上题结果知，$BC=CE+EA$.

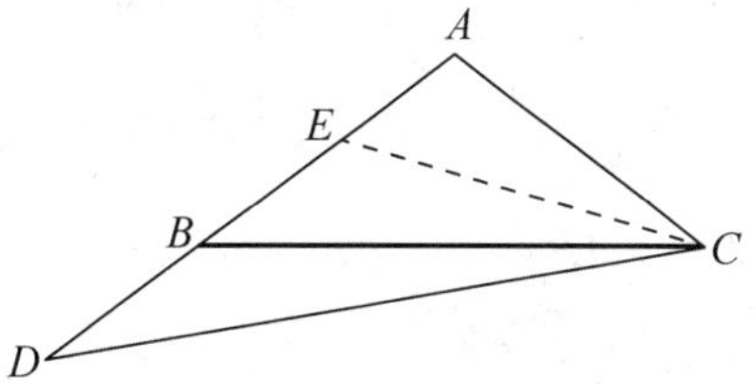

A
E
B
C
D

图 2-240

但已知 $AD=BC$，

所以 $AE+ED=AD=BC=AE+CE$，

所以 $ED=CE$，$\angle ECD=\dfrac{60^\circ}{2}=30^\circ$，

所以 $\angle BCD=\angle ECD-\angle ECB=30^\circ-20^\circ=10^\circ$.

例 2

如图 2-241 所示，凸四边形 $ABCD$ 中，已知 $AB=CD$，E，F 分别是 AD，BC 的中点. 延长 BA，CD 分别交 EF 的延长线于 P，Q. 求证：$\angle APE=\angle CQE$.

证法 1: 如图 2-242 所示，平移 AB 到 EM，DC 到 EN，连接 BM，MF，NF，CN.

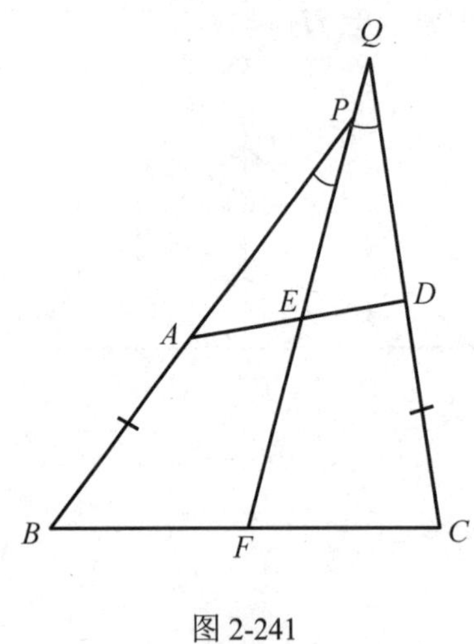

图 2-241

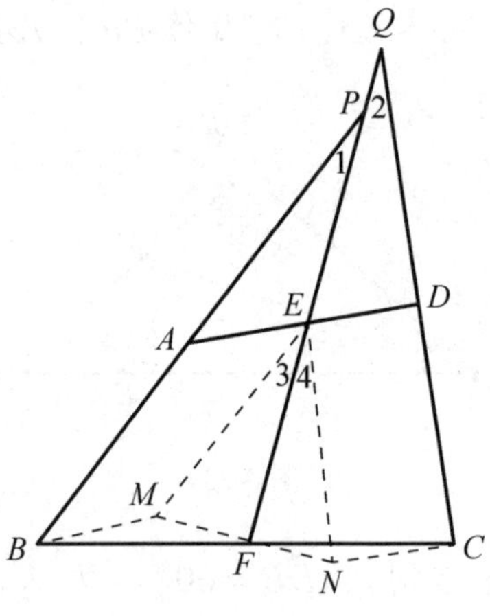

图 2-242

可证$\triangle BMF\cong\triangle CNF$，得 $MF=NF$，再证$\triangle EMF\cong\triangle ENF$（边边边），得 $\angle 3=\angle 4$，所以 $\angle 1=\angle 2$，即 $\angle APE=\angle CQE$.

证法 2: 连接 AC，取 AC 中点 G，连接 EG，FG，由中位线定理，得 $\angle 3=\angle 4$，所以 $\angle 1=\angle 2$（如图 2-243 所示）.

证法 3: 如图 2-244 所示，平移 AB 到 DM，则 $ABMD$ 是平行四边形，有 $DM=AB=DC$. 连接 CM，取 CM 的中点 N，连接 FN. 由中位线定理得，$FN//BM//ED$，又因为 $FN=\dfrac{1}{2}BM=\dfrac{1}{2}AD=ED$.

所以四边形 $EDNF$ 是平行四边形，所以 $DN//EF$.

因此$\angle 1=\angle 3$，$\angle 2=\angle 4$.

再由$\triangle DMN\cong\triangle DCN$（边边边），得$\angle 3=\angle 4$，所以$\angle 1=\angle 2$（如图 2-244 所示）.

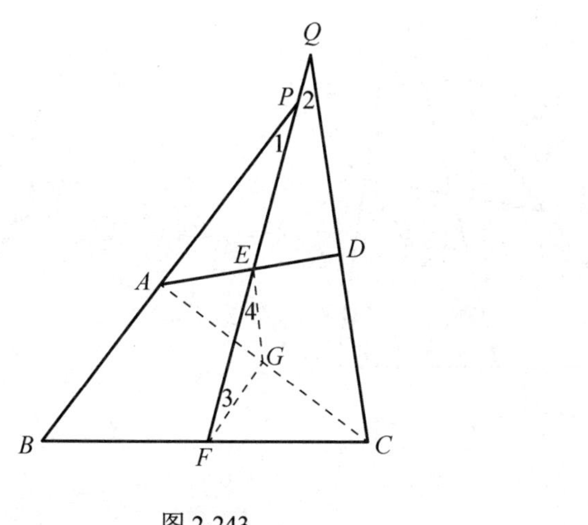

图 2-243

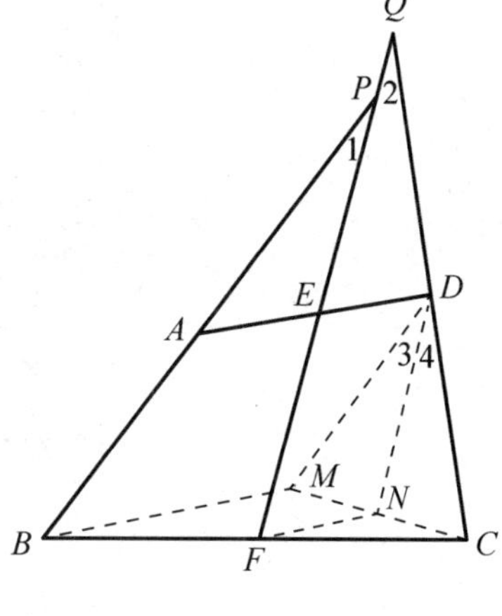

图 2-244

证法 4: 作$DG\perp QF$于G，$AH\perp QF$于H，$CK\perp QF$于K，$BL\perp QF$于L. $AM\perp BL$于M，$DN\perp CK$于N. 可得$\angle 1=\angle 3$，$\angle 2=\angle 4$.

再证$\mathrm{Rt}\triangle ABM\cong\mathrm{Rt}\triangle DCN$（斜边、直角边）所以$\angle 3=\angle 4$，故$\angle 1=\angle 2$（如图 2-245 所示）.

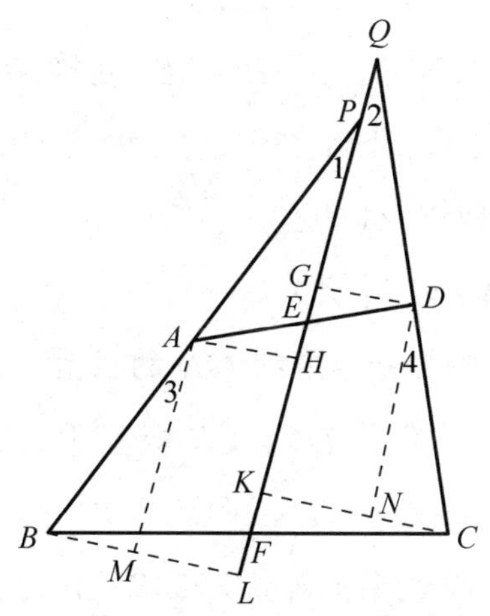

图 2-245

证法 5: 连接 DF 并延长到 G，使得 $GF=DF$. 连接 AG，BG（如图 2-246 所示）.

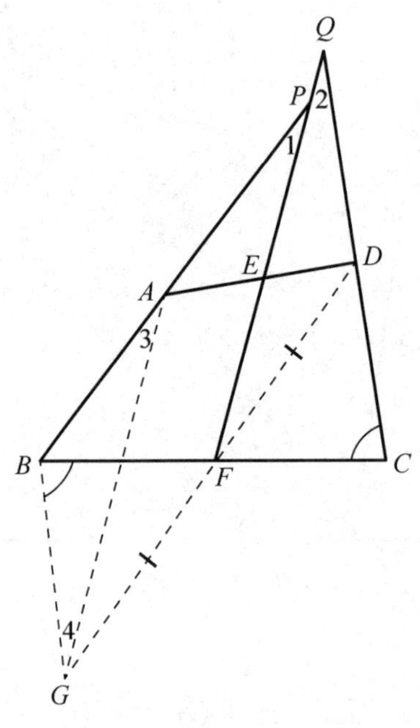

图 2-246

则 $\triangle DCF\cong\triangle GBF$（边角边），所以 $DC=GB=AB$，因此 $\angle 3=\angle 4$. 由 $\angle GBF=\angle DCF$ 可得 $BG//QC$. 又由中位线定理知 $AG//QF$. 所以 $\angle 1=\angle 3$，$\angle 2=\angle 4$. 又已证 $\angle 3=\angle 4$，所以 $\angle 1=\angle 2$.

证法 6: 连接 CE 并延长到 G，得 $GE=CE$. 连接 AG，BG. 则 $\triangle DCE\cong\triangle AGE$（边角边），所以 $GA=CD=AB$，因此 $\angle 3=\angle 4$. 由 $\angle AGE=\angle DCE$，可得 $AG//CQ$. 由中位线定理得 $BG//QF$. 所以 $\angle 1=\angle 3$，$\angle 2=\angle 4$.

所以 $\angle 1=\angle 2$（如图 2-247 所示）.

证法 7: 以直线 PF 为轴翻折 AB 到 MN 的位置，连接 AM，BN，分别交 EF 于 H，L（如图 2-248 所示）. 又作 DG，CK 垂直于 FE，则 AM，BN 垂直于 FE，且 $AH=HM$，$BL=LN$. 另可证 $GK=HL$，两边各减 HK，得 $GH=KL$. 由中位线定理可知 $DM//EF//CN$，可证四边形 $GHMD$ 与四边形 $KLNC$ 都是平行四边形，得到 $DM=CN$，又因为 $MN=AB=DC$，故四边形 $MNCD$ 是平行四边形，所以 $MN//DC$. 因此 $\angle 1=\angle 3=\angle 2$.

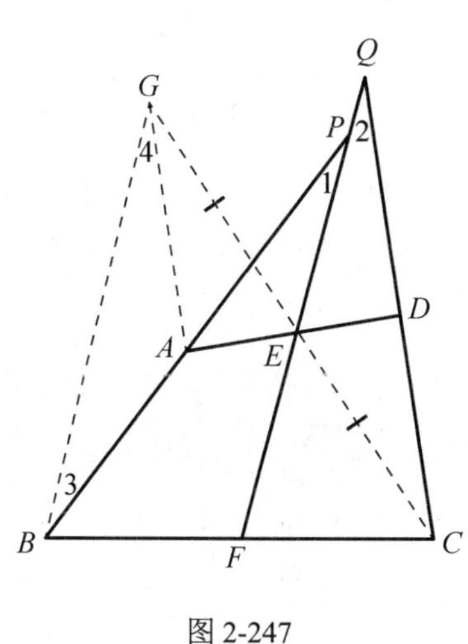

图 2-247

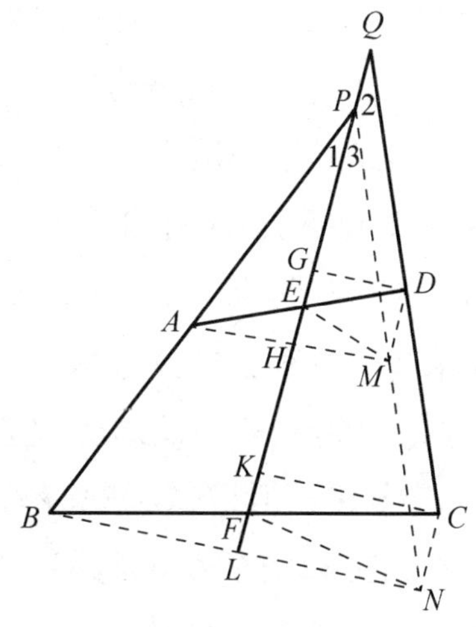

图 2-248

证法 8: 平移 AB 到 MF，平移 DC 到 EN（如图 2-249 所示）. 则 $AM=BF=FC$，$CN=DE=AE$，$CN/\!/DE$，$\angle EAM=\angle FCN$. 连接 EM，FN. 证明$\triangle AEM\cong\triangle CNF$，有 $EM=NF$. $EM/\!/FN$. 所以四边形 $EFNM$ 是平行四边形. 又因为对角线 $EN=MF$，所以四边形 $EFNM$ 是矩形. 则可证$\angle 3=\angle 4$，因此$\angle 1=\angle 2$.

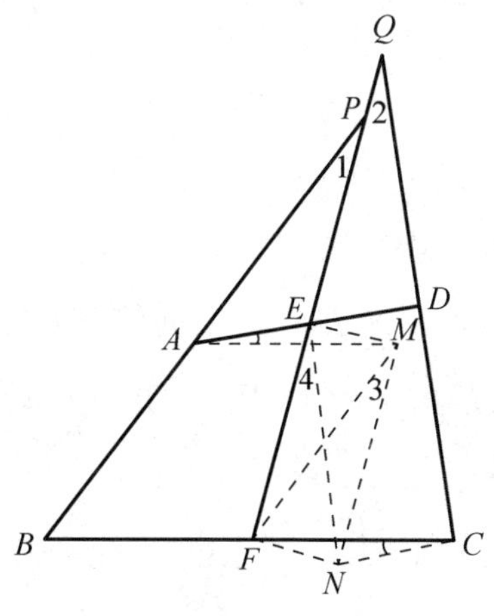

图 2-249

例 3

（**Steiner 定理**）如果三角形的两条内角平分线相等，那么这个三角形必为等腰三角形.

1840 年，C. L. Lahmus 在给 Sturm 的信中要求给出这个问题的几何证明，

Sturm 自己解决不了，就广泛在数学界征集解答. 最早是 J. Steiner 用反证法得到证明，这个结论就以 Lahmus 和 Steiner 为名，之后又陆续发表了很多不同的证法. 1850 年，Sturm 自己也给出了证明，但都是间接的证明，一百多年来，人们在探索其简洁的直接证法. 1961 年科学美国专栏作家 Gardner 又全文转载该问题，收到一百多封来函，得到了不少新解法. 我们只介绍如下两种证法，供大家阅读参考.

证法 1: 仅用直线型基本定理的直接证明.

如图 2-250 所示，设 BD，CE 分别为$\triangle ABC$ 两底角的平分线，且 $BD=CE$. 要证明 $AB=AC$，只需证$\angle B=\angle C$ 即可.

把$\triangle CEB$ 以 CE 为轴反转一下，再移至$\triangle DBG$ 的位置，使 CE 与 DB 重合，G 与 C 在 BD 异侧，连接 GC.

显然$\triangle CEB\cong\triangle DBG$，故 $GD=CB$，$\angle GDB=\angle BCE$.

$$\begin{aligned}\angle GDC&=\angle GDB+\angle BDC=\angle ECB+\angle A+\angle ABD\\&=\frac{1}{2}\angle C+\angle A+\frac{1}{2}\angle B=90^\circ+\frac{1}{2}\angle A,\\\angle GBC&=\angle GBD+\angle DBC=\angle BEC+\angle DBC\\&=\angle A+\frac{1}{2}\angle C+\frac{1}{2}\angle B=\angle GDC.\end{aligned}$$

又因为 GC 为公共边，故钝角$\triangle GDC\cong\triangle CBG$. 所以 $CD=GB=EB$.

因此钝角$\triangle BEC\cong\triangle CDB$.

所以$\angle B=\angle C$，故 $AB=AC$.

证法 2: 如图 2-251 所示. 过 D，E 分别作 $DG//BE$，$EG//BD$，得平行四边形 $EBDG$. 连接 CG，有 $EG=BD=EC$，且$\frac{1}{2}\angle B=\angle 1=\angle 2=\angle 7$.

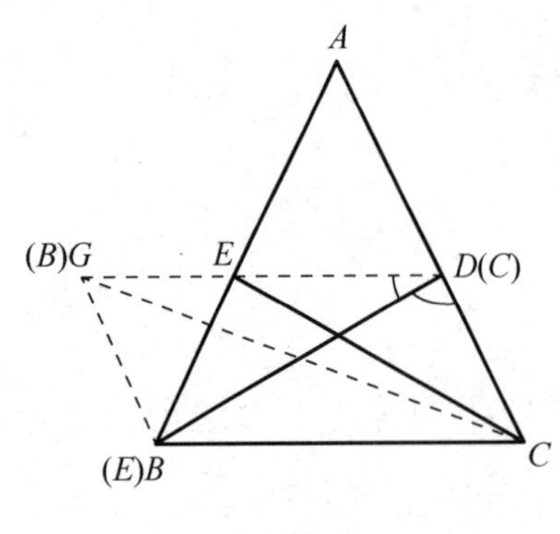

图 2-250

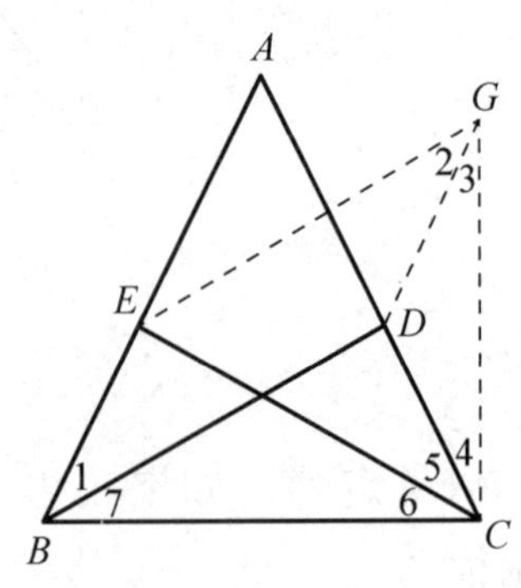

图 2-251

如果$\angle B \neq \angle C$，不妨设$\angle B > \angle C$，则$\angle 1 = \angle 2 > \angle 5$.

在等腰三角形EGC中，有$\angle 2 + \angle 3 = \angle 5 + \angle 4$，所以$\angle 3 < \angle 4$，因此$DG > DC$.

另一方面，在$\triangle DBC$与$\triangle EBC$中，$EC=DB$，BC为公共边，而$\angle 7 > \angle 6$，又所以$DG = BE < DC$. 这就导致矛盾，命题得证.

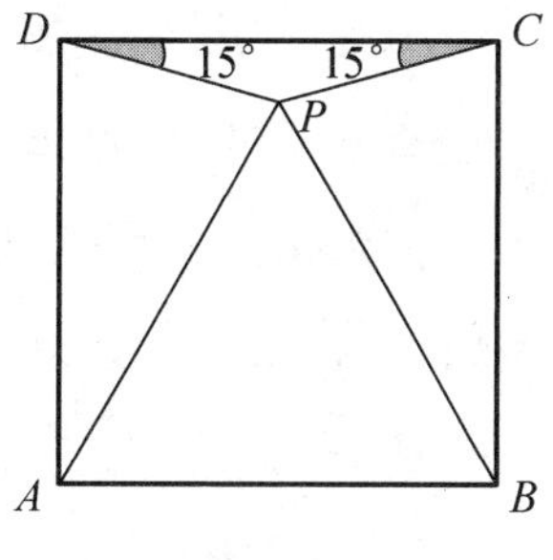

图 2-252

例 4

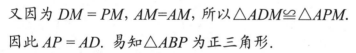

如图 2-252 所示，正方形$ABCD$中，P为形内一点，使得$\angle CDP = \angle DCP = 15°$.

求证：$\triangle ABP$为正三角形.

证法 1: 如图 2-253 所示，延长CP交BD于M，连接AM.

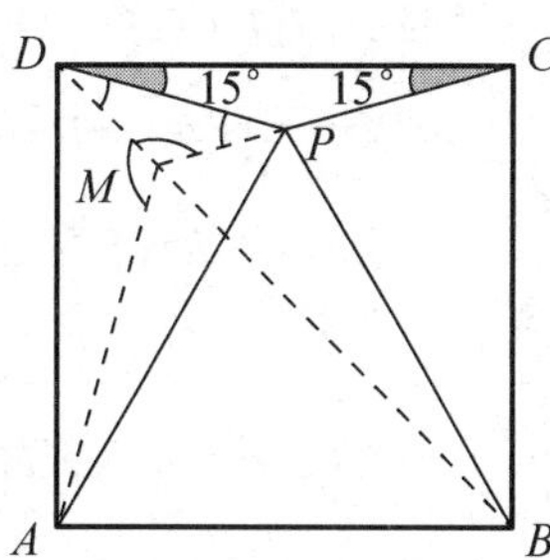

图 2-253

易知$\angle PDM = \angle DPM = 30°$，所以$\angle DMP = 120°$.

又因为$\triangle ADM \cong \triangle CDM$，所以$\angle DMA = \angle DMC = \angle PMA$.

又因为$DM = PM$, $AM=AM$, 所以$\triangle ADM \cong \triangle APM$.

因此$AP = AD$. 易知$\triangle ABP$为正三角形.

证法 2: 如图 2-254 所示，作$\triangle AOD \cong \triangle CPD$.

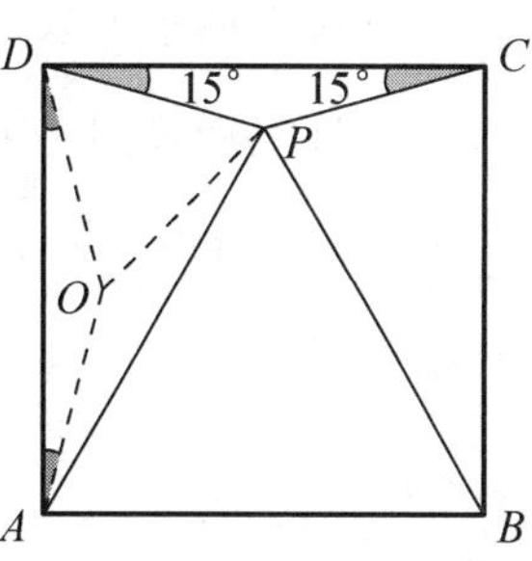

图 2-254

则$\triangle POD$为正三角形，可求得$\angle AOP = \angle AOD = 150°$.

所以$\triangle AOP \cong \triangle AOD$，因此$AP = AD$.

易知$\triangle ABP$为正三角形.

证法 3: 如图 2-255 所示，在正方形$A_1B_1C_1D_1$中，作等边$\triangle A_1B_1P_1$，易知$\angle C_1D_1P_1 = \angle D_1C_1P_1 = 15°$.

这时，对照图 2-254，有$\triangle C_1D_1P_1 \backsim \triangle CDP$，

因此$\dfrac{D_1C_1}{P_1C_1} = \dfrac{DC}{PC}$，所以$\dfrac{D_1C_1}{DC} = \dfrac{P_1C_1}{PC}$，即$\dfrac{P_1C_1}{PC} = \dfrac{B_1C_1}{BC}$，

又因为$\angle P_1C_1B_1 = \angle PCB$，所以$\triangle BCP \backsim \triangle B_1C_1P_1$.

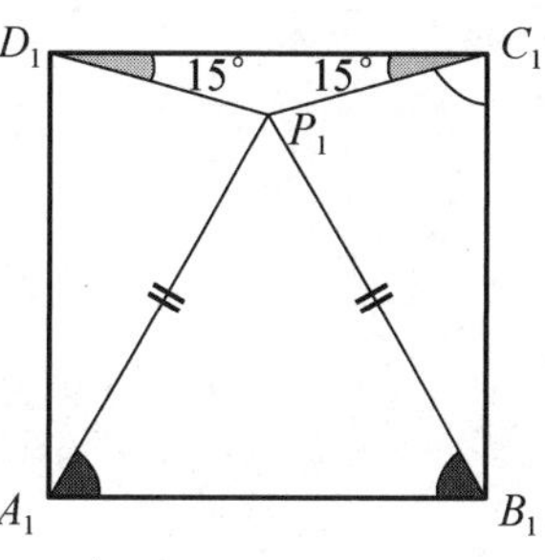

图 2-255

由于 $P_1B_1 = C_1B_1$，所以 $PB = CB$.

易知$\triangle ABP$ 为正三角形.

证法 4: 如图 2-256 所示，以 D 为圆心，DA 为半径画圆弧交 CD 的中垂线于 Q，连接 DQ. 则 $\angle QDC = 60°$，$\angle DQP = 30°$.

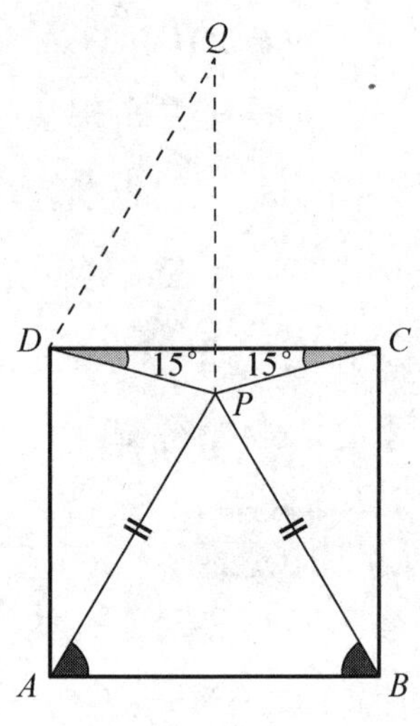

图 2-256

因此 $\angle QDP = \angle QPD = 75°$，所以 $QP = QD = DA$.

又因为 $QP//DA$，所以四边形 $ADQP$ 为平行四边形.

因此 $PA = QD = DA = AB$.

由对称性知 $PB = PA = AB$，即$\triangle ABP$ 为正三角形.

证法 5: 如图 2-257 所示，作正$\triangle CDP_1$. 连接 P_1A，P_1B.

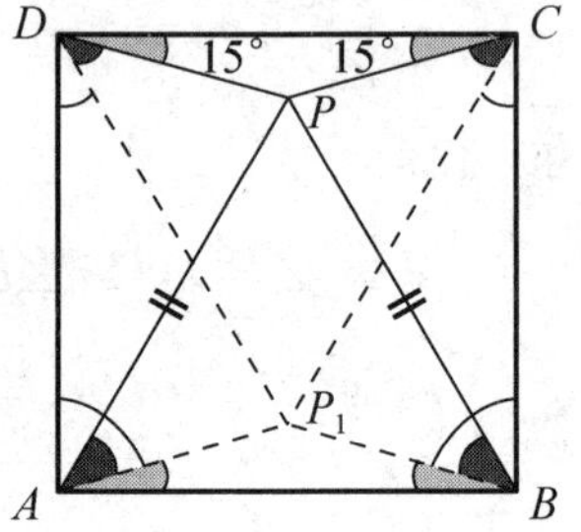

图 2-257

易知 $\angle P_1DA = \angle P_1CB = 30°$，$\angle P_1AD = \angle P_1BC = 75°$.

因此 $\angle P_1AB = \angle P_1BA = 15°$.

易证$\triangle P_1AB \cong \triangle PCD$. 所以 $P_1A = PC$.

可证$\triangle P_1AD \cong \triangle PDA$（边角边）.

所以 $PA = P_1D = DA$.

易知$\triangle ABP$ 为正三角形.

第 3 章　例说构造图形解题

数学研究的对象是数量关系与空间形式. 数量关系有时可以通过图形表现，具有直观的效果；有时可以在模型上实现. 在解题过程中，由于某种需要，可以把元素之间的数量关系在图形中构造出来，或构想出某个模型实现数量关系. 这种方法称为“构造法”. 这时添加辅助线是为了设法应用已知元素来构造一个新的几何图形，从而实现几何问题的证明.

例 1

求$\cot 15^\circ$的值.

分析：我们可以根据锐角的余切函数的定义，设法构造有一个锐角为15°的直角三角形，可以直接利用余切函数的定义计算$\cot 15^\circ$的值.

解：15°角的两倍30°角是特殊角，含30°角的直角三角形可以直接作出.

① 如图 3-1 所示，我们作直角$\triangle ABC$，使$\angle BCA=90^\circ$，$BC=1$，$AB=2$，根据勾股定理，有$AC=\sqrt{3}$，且易知$\angle A=30^\circ$.

② 延长CA到D，使$AD=AB=2$，连接BD，则$\angle D=\frac{1}{2}\cdot 30^\circ=15^\circ$.

③ 在直角$\triangle BCD$中，根据余切函数定义，有

$$\cot 15^\circ=\cot\angle D=\frac{DC}{BC}=2+\sqrt{3}.$$

此法直接构造图形，直观、巧妙地解决了问题.

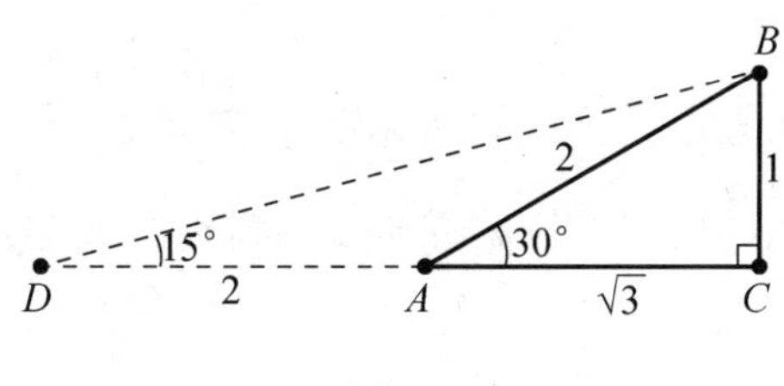

图 3-1

例 2

a, b, c, d 都是正数. 证明：存在这样的三角形，它的三边等于 $\sqrt{b^2+c^2}$，$\sqrt{a^2+c^2+d^2+2cd}$，$\sqrt{a^2+b^2+d^2+2ab}$，并计算这个三角形的面积.

此题若直接利用"三角形不等式"来判定三条线段能否构成三角形，然后再利用海伦公式依据三边计算三角形的面积，会令人望而生畏. 但是，只要认真分析题目的条件，注意到 $\sqrt{b^2+c^2}$，$\sqrt{a^2+c^2+d^2+2cd}$，$\sqrt{a^2+b^2+d^2+2ab}$ 的结构特征，就会萌发利用勾股定理把这三条线段构造出来的想法，我们不妨试试看.

解： 如图 3-2 所示，以 $a+b$，$c+d$ 为边作一个矩形，阴影所示的三角形的三边分别为 $\sqrt{b^2+c^2}$，$\sqrt{a^2+(c+d)^2}$，$\sqrt{(a+b)^2+d^2}$. 这样，满足题设条件的三角形就构造出来了，它的存在性也就证明了.

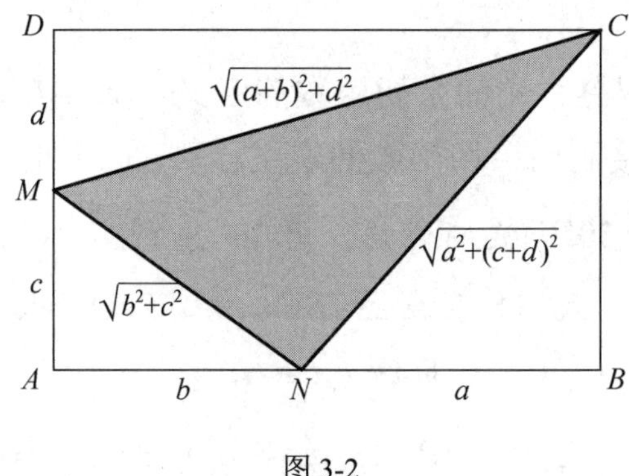

图 3-2

设阴影三角形的面积为 S，显然

$$S=(a+b)(c+d)-\frac{1}{2}bc-\frac{1}{2}d(a+b)-\frac{1}{2}a(c+d)$$
$$=\frac{1}{2}(ac+bc+bd).$$

这样就把问题巧妙地解决了. 妙不妙？美不美？是不是有一种成功的享受呀！真乃是"山重水复疑无路，柳暗花明又一村"！构造法在几何题、三角题、代数题的证明中都有巧妙的应用.

3.1　构造图形解几何题

例 1

在$\triangle ABC$中，$\angle A=60°$，$BC=1$. 求证：$1<AB+AC\leqslant 2$.

证明： 因为 $AB+AC>BC=1$，所以只要再证 $AB+AC\leqslant 2$ 即可. 如图 3-3 所示，延长 BA 到 D，使得 $AD=AC$，连接 DC，则有 $BD=AB+AC$，$\angle D=\dfrac{\angle A}{2}=30°$. 由于 $BC=1$，$\angle A=60°$，所以满足条件的$\triangle ABC$ 的顶点 A 在以 BC 为弦，含$60°$角的一个弓形弧上，因为 $BD=AB+AC$，所以点 D 在以 BC 为弦，含$30°$角的一个弓形弧上变化.

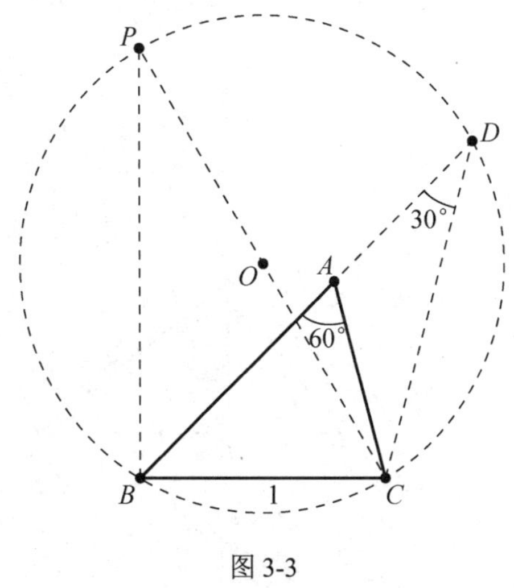

图 3-3

设该弓形弧是圆心为 O 的圆的一部分，连接 CO 交圆 O 于点 P. PC 为圆 O 的直径. 连接 PB，则 $\angle PBC=90°$，又因为 $\angle CPB=30°$，所以 $PC=2BC=2$.

又因为圆中直径为最大的弦，故 $BD\leqslant CP=2$，即 $AB+AC\leqslant 2$.

综上可得 $1<AB+AC\leqslant 2$.

例 2

在三角形 ABC 中，$\angle A=90^\circ$，AD 为 BC 上的高线. 求证：$AD+BC>AB+AC$.

证明 1: 如图 3-4 所示，延长 DA 到 F，使得 $AF=BC$. 这样，就构造出了 $DF=AD+BC$. 延长 BA 到 E，使得 $AE=AC$，即构造出了 $BE=AB+AC$.

由于 $\angle 1=\angle 2=\angle 3$，$AF=BC$，$AE=AC$，所以 $\triangle FEA\cong\triangle BAC$，因此 $\angle FEA=90^\circ=\angle ADB$，所以 F，E，D，B 四点共圆.

因为 $EF=AB>BD$，所以 $\overset{\frown}{EF}>\overset{\frown}{BD}$，所以 $\overset{\frown}{DF}>\overset{\frown}{BE}$.

由于 $\overset{\frown}{DF}$ 与 $\overset{\frown}{BE}$ 均为劣弧，所以 $DF>BE$.

所以有 $AD+BC>AB+AC$.

本题还可以用不同构造方法，殊途同归.

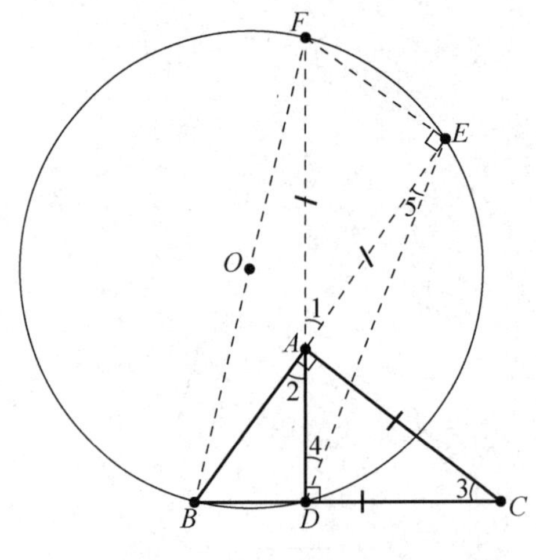

图 3-4

证明 2: 如图 3-5 所示，延长 BC 至 E，使 $CE=AD$，则 $BE=BC+AD$.

延长 AC 至 F，使 $CF=AB$，则 $AF=AB+AC$.

于是，可证$\triangle ABD\cong\triangle CFE$.

所以 $\angle FEC=90^\circ=\angle BAF$，所以 B，A，E，F 四点共圆.

由 $EF<CF=AB$，所以 $\overset{\frown}{EF}<\overset{\frown}{AB}$，故 $\overset{\frown}{AF}<\overset{\frown}{BE}$.

又因为 $\overset{\frown}{AF}$ 与 $\overset{\frown}{BE}$ 均为劣弧，所以 $AF < BE$.

所以有 $AB+AC < AD+BC$.

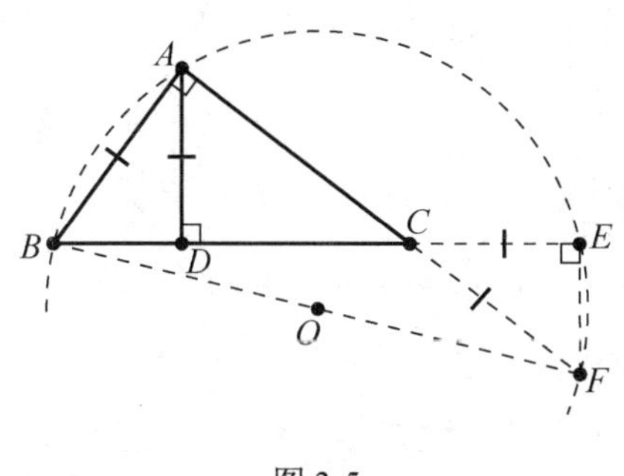

图 3-5

例 3

证明：任意三角形的内切圆的半径与外接圆的半径之比不超过 $\frac{1}{2}$.

证明： 我们用构造法证明这一结论. 要注意，相似三角形的内切圆的半径之比等于相似比这一事实.

设 $\triangle ABC$ 为已知三角形. k_1 是它的内切圆，半径为 r. k_2 是它的外接圆，半径是 R. 现要证 $\frac{r}{R} \leqslant \frac{1}{2}$，即证明 $2r \leqslant R$ 即可.

为此，设法构造一个与 $\triangle ABC$ 相似的三角形，其内切圆半径为 $2r$，然后比较 $2r$ 与 R 的大小就可以了.

如图 3-6 所示，过 $\triangle ABC$ 各顶点作对边的平行线，得到 $\triangle A_1B_1C_1$，易知 $\triangle ABC \backsim \triangle A_1B_1C_1$，相似比为 $\frac{1}{2}$，即 $\triangle A_1B_1C_1$ 的内切圆的半径为 $2r$. 这时只要证明 $\odot k_2$ 的半径 R 不小于 $\triangle A_1B_1C_1$ 的内切圆的半径为 $2r$ 即可.

因为 $\triangle A_1B_1C_1$ 各边与 $\odot k_2$ 都至少有一个交点，若 $\triangle A_1B_1C_1$ 各边与 $\odot k_2$ 都有且仅有一个交点，则 $\odot k_2$ 恰为 $\triangle A_1B_1C_1$ 的内切圆；若 $\triangle A_1B_1C_1$ 至少有一个边与 $\odot k_2$ 有两个交点，则 $\odot k_2$ 不能完全包含于 $\triangle A_1B_1C_1$ 内.

这时，平行于 $\triangle A_1B_1C_1$ 各边分别作 $\odot k_2$ 的切线，如图 3-6 所示，得到 $\triangle A_2B_2C_2$.（作 $A_2C_2/\!/A_1C_1$，$A_2B_2/\!/A_1B_1$，$B_2C_2/\!/B_1C_1$，且 A_2C_2，A_2B_2，B_2C_2 都与 $\odot k_2$ 相切）.

则 $\triangle A_2B_2C_2$ 包含 $\triangle A_1B_1C_1$，$\triangle A_2B_2C_2 \backsim \triangle A_1B_1C_1$，相似比大于或等于 1.

又因为 $\odot k_2$ 是 $\triangle A_2B_2C_2$ 的内切圆，所以 $R \geqslant 2r$ 成立，即 $\frac{r}{R} \leqslant \frac{1}{2}$ 成立.

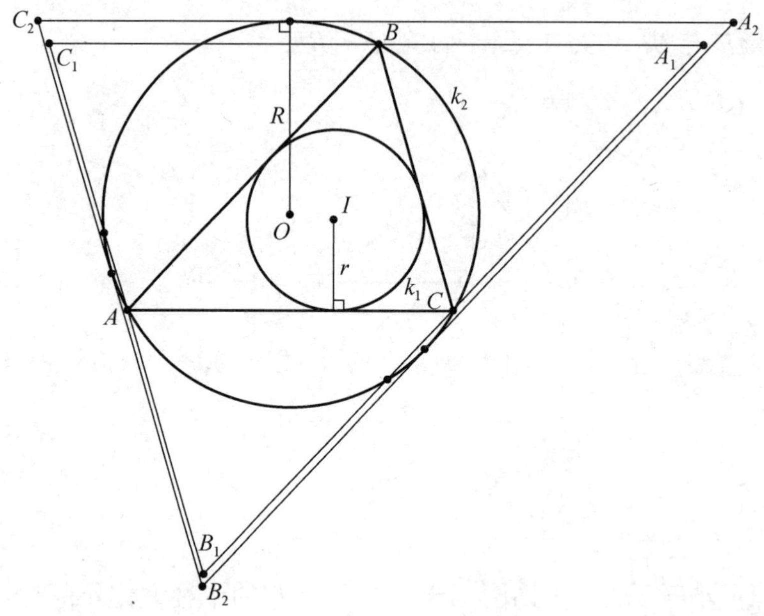

图 3-6

例 4

在三角形中内接正方形，使得正方形的一边落在三角形的最大边上，其余两顶点分别在三角形的另外两条边上. 设正方形的边长为 x，已知三角形内切圆的半径为 r. 求证：$\sqrt{2}r < x < 2r$.

证明： 我们用构造法分别证明 $\sqrt{2}r < x$ 和 $x < 2r$. 其基本想法是设法将 x 变为某个与 $\triangle ABC$ 相似的三角形的内切圆的直径.

① 如图 3-7 所示，作该正方形的内切圆 $\odot k'$，设 $\odot k'$ 的半径为 r'，则 $x = 2r'$. 作 $\odot k'$ 的切线 $A'B' \parallel AB$，$B'C' \parallel BC$，得到 $\triangle A'B'C'$.

显然，$\triangle A'B'C'$ 位于 $\triangle ABC$ 的内部，所以有 $A'C' < AC$.

因为 $\triangle A'B'C' \backsim \triangle ABC$，所以 $\dfrac{r'}{r} = \dfrac{A'C'}{AC} < 1$，于是 $2r' < 2r$. 也就是 $x = 2r' < 2r$ 成立.

② 如图 3-8 所示，作正方形的外接圆 $\odot k''$，设 $\odot k''$ 的半径为 r''，则 $r'' = \dfrac{\sqrt{2}}{2}x$，即 $\sqrt{2}r'' = x$. 作 $\odot k''$ 的切线 $A''B'' \parallel AB$，$B''C'' \parallel BC$，$A''C'' \parallel AC$，得到 $\triangle A''B''C''$. 显然 $\triangle ABC$ 位于 $\triangle A''B''C''$ 的内部，所以 $A''C'' > AC$.

又因为$\triangle A''B''C'' \backsim \triangle ABC$，所以$\dfrac{r''}{r}=\dfrac{A''C''}{AC}>1$.

则有$\sqrt{2}r''>\sqrt{2}r$，即$x=\sqrt{2}r''>\sqrt{2}r$.

综合①、②可得$\sqrt{2}r<x<2r$.

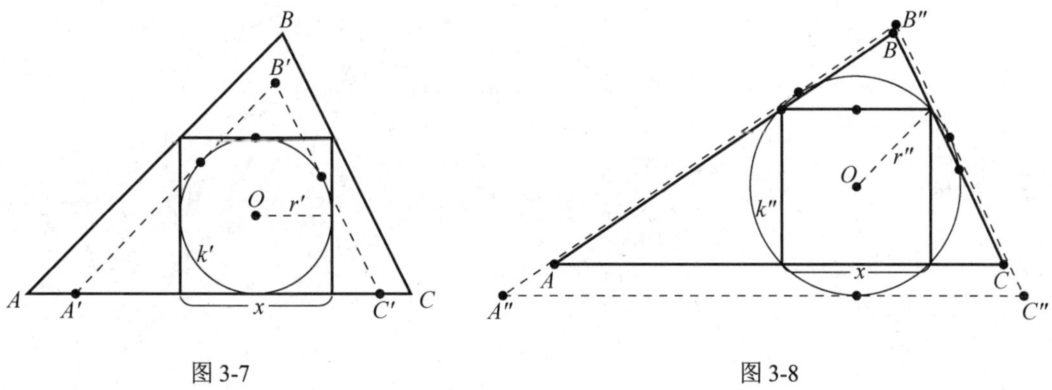

图 3-7　　图 3-8

例 5

如图 3-9 所示，三角形的三边分别为a，b，c，三角形的面积为S. 则有

$$S=\sqrt{s(s-a)(s-b)(s-c)}.$$

其中，$s=\dfrac{a+b+c}{2}$.

这是著名的海伦公式. 海伦是希腊亚历山大时期著名的数学家、测量学家和机械发明家，他在著作中给出了已知三边求三角形面积公式的构造性证明.

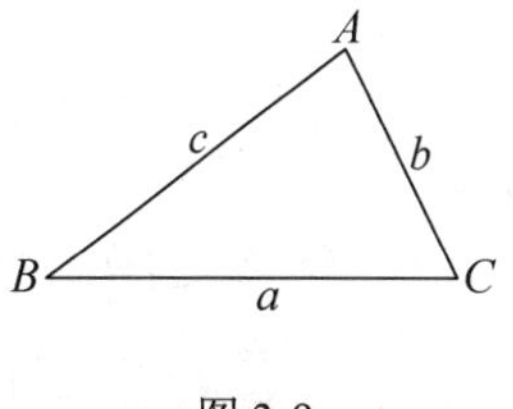

图 3-9

证明 1： 作三角形ABC的内切圆$\odot I$，$ID=IE=IF=r$，其中r是$\odot I$的半径.

连接AI，BI，CI. 易知

$$\begin{aligned}S=S_{\triangle ABC}&=S_{\triangle AIB}+S_{\triangle BIC}+S_{\triangle CIA}\\&=\frac{1}{2}(AB+BC+CA)r\\&=\frac{1}{2}(a+b+c)r=s\cdot ID.\end{aligned}$$

注意$AF=AE$，$BF=BD$，$CD=CE$.

所以$AF+BD+CD=\dfrac{1}{2}(AB+BC+CA)=s$，且$\angle 1+\angle 2+\angle 3=180°$.

如图 3-10 所示，延长 CB 到 H，使 $BH=AF$，则 $CH=s$，所以 $S^2=CH^2\cdot ID^2$.

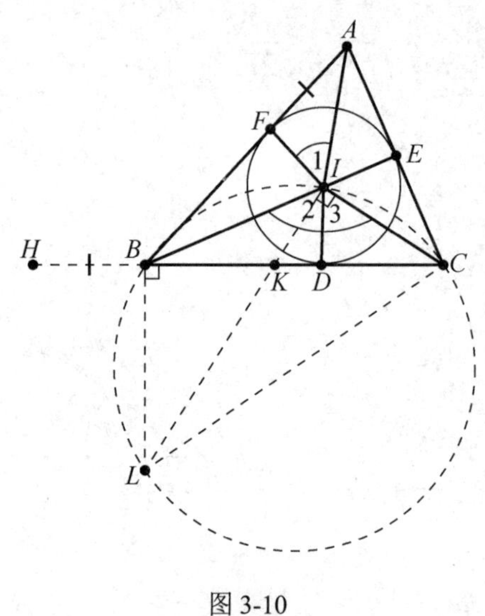

图 3-10

作 $IL\perp IC$ 交 BC 于点 K，交过 B 所作 BC 的垂线于点 L. 易知 $CIBL$ 为圆的内接四边形，所以 $\angle BLC+\angle BIC=\angle BLC+\angle 2+\angle 3=180°$. 因此推得 $\angle 1=\angle BLC$.

故 Rt△AIF∽Rt△CLB，得 $\dfrac{BC}{BL}=\dfrac{FA}{FI}=\dfrac{BH}{ID}$.

由更比定理，得 $\dfrac{BC}{BH}=\dfrac{BL}{DI}=\dfrac{BK}{DK}$（注意 Rt△$LBK$∽Rt△$IDK$）.

由合比定理，得 $\dfrac{BC+BH}{BH}=\dfrac{BK+DK}{DK}$，即 $\dfrac{CH}{BH}=\dfrac{BD}{DK}$.

将上式的分子分母左边同乘 CH，右边同乘 CD，得

$\dfrac{CH\cdot CH}{CH\cdot BH}=\dfrac{BD\cdot CD}{CD\cdot DK}$，由射影定理得 $\dfrac{CH^2}{CH\cdot BH}=\dfrac{BD\cdot CD}{ID^2}$.

交叉相乘，得 $CH^2\cdot ID^2=CH\cdot BH\cdot BD\cdot CD$.

即 $S^2=CH\cdot BH\cdot BD\cdot CD=s(s-a)(s-b)(s-c)$.

于是，得证海伦公式 $S=\sqrt{s(s-a)(s-b)(s-c)}$.

证明 2： 要证 $S=\sqrt{s(s-a)(s-b)(s-c)}$. 首先，画出△$ABC$，并如图 3-11 所示，画出△$ABC$ 的内切圆 ⊙I 和 BC 边外的旁切圆 ⊙I_1. 由图可知 $AE_1=s$，$AE=s-a$，$CE_1=s-b$，$CE=s-c$，$IE=r$，$I_1E_1=r_1$.

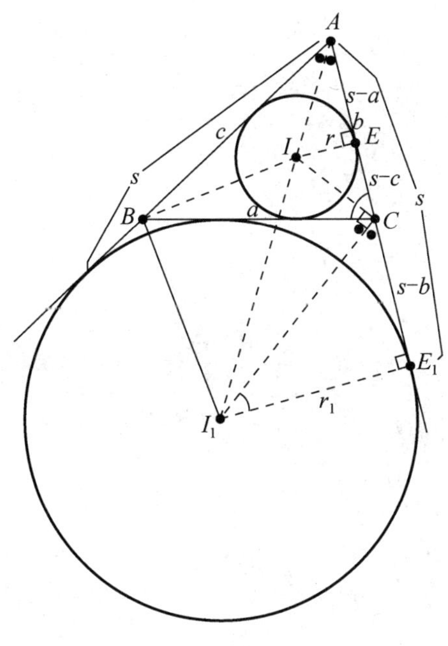

图 3-11

因为 Rt$\triangle AIE \backsim$ Rt$\triangle AI_1E_1$，所以 $IE:I_1E_1=AE:AE_1$，

即
$$\frac{r}{r_1}=\frac{s-a}{s}. \quad ①$$

因为 Rt$\triangle CIE \backsim$ Rt$\triangle I_1CE_1$. 所以 $IE:CE_1=CE:I_1E_1$，即 $\frac{r}{s-b}=\frac{s-c}{r_1}$.

所以
$$rr_1=(s-b)(s-c). \quad ②$$

由①×②得 $r^2=\frac{(s-a)(s-b)(s-c)}{s}$.

但 $S=rs$，故 $S^2=r^2s^2=s(s-a)(s-b)(s-c)$，

所以得证 $S=\sqrt{s(s-a)(s-b)(s-c)}$.

下面是 Edward Ulney 在其著作《Elements of Geometry》中给出的优美证明.

证明 3: 如图 3-12 所示，取 $CH=CB=a$，$CD=CA=b$，过 HA 的中点 M 引 $GN//AB$，交 BH，AD 于 G，N. 以 M 为中心，MG 为半径作圆必过 N，再作 $CF\perp AD$，则 CF 通过 G.

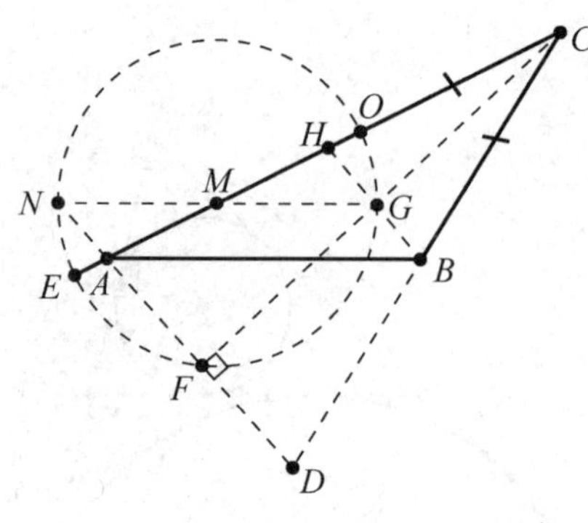

图 3-12

易知$CM=\frac{1}{2}(AC+CB)$，又$ME=\frac{1}{2}AB$，所以$CE=\frac{1}{2}(AC+CB+AB)=s$.

故$AO=s-CB$, $CO=s-AB$, $AE=s-AC$.

又$CF\cdot AF=S_{\triangle ACD}$, $GF\cdot AF=S_{\triangle ABD}$.

上两式相减得$AF(CF-GF)=S_{\triangle ACD}-S_{\triangle ABD}$，即$AF\cdot CG=S_{\triangle ABC}$. ①

又$CG\cdot HG=S_{\triangle CHB}$，$GF\cdot HG=S_{\triangle AHB}$.

上两式相加得$HG(CG+GF)=S_{\triangle CHB}+S_{\triangle AHB}$，即$NA\cdot CF=S_{\triangle ABC}$. ②

由①×②得，$NA\cdot AF\cdot CG\cdot CF=S^2$.

但$CF\cdot CG=CE\cdot CO$（割线定理），又因为$NA\cdot AF=AE\cdot AO$（相交弦定理），所以$S=\sqrt{CE\cdot CO\cdot AE\cdot AO}=\sqrt{s(s-a)(s-b)(s-c)}$.

例 6

考虑如图 3-13 所示的$\triangle ABC$，D 为其形内一点．且$\angle ADB=\angle BDC=\angle CDA=120°$．试证：在以$x=u+v+w$为边的正三角形$PQR$内必存在一点，该点到三个顶点的距离恰为$a$，$b$，$c$.

（1974 年第 3 届美国数学奥林匹克试题）

分析：题意是若在$\triangle ABC$中，$BC=a$，$CA=b$，$AB=c$，D是其形内一点，恰满足$\angle ADB=\angle BDC=\angle CDA=120°$，且$AD=u$，$BD=v$，$CD=w$. 求证：存在边长为$x$的等边$\triangle PQR$，其内部存在一点$O$，恰使得$OP=a$，$OQ=b$，$OR=c$，则有$x=u+v+w$.

因此，我们利用平移，在$\triangle ABC$的基础上，将AD，BD，CD设法构成一个正三角形，使其边恰为$x=u+v+w$.

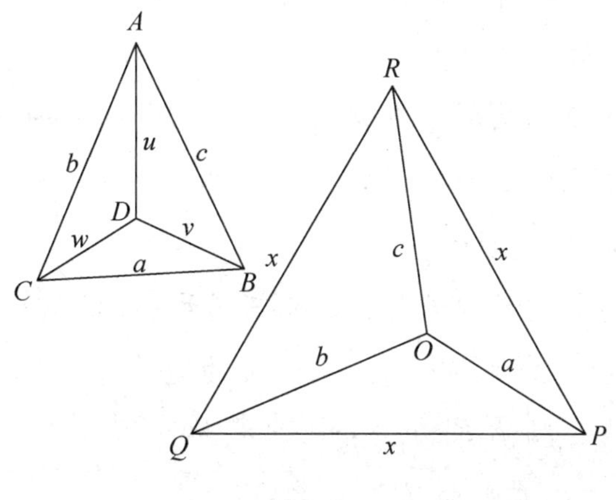

图 3-13

证明 1: 如图 3-14 所示，以$\triangle ABC$为基础，平移 AD 到 EC，平移 BD 到 FA，平移 CD 到 GB，则 $ADCE$，$BDAF$，$CDBG$ 都是平行四边形，且满足

$CE = u$，$EA = w$，$\angle AEC = 120°$；

$AF = v$，$BF = u$，$\angle BFA = 120°$；

$BG = w$，$CG = v$，$\angle CGB = 120°$.

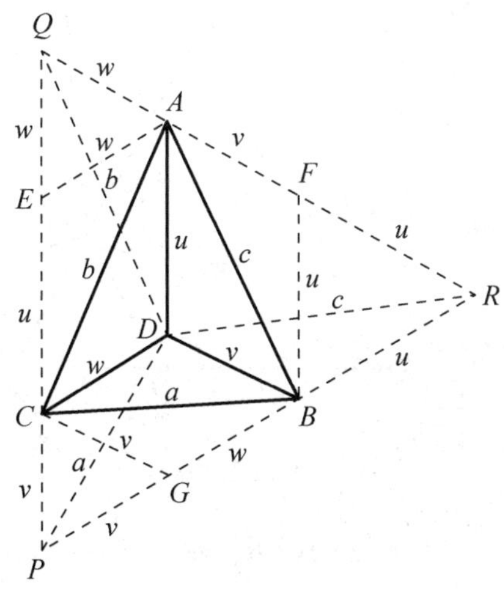

图 3-14

将线段 CE，AF，BG 向两边延长，相交得到$\triangle PQR$．易知$\triangle PCG$，$\triangle QAE$，$\triangle RBF$ 都是等边三角形，即

$PC = PG = CG = v$,

$QA = QE = AE = w$,

$RB = RF = BF = u.$

则△PQR 也是等边三角形，且 $PQ = QR = RP = u + v + w.$

因为 $PBDC$，$QCDA$，$RADB$ 都是等腰梯形，

所以 $DP = a$，$DQ = b$，$DR = c.$

换言之，点 D 就是题设边长为 x 的正三角形内的点 O.

证明 2： 如图 3-15 所示，以 $x = w + v + u$ 为边作正三角形 PQR，在边 QR 上取 $QQ_1 = w$，$Q_1R_1 = v$，则 $R_1R = u$. 以 Q 为中心，BC 长为半径画弧，以 Q_1 为中心，v 为半径画弧，二弧交形内于点 S.

则△QQ_1S≌△CDB，且 $\angle SQ_1Q = \angle CDB = 120°$，所以 $\angle SQ_1R_1 = 60°$.

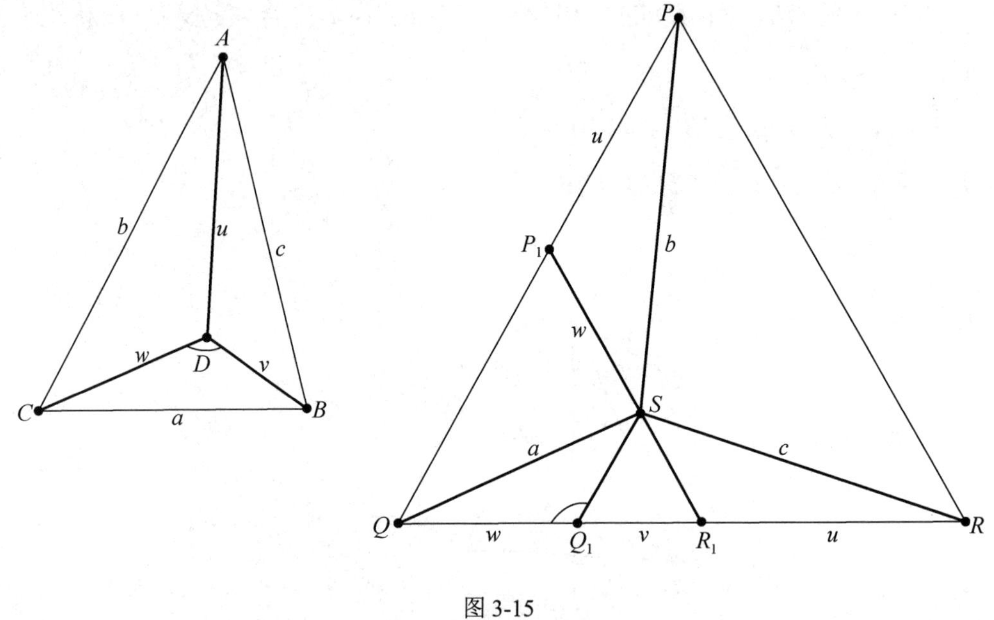

图 3-15

又因为 $SQ_1 = Q_1R_1 = v$，所以△SQ_1R_1 为正三角形. $SR_1 = v$，$\angle SR_1R = 120° = \angle ADB$，$R_1R = u$，所以△$SR_1R$≌△$BDA$. 因此 $SR = BA = c$.

连接 PS，延长 R_1S 交 PQ 于点 P_1. 注意 $R_1P_1 /\!/ RP$，可知 $PP_1 = RR_1 = u$，$\angle PP_1S = 120° = \angle ADC$. 所以△$P_1QR_1$ 为正三角形. 因此 $P_1R_1 = QR_1$，又因为 $SR_1 = Q_1R_1$，所以 $P_1S = QQ_1 = w = CD$. 此时△PSP_1≌△ACD，所以 $PS = AC = b$.

故 S 点为满足题设条件的点.

例 7

若 a，b，c 均为正数. 证明：存在这样的三角形，其三边长恰为$\sqrt{a^2+b^2}$，$\sqrt{b^2+c^2}$，$\sqrt{a^2+c^2}$，并证明这个三角形必为锐角三角形.

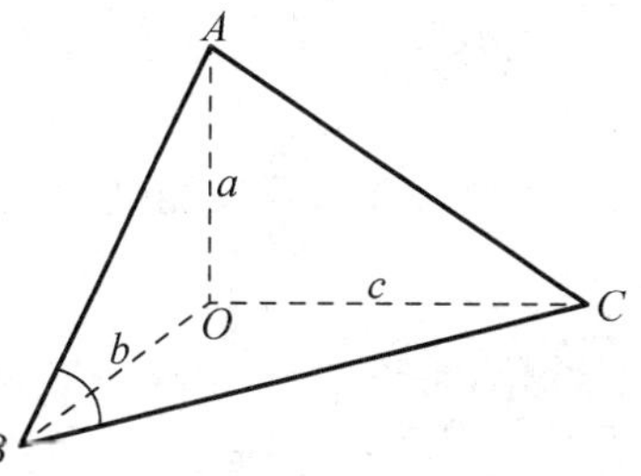

图 3-16

证明：采用构造法. 在空间直角坐标系的三个坐标轴上分别取 $OA=a$，$OB=b$，$OC=c$. 如图 3-16 所示，连接 AB，BC，CA，则

$$AB=\sqrt{a^2+b^2},\ BC=\sqrt{b^2+c^2},\ CA=\sqrt{a^2+c^2}.$$

所以$\triangle ABC$满足题设条件. 我们下面证明$\triangle ABC$一定是锐角三角形.

$$\cos\angle ABC=\frac{AB^2+BC^2-AC^2}{2AB\cdot BC}=\frac{(a^2+b^2)+(b^2+c^2)-(a^2+c^2)}{2\sqrt{a^2+b^2}\cdot\sqrt{b^2+c^2}}$$

$$=\frac{b^2}{\sqrt{a^2+b^2}\cdot\sqrt{b^2+c^2}}>0,$$

又因为$\angle ABC$为$0^\circ\sim180^\circ$之间的角，所以$\angle ABC$为锐角.

同理可证，$\angle ACB$，$\angle BAC$均为锐角.

故$\triangle ABC$为锐角三角形.

3.2 构造图形解三角题

用构造法解三角题常与三角函数的定义及单位圆上的表示相联系.

例 1

α为锐角，求证：$\tan\dfrac{\alpha}{2}=\dfrac{\sin\alpha}{1+\cos\alpha}=\dfrac{1-\cos\alpha}{\sin\alpha}$.

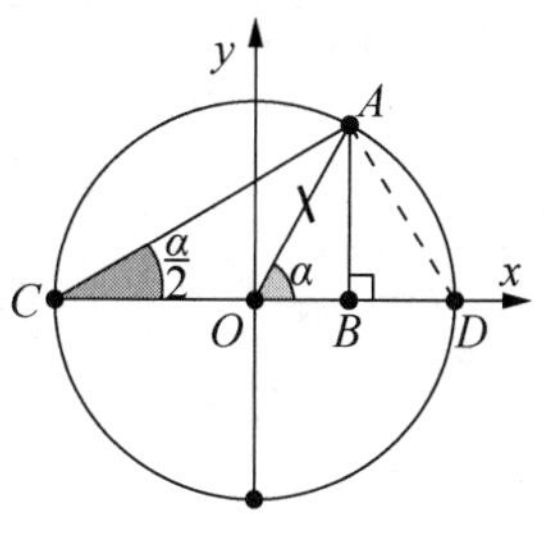

图 3-17

证明：如图 3-17 所示，作单位圆. 设$\angle AOB=\alpha$，则$\angle ACO=\dfrac{\alpha}{2}$.

因为 $AB=\sin\alpha$，$OB=\cos\alpha$，

所以 $\tan\dfrac{\alpha}{2}=\dfrac{AB}{CB}=\dfrac{\sin\alpha}{1+\cos\alpha}$.

连接 AD，则 $\angle DAB=\dfrac{\alpha}{2}$.

所以 $\tan\dfrac{\alpha}{2}=\tan\angle DAB=\dfrac{BD}{AB}=\dfrac{1-\cos\alpha}{\sin\alpha}$.

例 2

当 $0<\theta<\dfrac{\pi}{2}$ 时，求证：$1+\cot\theta<\cot\dfrac{\theta}{2}$.

证明：作出单位圆. 设纵轴交单位圆于点 A，横轴交单位圆于点 C. 如图 3-18 所示，过 A 作圆的切线，交角 θ 的终边 OB 于点 B，作 $\angle BOC=\theta$ 的平分线交切线 AB 于点 D. 所以 $\cot\theta=AB$，$\cot\dfrac{\theta}{2}=AD$.

因为 $\angle BOD=\angle BDO$，所以 $BO=BD$. 故 $AD=AB+BD=AB+OB>AB+AO=AB+1$. 即 $\cot\dfrac{\theta}{2}>\cot\theta+1$，也就是 $1+\cot\theta<\cot\dfrac{\theta}{2}$.

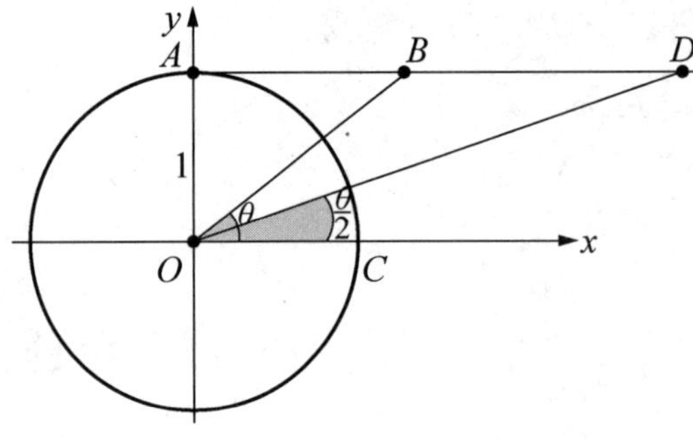

图 3-18

例 3

证明：顶点在单位圆上的锐角三角形的三个角的余弦之和，小于该三角形的周长之半.

（1978 年全国部分省市数学竞赛试题第一试试题八）

证明：因$\triangle ABC$为单位圆上的锐角三角形，所以圆心O在三角形内，圆的半径为1. 如图3-19所示，连接AO交圆于A_1，连接BO交圆于B_1，连接CO交圆于C_1，则AA_1，BB_1，CC_1均为圆的直径. 连接AC_1，C_1B，BA_1，A_1C，CB_1，B_1A.

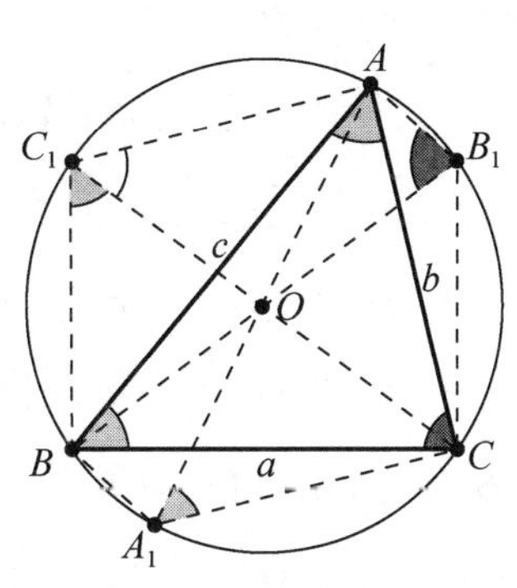

图3-19

在直角$\triangle CBC_1$中，$\cos A=\cos\angle CC_1B=\dfrac{BC_1}{2}$，因为$\angle C<90^\circ$，所以$\angle AC_1B=180^\circ-\angle C>90^\circ$，那么$BC_1<AB=c$，故$\cos A=\dfrac{BC_1}{2}<\dfrac{AB}{2}=\dfrac{c}{2}$. ①

同理，在直角$\triangle AA_1C$中，$\cos B=\cos\angle AA_1C=\dfrac{A_1C}{2}<\dfrac{a}{2}$. ②

在直角$\triangle ABB_1$中，$\cos C=\cos\angle BB_1A=\dfrac{AB_1}{2}<\dfrac{b}{2}$. ③

①+②+③得，$\cos A+\cos B+\cos C<\dfrac{1}{2}(a+b+c)$.

例4

在锐角$\triangle ABC$中，求证：$\sin A+\sin B+\sin C>\cos A+\cos B+\cos C$.

证明：作半径为R的$\odot O$，如图3-20所示.

因为$\triangle ABC$是锐角三角形，所以圆心O在$\triangle ABC$内.

由例3证明可知：

$$\cos A=\frac{BC_1}{2R}<\frac{AB}{2R}=\frac{c}{2R}=\sin C;$$

$$\cos B=\frac{AC_1}{2R}<\frac{BC}{2R}=\frac{a}{2R}=\sin A;$$

$$\cos C=\frac{AB_1}{2R}<\frac{AC}{2R}=\frac{b}{2R}=\sin B.$$

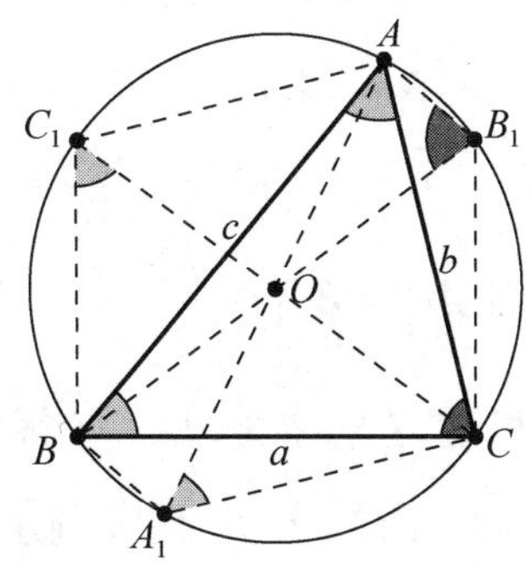

图3-20

三式相加得$\cos A+\cos B+\cos C<\sin A+\sin B+\sin C$.

即$\sin A+\sin B+\sin C>\cos A+\cos B+\cos C$.

例 5

证明：$\tan 20^\circ + 4\sin 20^\circ = \sqrt{3}$.

本题是 1994 年的一道全国高考试题. 参考答案都是三角恒等变换的证法，这里给出如下构造性的简捷解法.

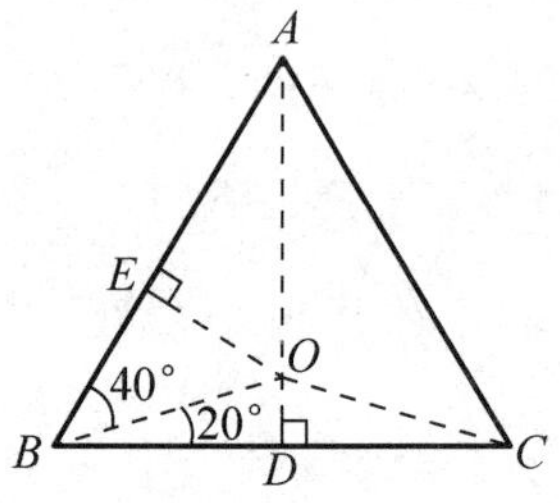

如图 3-21 所示，作边长为 2 的等边三角形 ABC，在 BC 边的高线 AD 上取点 O，使 $\angle OBC = 20^\circ$，所以 $\angle OCB = 20^\circ$. 易知$\triangle AOB \cong \triangle AOC$.

图 3-21

作 $OE \perp AB$ 于 E，$S_{\triangle ABC} = \dfrac{\sqrt{3}}{4} \times 2^2 = \sqrt{3}$，$S_{\triangle BOC} = \dfrac{1}{2} \times 2 \times \tan 20^\circ = \tan 20^\circ$，$S_{\triangle AOB} = S_{\triangle AOC} = \dfrac{1}{2} \times 2 \times OE = \dfrac{1}{\cos 20^\circ} \times \sin 40^\circ = 2\sin 20^\circ$.

由 $S_{\triangle BOC} + S_{\triangle AOB} + S_{\triangle AOC} = S_{\triangle ABC}$，可得 $\tan 20^\circ + 4\sin 20^\circ = \sqrt{3}$.

例 6

若$0<\theta<\dfrac{\pi}{2}$，求证：$\sin\theta + \cos\theta \leqslant \sqrt{2}$.

解： 证明 $\sin\theta + \cos\theta \leqslant \sqrt{2}$，等价于证明 $\dfrac{\sqrt{2}}{2}\sin\theta + \dfrac{\sqrt{2}}{2}\cos\theta \leqslant 1$. 如图 3-22 所示，作直径为 1 的圆，即 $AB=1$. 令 $\angle CAB = \theta$，则 $AC = \cos\theta$，$BC = \sin\theta$.

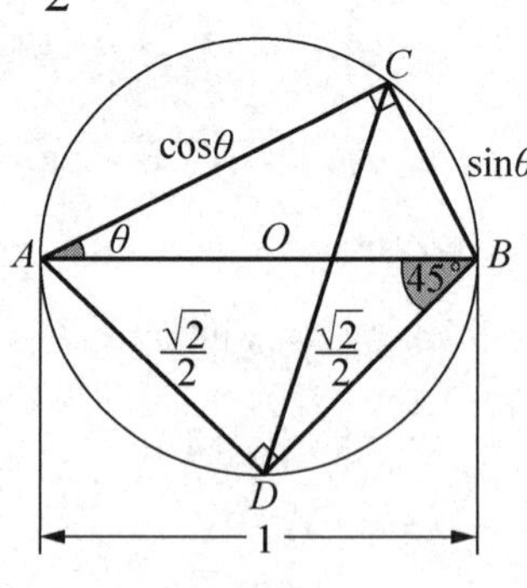

图 3-22

取 $\overset{\frown}{AB}$ 的中点 D，连接 AD，BD.

则 $AD = BD = \dfrac{\sqrt{2}}{2}$.

根据托勒密定理，可得

$AD \cdot BC + BD \cdot AC = AB \cdot CD$，

即 $\dfrac{\sqrt{2}}{2}\sin\theta + \dfrac{\sqrt{2}}{2}\cos\theta = AB \cdot CD \leqslant AB^2 = 1$，也就是 $\sin\theta + \cos\theta \leqslant \sqrt{2}$.

例 7

若$0<\theta<\dfrac{\pi}{2}$，求证：$(\tan\theta+1)^2+(\cot\theta+1)^2=(\sec\theta+\csc\theta)^2$.

证明： 如图 3-23 所示，构造图形有

$$\tan^2\theta+1=\sec^2\theta;$$

$$\cot^2\theta+1=\csc^2\theta.$$

从图中可知

$(\tan\theta+1)^2+(\cot\theta+1)^2=(\sec\theta+\csc\theta)^2$，

且$\tan\theta=\dfrac{\tan\theta+1}{\cot\theta+1}$.

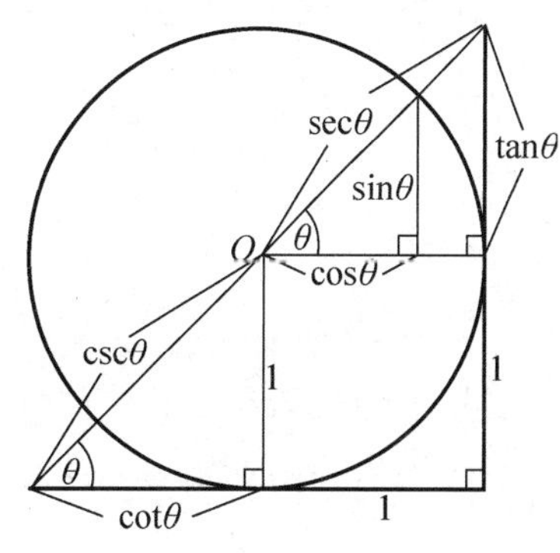

图 3-23

例 8

α，β都是锐角，$3\sin^2\alpha+2\sin^2\beta=1$，$3\sin2\alpha-2\sin2\beta=0$. 求证：$\alpha+2\beta=\dfrac{\pi}{2}$.

这是 1978 年全国高考试题理工农医类的第六题，当年我负责本题的阅卷，评分标准给出了七种三角变换的解法.

阅卷的日子里，每天吃完午饭我都要伏在桌子上打个盹，休息半小时以便迎接下午的紧张的阅卷工作. 有一天我伏在桌子上，朦胧中突然意识到$\alpha+2\beta=\dfrac{\pi}{2}$是一个很明显的几何结论，而$3\sin2\alpha-2\sin2\beta=0$在脑子中变为$3\sin2\alpha=2\sin2\beta$，接着又变为$\dfrac{3}{\sin2\beta}=\dfrac{2}{\sin2\alpha}$，这正是正弦定理的“形象”！这时我的头脑里出现了如图 3-24 所示的意象.

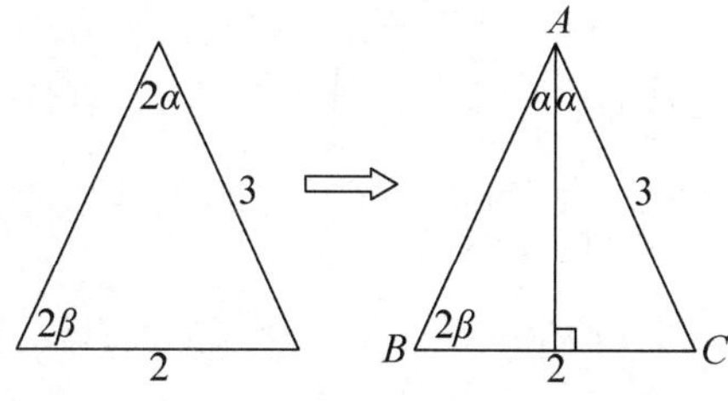

图 3-24

盯着目标$\alpha+2\beta=\frac{\pi}{2}$，结合图形，设想画出$\angle A$的平分线，假如$AB$恰好等于3，问题不就解决了么！就是这么一种朦朦胧胧的意识图象，引出了新的思路.

事后，我利用另一个条件$3\sin^2\alpha+2\sin^2\beta=1$完善了这个想法.

首先将$3\sin^2\alpha+2\sin^2\beta=1$变换为$3\left(\frac{1-\cos 2\alpha}{2}\right)+2\left(\frac{1-\cos 2\beta}{2}\right)=1$，进而化简为$3\cos 2\alpha+2\cos 2\beta=3$.

过C作AB边的高线CD，只要D点在AB内（如图 3-25所示），$3\cos 2\alpha+2\cos 2\beta=3$的几何意义就是$AB$=3. 而要$D$点在线段$AB$内，就要求$2\alpha$，$2\beta$均为锐角，也就是$\triangle ABC$必须存在.

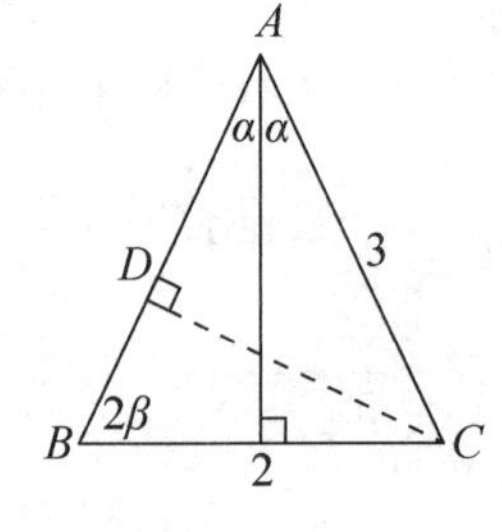

图 3-25

这样，$0^\circ<\alpha<90^\circ$，$0^\circ<\beta<90^\circ$，则有$0^\circ<2\alpha<180^\circ$，$0^\circ<2\beta<180^\circ$.

推出$\cos 2\beta=1-2\sin^2\beta=3\sin^2\alpha>0$，

$$\cos 2\alpha=1-2\sin^2\alpha=\sin^2\alpha+\ \ 2\sin^2\beta>0.$$

因此，2α，2β都是锐角，于是$2\alpha+2\beta<180^\circ$，$\triangle ABC$可以作出.

这样我发现了这个问题的一种构造性解法.

在本例解法的思维构造活动中，大体有如下几个环节：

其一，确定目标. 其二，想象模型. 其三，初步构造. 其四，修正加工.

上述思维构造的四个步骤，是具有一般性的.

例 9

若$k=\frac{4-\sin\theta}{3-\cos\theta}$，求$k$的最大值与最小值.

这是一道三角函数求极值的问题，用代数法求解比较困难.

仔细观察，可以看出$k=\frac{4-\sin\theta}{3-\cos\theta}$与直线的斜率结构$k=\frac{y-y_0}{x-x_0}$类似，这样，可以想象$k$为过点$P(3,4)$与点$Q(\cos\theta,\sin\theta)$的直线的斜率. 由于点$Q(\cos\theta,\sin\theta)$是个动点，所以直线过定点$P(3,4)$的位置在变化，因此$k$的值也是变化的. 容易想到，动点$Q(\cos\theta,\sin\theta)$是在单位圆上变化的，过定点$P(3,4)$的直线的变化范围以

单位圆的两条切线为界，所以k的最大值与最小值就可以确定了．如图3-26所示，求出直线PM的斜率$k_{PM}=\dfrac{6-\sqrt{6}}{4}$，即为$k$的最小值；求出直线$PN$的斜率$k_{PN}=\dfrac{6+\sqrt{6}}{4}$，即为$k$的最大值（以上解的过程从略）．

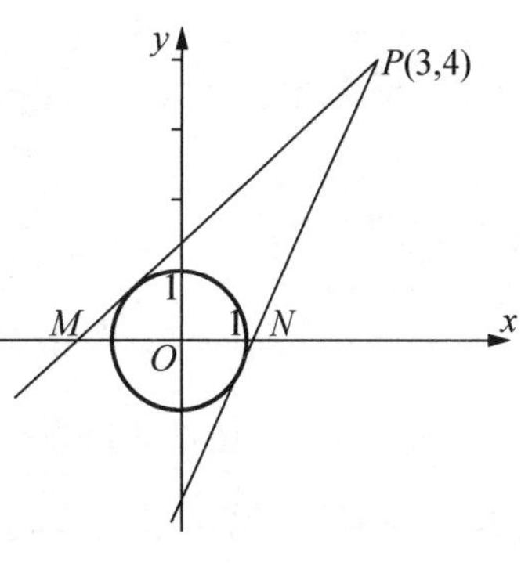

图3-26

在本例中，$k=\dfrac{4-\sin\theta}{3-\cos\theta}$与直线的斜率结构类似，因此确定用直线的斜率结构去同化$k=\dfrac{4-\sin\theta}{3-\cos\theta}$．后面就是将$k=\dfrac{4-\sin\theta}{3-\cos\theta}$改造成与直线的斜率公式类似的结构.

如何选择构造的对象？有效的突破口是看一看问题条件与我们见过的哪个模式类似. 例8联想到与三角形的正弦定理类似，例9与过两点的直线的斜率公式类比，都启迪我们构造的方向. 开普勒说，类比是我们最可信赖的老师！因此联想和类比往往是开启思维构造大门的钥匙.

例 10

求值：$\sin^2 20°+\cos^2 50°+\sin 20°\cdot\cos 50°$．

分析： $\sin 20°$和$\cos 50°$都不是特殊角的三角函数值，不能直接查表求值，即使查表求值也只能是近似值. 但是我们看这个式子似乎与余弦定理的表达式相似，能否利用余弦定理来解决问题呢？我们不妨试试看！

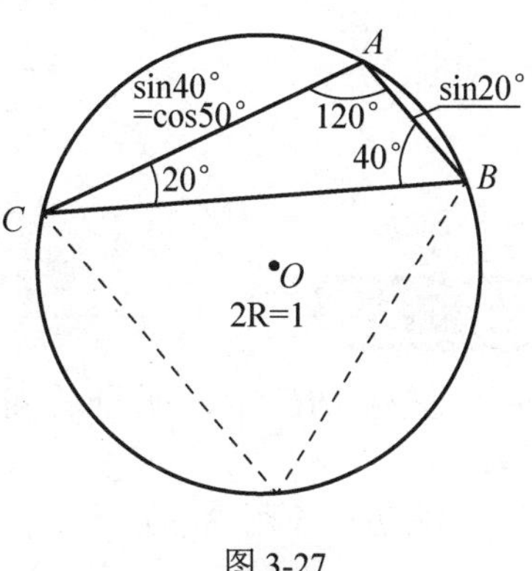

图3-27

如图3-27所示，作直径为1的⊙O的内接△ABC，使得$\angle CAB=120°$，$\angle ABC=40°$，$\angle ACB=20°$．由正弦定理知，$AC=\sin 40°=\cos 50°$，$AB=\sin 20°$．由余弦定理知

$$
\begin{aligned}
BC^2&=AB^2+AC^2-2AB\cdot AC\cos 120°\\
&=\sin^2 20°+\cos^2 50°-2\sin 20°\cos 50°\left(-\frac{1}{2}\right)\\
&=\sin^2 20°+\cos^2 50°+\sin 20°\cdot\cos 50°\ . \qquad ①
\end{aligned}
$$

又由正弦定理得，$BC=\sin 120^\circ=\sin 60^\circ=\dfrac{\sqrt{3}}{2}$. 故 $BC^2=\left(\dfrac{\sqrt{3}}{2}\right)^2=\dfrac{3}{4}$. ②

综合①②可得，$\sin^2 20^\circ+\cos^2 50^\circ+\sin 20^\circ\cdot\cos 50^\circ=\dfrac{3}{4}$.

例 11

若α，β，γ均为锐角，且$\cos^2\alpha+\cos^2\beta+\cos^2\gamma=1$.

求证：$\tan\alpha\cdot\tan\beta\cdot\tan\gamma\geqslant 2\sqrt{2}$.

证明： 构造长方体$ABCD\text{-}A_1B_1C_1D_1$，$\angle\alpha$，$\angle\beta$，$\angle\gamma$如图 3-28 所示. 则

$$\cos^2\alpha+\cos^2\beta+\cos^2\gamma=\left(\frac{a}{B_1D}\right)^2+\left(\frac{b}{B_1D}\right)^2+\left(\frac{c}{B_1D}\right)^2=\frac{a^2+b^2+c^2}{B_1D^2}=\frac{B_1D^2}{B_1D^2}=1,$$

所以
$$\tan\alpha\cdot\tan\beta\cdot\tan\gamma=\frac{A_1D}{a}\cdot\frac{C_1D}{b}\cdot\frac{BD}{c}=\frac{\sqrt{b^2+c^2}}{a}\cdot\frac{\sqrt{a^2+c^2}}{b}\cdot\frac{\sqrt{a^2+b^2}}{c}$$
$$\geqslant\frac{\sqrt{2bc}\cdot\sqrt{2ac}\cdot\sqrt{2ab}}{abc}=2\sqrt{2}.$$

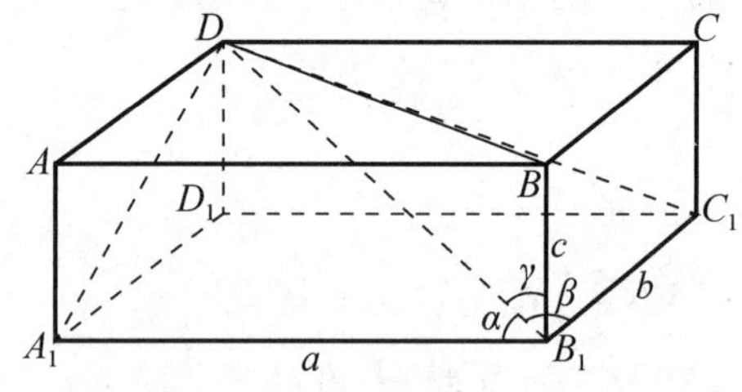

图 3-28

例 12

在$\triangle ABC$中，求证：$\sin A+\sin B+\sin C=4\cos\dfrac{A}{2}\cos\dfrac{B}{2}\cos\dfrac{C}{2}$.

证明： 如图 3-29 所示，延长 BA 到 D，使 $DA=AC$. 延长 AB 到 E，使 $BE=BC$. 连接 CD，CE，分别作 $AM\perp CD$ 于 M，$BN\perp CE$ 于 N.

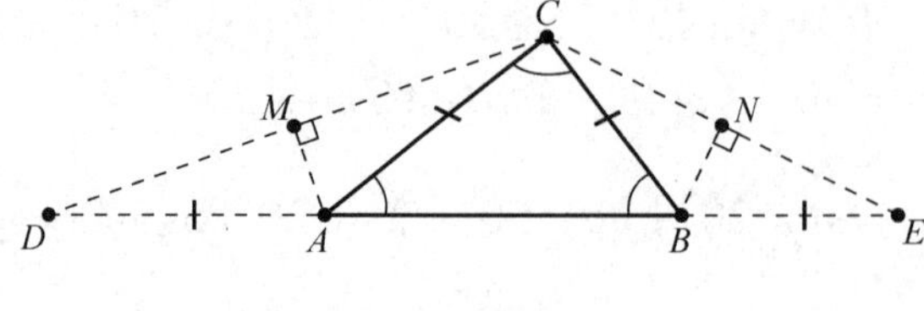

图 3-29

因为 $AD=AC$，$BE=BC$，所以 $\angle D=\dfrac{\angle A}{2}$，$\angle E=\dfrac{\angle B}{2}$，且 $\angle DCE=\dfrac{\angle A}{2}+\dfrac{\angle B}{2}+\angle C=90^\circ+\dfrac{\angle C}{2}$.

设 R 为 $\triangle ABC$ 的外接圆的半径，根据正弦定理，有

$$AD=AC=2R\sin B,\ AB=2R\sin C,\ BE=BC=2R\sin A.$$

所以 $DE=2R(\sin A+\sin B+\sin C)$　①

另一方面，只要证明 $DE=2R\left(4\cos\dfrac{A}{2}\cos\dfrac{B}{2}\cos\dfrac{C}{2}\right)$ 即可.

事实上，在 $\triangle DCE$ 中，

$\dfrac{DE}{CE}=\dfrac{\sin\angle DCE}{\sin\angle CDE}=\dfrac{\sin\left(90^\circ+\dfrac{C}{2}\right)}{\sin\dfrac{A}{2}}=\dfrac{\cos\dfrac{C}{2}}{\sin\dfrac{A}{2}}$，所以 $DE=\dfrac{CE\cos\dfrac{C}{2}}{\sin\dfrac{A}{2}}$.

但 $CE=2CB\cos\dfrac{B}{2}=4R\sin A\cos\dfrac{B}{2}$，

所以 $DE=\dfrac{4R\sin A\cos\dfrac{B}{2}\cos\dfrac{C}{2}}{\sin\dfrac{A}{2}}=8R\cos\dfrac{A}{2}\cos\dfrac{B}{2}\cos\dfrac{C}{2}$　②

由①②可得，$\sin A+\sin B+\sin C=4\cos\dfrac{A}{2}\cos\dfrac{B}{2}\cos\dfrac{C}{2}$.

例 13

设 α，β，γ 是正数，满足 $\alpha+\beta+\gamma<\pi$，且长为 α，β，γ 的线段可以构成一个三角形的边. 证明：以长为 $\sin\alpha$，$\sin\beta$，$\sin\gamma$ 的线段为边可以构成一个三角形，且它的面积小于 $\dfrac{1}{8}(\sin 2\alpha+\sin 2\beta+\sin 2\gamma)$.

（第 **28** 届 **IMO** 预选题）

证明： 如图 3-30 所示，作一个四面体 $O\text{-}ABC$，它的一个顶点 O 处的三个面角分别为 2α，2β，2γ，由于 $\alpha+\beta+\gamma<\pi\Rightarrow 2\alpha+2\beta+2\gamma<2\pi$，且长为 α，β，γ 的线段可以构成一个三角形的边. 即 $\alpha+\beta>\gamma$，$\beta+\gamma>\alpha$，$\gamma+\alpha>\beta$，保证了这个三面角的存在. 又取棱 $OA=OB=OC=1$，则底面是一个边长为

$2\sin\alpha$，$2\sin\beta$，$2\sin\gamma$ 的三角形 ABC.

取 AB, BC, CA 的中点 M, N, P，连接三条中位线，表明以长为 $\sin\alpha$，$\sin\beta$，$\sin\gamma$ 的线段为边可以构成一个三角形 MNP.

由于底面三角形 ABC 的面积小于四面体三个侧面面积之和，即

$$4S_{\triangle MNP} < \frac{1}{2}\cdot 1\cdot 1\left(\sin 2\alpha + \sin 2\beta + \sin 2\gamma\right)$$

所以 $S_{\triangle PMN} < \frac{1}{8}(\sin 2\alpha + \sin 2\beta + \sin 2\gamma)$.

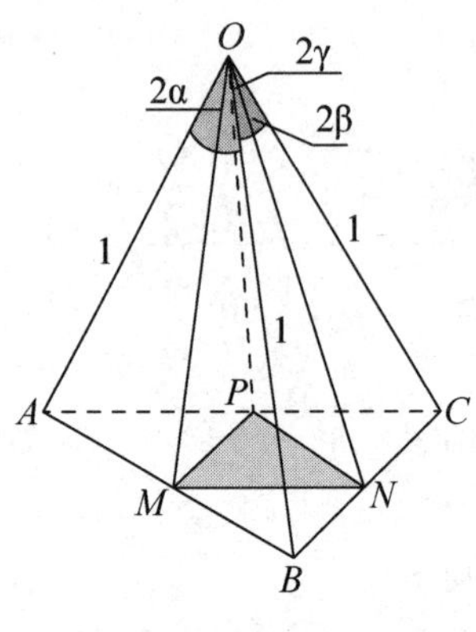

图 3-30

 3.3　构造图形解代数题

用构造法解代数题，其一，可以利用几何图形表达代数关系，其二，可以就代数关系本身构造一个满足条件的方程、函数. 正如希尔伯特所说：算术符号是写出来的图形，而几何图形则是画出来的公式. 构造图形在证明代数恒等式或不等式，以及解答方程式中都有所应用.

为了大家使用方便，我们将中学阶段常用的代数关系式对应的几何构图整理列表如下：

代数关系式，a，b，c，x等均为正数	相应的几何图形
$a+b=c$	a　b　c　$a+b=c$
$c=\sqrt{a^2+b^2}$	a　c　b
$\frac{a}{b}=\frac{c}{d}$	a　A　c　C　b　B　d　D　$AB \parallel CD$　a　b　c　d　$ad=bc$
$x=\sqrt{ab}$	x　a　b
$a>b$	a　b
a^2	a　a
ab	a　b
$\frac{ab}{2}$	a　b
$ac+bd=ef$	a　b　e　d　f　c

我们正是利用这些简单的基本关系式的图形表示进行巧妙地组合，来证明、求解相关的代数问题.

例 1

若$a>0$，$b>0$. 求证：$a^2+b^2 \geqslant 2ab$.

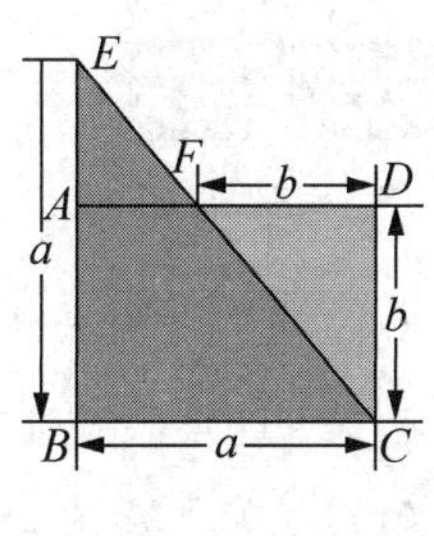

图 3-31

分析：所证的不等式等价于$\frac{a^2}{2}+\frac{b^2}{2} \geqslant ab$. $\frac{a^2}{2}$可作为腰为a的等腰直角三角形的面积，$\frac{b^2}{2}$可作为腰为b的等腰直角三角形的面积，ab可作为边长分别为a，b的长方形的面积. 于是可构造如图 3-31 所示的图形.

证明：作长方形$ABCD$，使$BC=a$，$CD=b$（不妨令$a \geqslant b$）.

延长 BA 到 E，使 $BE=a$. 连接 EC，交 AD 于 F. 则 $S_{\triangle EBC}=\frac{a^2}{2}$，$S_{\triangle FDC}=\frac{b^2}{2}$，而 $S_{ABCD}=ab$.

显然 $S_{\triangle EBC}+S_{\triangle FDC}\geqslant S_{ABCD}$，即 $\frac{a^2}{2}+\frac{b^2}{2}\geqslant ab$.

也就是 $a^2+b^2\geqslant 2ab$.

容易看出，当且仅当 $a=b$ 时，成立等式.

其实用图 3-32 的构想也可以证明 $a^2+b^2\geqslant 2ab$.

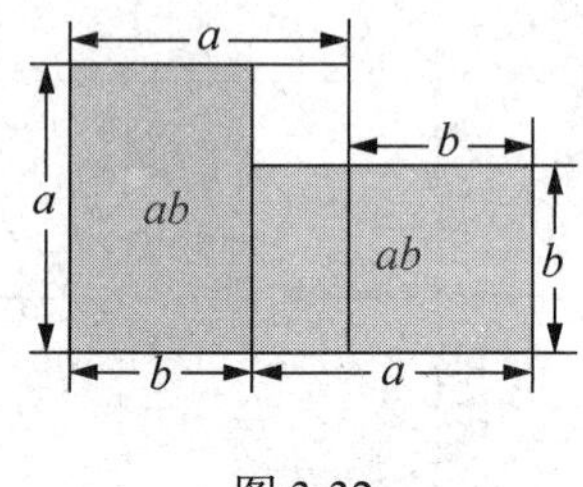

图 3-32

例 2

若 a，b，m 都是正数，并且 $a<b$. 求证：$\frac{a+m}{b+m}>\frac{a}{b}$.

分析： 对正数 a，b 的关系 $a<b$ 可用直角三角形中直角边 a 小于斜边 b 来表示. 同理，设想 $\frac{a+m}{b+m}=\frac{a}{b}$ 时，可利用相似三角形来表示，得出如下的直观证法.

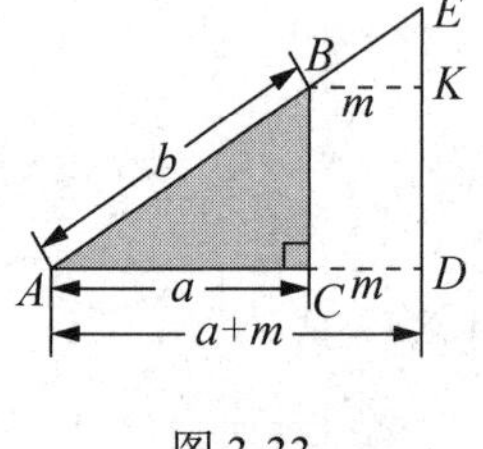

图 3-33

证明： 如图 3-33 所示，作 Rt$\triangle ABC$，使 $\angle C=90°$，$AC=a$，$AB=b$. 延长 AC 到 D，使得 $CD=m$，则 $AD=a+m$.

过 D 作 AD 的垂线交 AB 的延长线于 E，过 B 作 AD 的平行线交 DE 于 K.

显见，$BE>BK=CD=m$. 由 $\triangle ACB\backsim\triangle ADE$，可得

$$\frac{a}{b}=\frac{AD}{AE}=\frac{a+m}{b+BE}<\frac{a+m}{b+m}.$$

这样，我们利用图形证明了这个不等式.

例 3

已知 $a>b>0$，求证：$(a+b)^2=(a-b)^2+4ab$.

解： 很容易用右面的几何图形（如图 3-34 所示）加以证明. 这个图中 $ABCD$ 是边长为 $a+b$ 的正方形，它的面积 $(a+b)^2$ 等于中间的正方形的面积 $(a-b)^2$ 与边上 4 个面积为 ab 的长方形的面积之和.

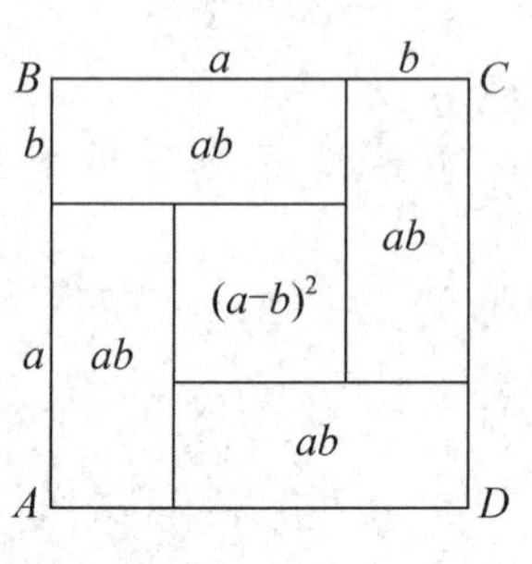

图 3-34

所证的恒等式叫作“弦图恒等式”.

例 4

已知 $x>0$，求证：$x+\dfrac{1}{x}\geqslant 2$.

解：其实，结合图 3-34 仔细想一想，可以用数形结合的方法来证明这个不等式.

如图 3-35 所示，因为 $x>0$，所以 $\dfrac{1}{x}>0$，且 $x\cdot\dfrac{1}{x}=1$，即图中的每个阴影长方形的面积都等于 1.

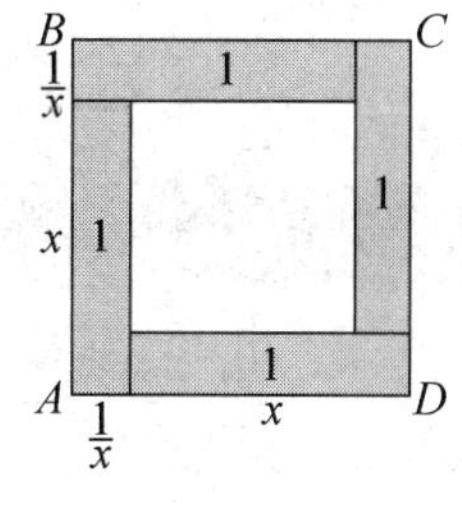

图 3-35

正方形 $ABCD$ 的面积为 $\left(x+\dfrac{1}{x}\right)^2$，这个面积显然不小于 4 个面积等于 1 的阴影长方形的总面积，即 $\left(x+\dfrac{1}{x}\right)^2\geqslant 4$. 两边开平方得 $x+\dfrac{1}{x}\geqslant 2$（等号在 $x=\dfrac{1}{x}=1$ 时取得）.

这个证法既简捷又直观！

例 5

若 $0<a<1$，$0<b<1$. 证明：

$$\sqrt{a^2+b^2}+\sqrt{a^2+(1-b)^2}+\sqrt{(1-a)^2+b^2}+\sqrt{(1-a)^2+(1-b)^2}\geqslant 2\sqrt{2}.$$

分析：（1）**确定目标.** 不等式左边的四个根式，使我们联想到勾股定理，可以表示成四条线段，而 $2\sqrt{2}$ 是边长为 2 的正方形的一条对角线的长度. 这时可以确定作四条线段使其和不小于边长为 2 的正方形的一条对角线的长度作为目标.

（2）**想象模型.** 根据两点间线段最短的原理，想象模型如图 3-36 所示.

（3）**初步构造.** 如图 3-36 所示.

（4）**修正加工.** 如图 3-37 所示的模型虽可以完成证明，但图形略感杂乱，可以简化成如图 3-38 所示的图形.

这样一来，根据图 3-38 可得出，$DP+BP\geqslant\sqrt{2}$，$AP+CP\geqslant\sqrt{2}$.

两式相加得，$DP+BP+CP+AP\geqslant 2\sqrt{2}$，

即 $\sqrt{a^2+b^2}+\sqrt{a^2+(1-b)^2}+\sqrt{(1-a)^2+b^2}+\sqrt{(1-a)^2+(1-b)^2}\geqslant 2\sqrt{2}$.

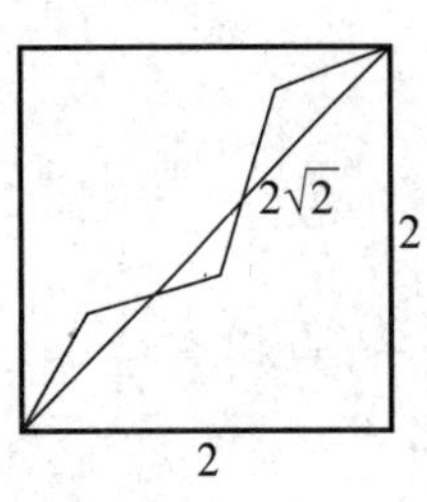

图 3-36

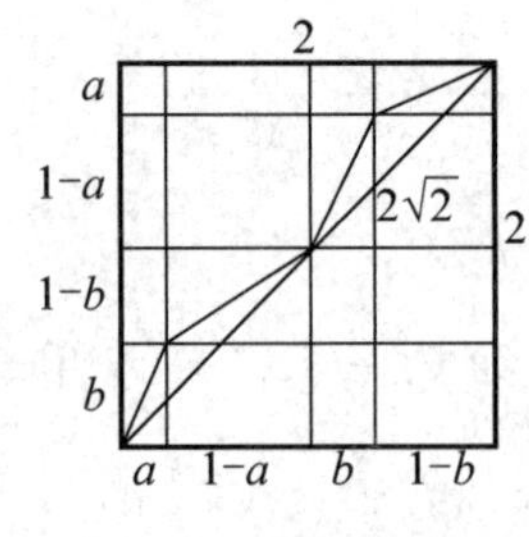

图 3-37

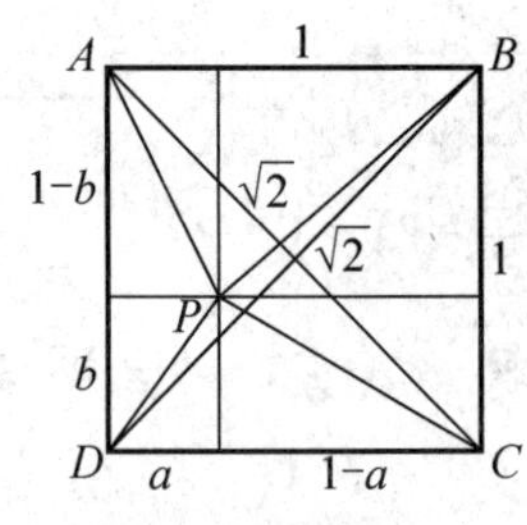

图 3-38

例 6

若非负实数 x，y 满足 $x+y=1$. 求证：$\sqrt{5}\leqslant\sqrt{1+x^2}+\sqrt{1+y^2}\leqslant 1+\sqrt{2}$.

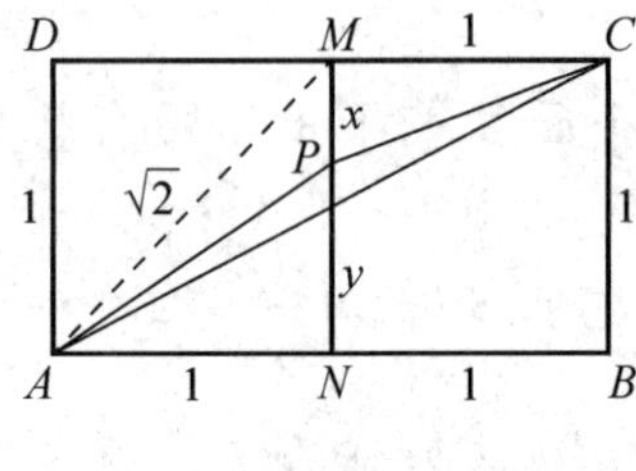

图 3-39

解： 构造如图 3-39 所示的图形，由此可知

$MP=x$，$NP=y$，$MP+NP=1$，$AC=\sqrt{5}$，

$AM=\sqrt{2}$，$PC=\sqrt{1+x^2}$，$AP=\sqrt{1+y^2}$.

由 $AC\leqslant PC+AP\leqslant AM+MC$，

即得 $\sqrt{5}\leqslant\sqrt{1+x^2}+\sqrt{1+y^2}\leqslant 1+\sqrt{2}$.

例 7

设正数 a，b，c，d 中 a 最大，且 $\dfrac{a}{b}=\dfrac{c}{d}$. 求证：$a+d>b+c$.

解： 如图 3-40 所示，作 $AC=a$，在 AC 上取点 B，使得 $AB=d$. 以 BC 为直径画圆，圆心为 O 点. 作割线 $AD=b$ 交圆于 E.

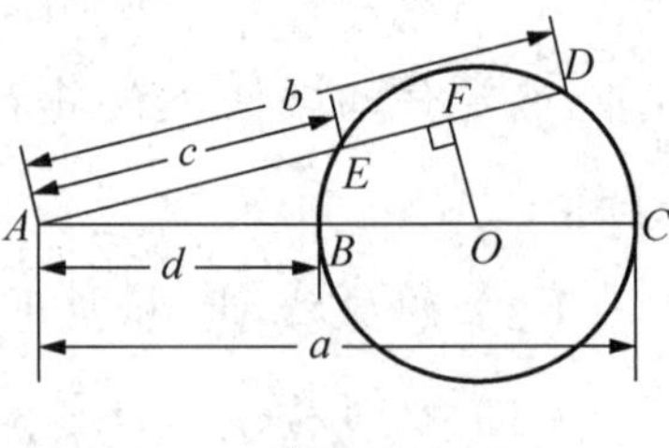

图 3-40

则有 $AE\times AD=AB\times AC$，即 $AE\times b=a\times d$，由已知条件 $\dfrac{a}{b}=\dfrac{c}{d}$，易知 $AE=c$.

过 O 作 $OF\perp AD$ 于 F，F 为 ED 的中点，所以

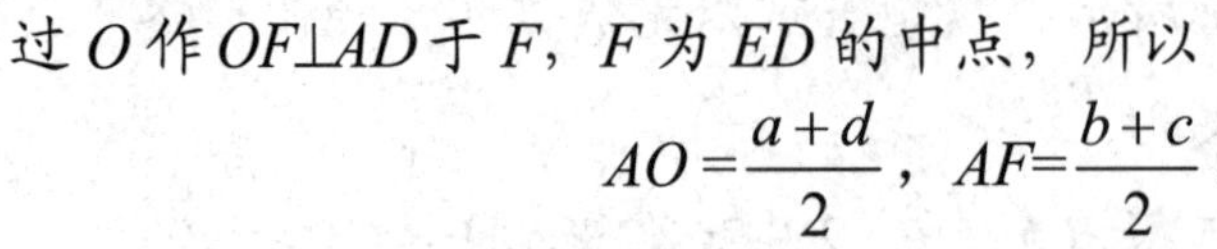

$$AO=\frac{a+d}{2}，AF=\frac{b+c}{2}，$$

所以 $AO>AF$，那么有 $a+d>b+c$.

例 8

a, b, c, d 为正实数且 $a<b$, $c<d$. 求证：

$$\sqrt{(a-b)^2+(c-d)^2}\leqslant\sqrt{a^2+d^2}+\sqrt{b^2+c^2}.$$

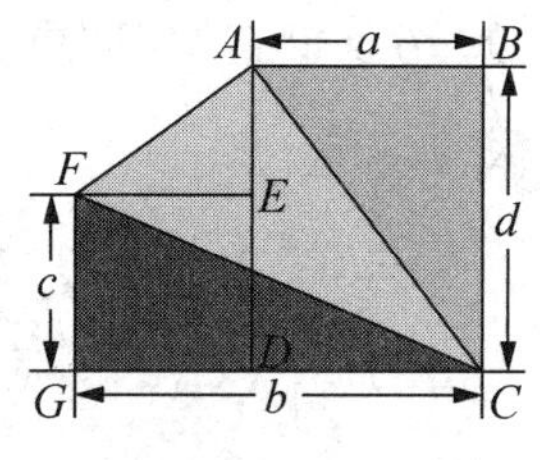

图 3-41

解： 如图 3-41 所示，构造矩形 $ABCD$，使得 $AB=a$，$BC=d$. 则在直角三角形 ABC 中，有 $AC=\sqrt{a^2+d^2}$. 构造矩形 $DEFG$，使得 E 在 AD 上，G 在 CD 延长线上，且 $CG=b$，$GF=c$，在直角三角形 CGF 中，有 $CF=\sqrt{b^2+c^2}$. 在直角三角形 AEF 中，有 $AF=\sqrt{(a-b)^2+(c-d)^2}$.

在△AFC 中，由于 $AF\leqslant AC+CF$，所以 $\sqrt{(a-b)^2+(c-d)^2}\leqslant\sqrt{a^2+d^2}+\sqrt{b^2+c^2}$.

例 9

设 $x>0$，求证：$\dfrac{2+x}{1+x}\sqrt{1+(1+x)^2}\geqslant 2\sqrt{2}$.

证法 1： 证明 $\dfrac{2+x}{1+x}\sqrt{1+(1+x)^2}\geqslant 2\sqrt{2}$，等价于证明 $\dfrac{\frac{2+x}{2}}{1+x}\geqslant\dfrac{\sqrt{2}}{\sqrt{1+(1+x)^2}}$，

即证明 $\dfrac{1+\frac{x}{2}}{1+x}\geqslant\dfrac{\sqrt{2}}{\sqrt{1+(1+x)^2}}$. ①

如图 3-42 所示，作边长为 1 的正方形 $ABCD$（$AB=BC=CD=DA=1$），在 CB 延长线上取点 E，使 $BE=x$，则 $CE=1+x$.

连接 DE，则 $DE=\sqrt{1+(1+x)^2}$. 取 BE 的中点 P，则 $BP=PE=\dfrac{x}{2}$，$CP=1+\dfrac{x}{2}$. 连接 BD，有 $BD=\sqrt{2}$.

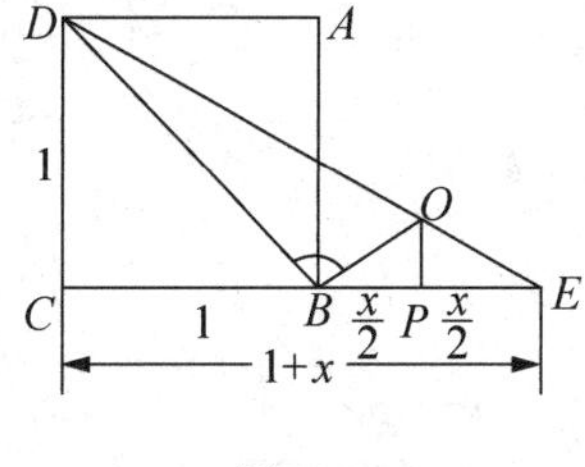

图 3-42

过 P 作 CD 的平行线交 DE 于点 O，则有 $\dfrac{CP}{CE}=\dfrac{DO}{DE}$，

即 $\dfrac{1+\frac{x}{2}}{1+x}=\dfrac{DO}{\sqrt{1+(1+x)^2}}$.

要证①式成立，只需证 $DO\geqslant\sqrt{2}$.

为此，连接 BO，由 $\angle CDE \geqslant 45^\circ$ 可得，$\angle CED \leqslant 45^\circ$.

所以 $\angle OBD = 90^\circ + 45^\circ - \angle OBE = 135^\circ - \angle CED \geqslant 135^\circ - 45^\circ = 90^\circ$. 由于在 $\triangle OBD$ 中，$\angle OBD$ 为最大角，所以 OD 为最大边，即 $DO \geqslant DB = \sqrt{2}$. 故①式成立.

证法 2：如图 3-43 所示，先在一条直线上依次取点 A, E, P, C，使 $AE = 1, EP = x, PC = 1$. 并作 $PQ \perp AC$ 于点 P，使 $PQ = 1$，再过 C 作 AC 的垂线，使它与 AQ 的延长线交于 B 点，则在 $\text{Rt}\triangle APQ$ 中，易知 $AQ = \sqrt{1+(1+x)^2}$. 再由 $QP // CB$，可知 $\dfrac{AB}{AQ} = \dfrac{AC}{AP} = \dfrac{2+x}{1+x}$，

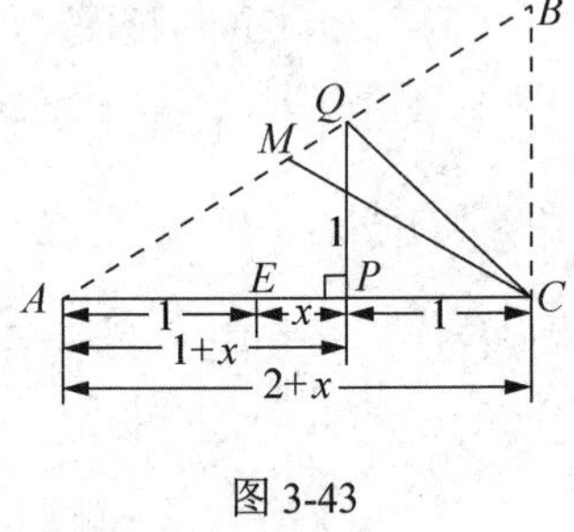

图 3-43

所以 $AB = \dfrac{2+x}{1+x}\sqrt{1+(1+x)^2}$ ①

取 $\text{Rt}\triangle ABC$ 的斜边中点 M，则 $AB = 2CM \geqslant 2CQ = 2\sqrt{2}$ ②

由①②式可得，$\dfrac{2+x}{1+x}\sqrt{1+(1+x)^2} \geqslant 2\sqrt{2}$.

例 10

若 a，b，c 都是正数. 求证：$\sqrt{a^2+b^2} + \sqrt{b^2+c^2} > \sqrt{c^2+a^2}$.

分析：$\sqrt{a^2+b^2}$，$\sqrt{b^2+c^2}$，$\sqrt{c^2+a^2}$ 都可以用勾股定理作为直角三角形的斜边构造出来（如图 3-44 所示）.

所求证之不等式表明，所作出的三条线段组成三角形不等式. a，b，c 是公用的，如图 3-45 所示集中在一起，这时

$$AB = \sqrt{a^2+b^2}\text{，}BC_1 = \sqrt{b^2+c^2}\text{，}C_2A = \sqrt{c^2+a^2}.$$

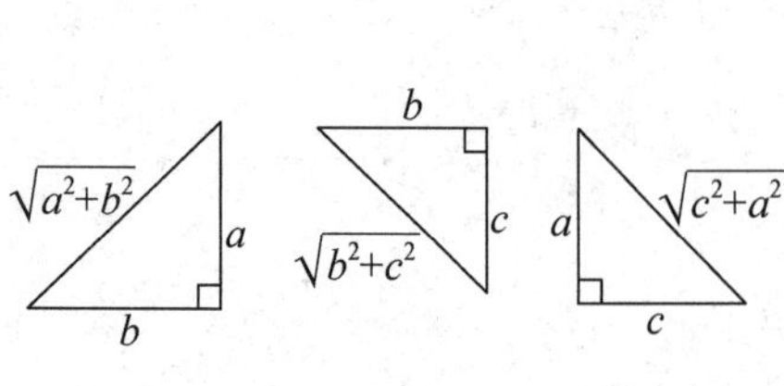

图 3-44

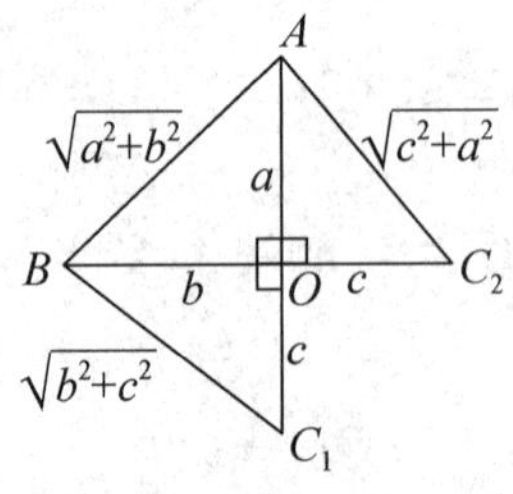

图 3-45

但 AB，BC_1，C_2A 并没有形成一个三角形的三条边，怎么办？需要使 C_2 点与 C_1 点重合，OC_2 与 OC_1 重合，这在平面上不能实现. 只有形成如图 3-46 所示的空间图形，才能实现. 在图 3-46 中，由△ABC 三边有关系 $AB + BC > CA$，即得到所求证的不等式 $\sqrt{a^2+b^2}+\sqrt{b^2+c^2}>\sqrt{c^2+a^2}$.

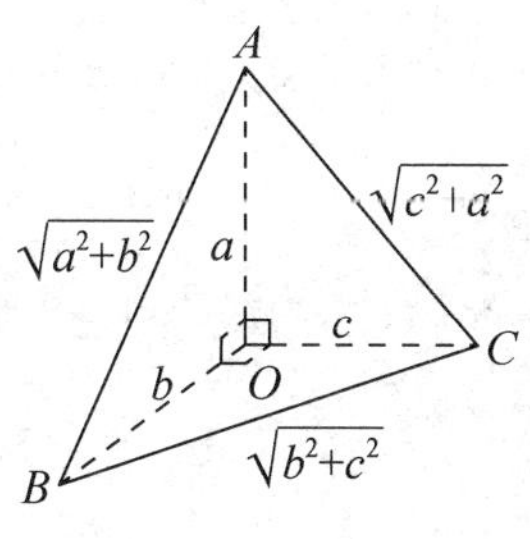

图 3-46

构造图形帮我们解题，重要的一点是熟悉基本代数关系式的几何意义. 证明过程的实质是代数语言向图形语言的转换. 其中的巧思构造会增加解题的美感，构造图形解题是发展数学创造性思维的一个有效途径.

例 11

已知 a，b，c，d 均为正数，且 $a^2+b^2=1$，$c^2+d^2=1$，求证 $ac+bd\leqslant 1$.

思路 1： 注意 a，b，c，d 都是正数，且 $a^2+b^2=1$，$c^2+d^2=1$，头脑中呈现两个斜边长为 1 的直角三角形，可以运用锐角三角函数方法证明.

设 $a=\sin\alpha$，$b=\cos\alpha$，$c=\sin\beta$，$d=\cos\beta$，则

$ac+bd=\sin\alpha\sin\beta+\cos\alpha\cos\beta=\cos(\alpha-\beta)\leqslant 1$.

思路 2： 注意结论 $ac+bd\leqslant 1$，右边与托勒密定理的形式类似，联想到直径为 1 的圆，运用几何知识证明. 在直径为 1 的圆 O 内作内接四边形 $ABCD$（如图 3-47 所示）. 根据托勒密定理，有 $ac+bd=AC\cdot BD\leqslant 1$.

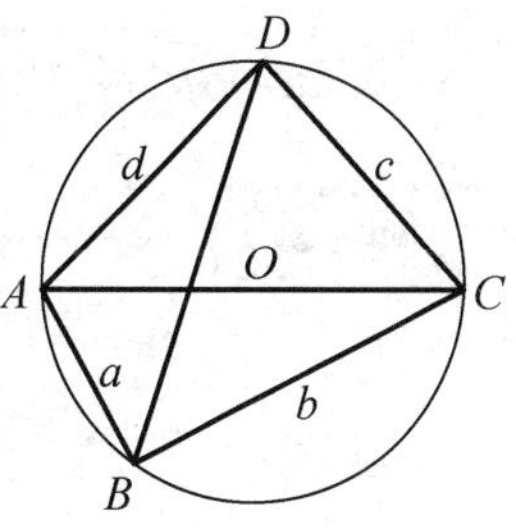

图 3-47

思路 3： 设向量 $\vec{m}=(a,b)$，$\vec{n}=(c,d)$，有 $\vec{m}\cdot\vec{n}\leqslant|\vec{m}|\cdot|\vec{n}|$，即 $ac+bd\leqslant\sqrt{a^2+b^2}\cdot\sqrt{c^2+d^2}=1\times 1=1$.

例 12

设 x，y，z 是正实数. 求证：

$$\sqrt{x^2+y^2}+\sqrt{y^2+2z^2-2yz}\geqslant\sqrt{x^2+2z^2+2xz}.$$

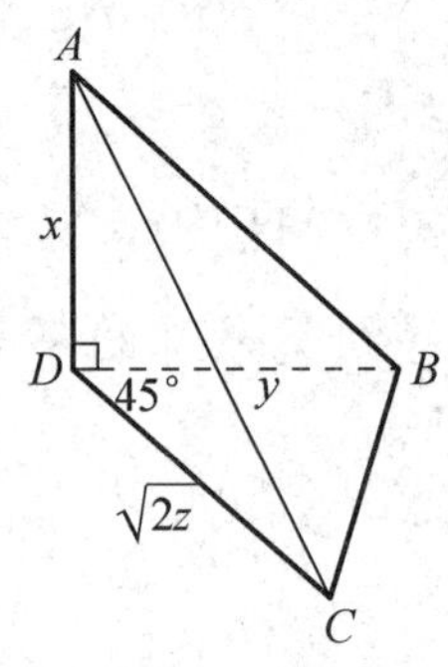

图 3-48

解： 如图 3-48 所示，设 $AD=x$，$DB=y$，$CD=\sqrt{2}z$. $\angle ADB=90^\circ$，$\angle BDC=45^\circ$，则 $AB=\sqrt{x^2+y^2}$，

$BC=\sqrt{y^2+2z^2-2y\cdot z\sqrt{2}\cos45^\circ}=\sqrt{y^2+2z^2-2yz}$，

$AC=\sqrt{x^2+2z^2-2x\sqrt{2}z\cos135^\circ}=\sqrt{x^2+2z^2+2xz}$.

由于 $AB+BC\geqslant AC$，

所以 $\sqrt{x^2+y^2}+\sqrt{y^2+2z^2-2yz}\geqslant\sqrt{x^2+2z^2+2xz}$.

例 13

若 a，b，c，d 都是正数. 求证：$ac+bd\leqslant\sqrt{a^2+b^2}\times\sqrt{c^2+d^2}$.

解: 构造直角梯形，如图 3-49 所示，$AB\perp BC$，$DC\perp BC$，$AB=a$，$BE=b$，$EC=c$，$CD=d$. 则 $2S_{ABCD}=2\left(S_{\triangle ABE}+S_{\triangle DCE}+S_{\triangle AED}\right)$，令 $\angle AED=\alpha$. 由于 $(a+d)(b+c)=ab+cd+\sqrt{a^2+b^2}\cdot\sqrt{c^2+d^2}\sin\alpha$，

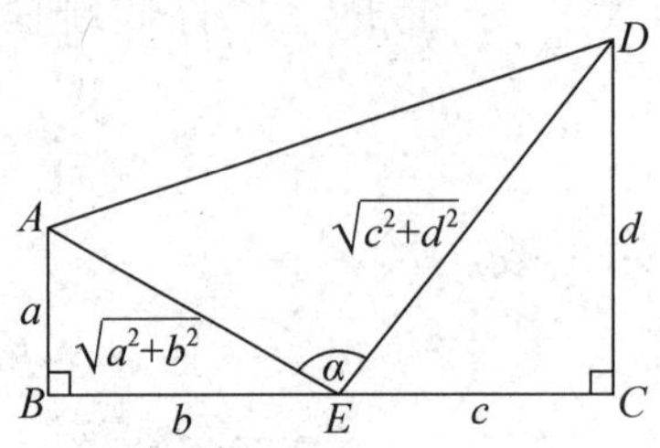

图 3-49

所以 $ab+bd+ac+cd=ab+cd+\sqrt{a^2+b^2}\cdot\sqrt{c^2+d^2}\sin\alpha$

即 $ac+bd\leqslant\sqrt{a^2+b^2}\cdot\sqrt{c^2+d^2}$.

例 14

已知 $f(x)=\sqrt{1+x^2}$，又 a，b 为相异的两个正数. 求证：$|f(a)-f(b)|<|a-b|$.

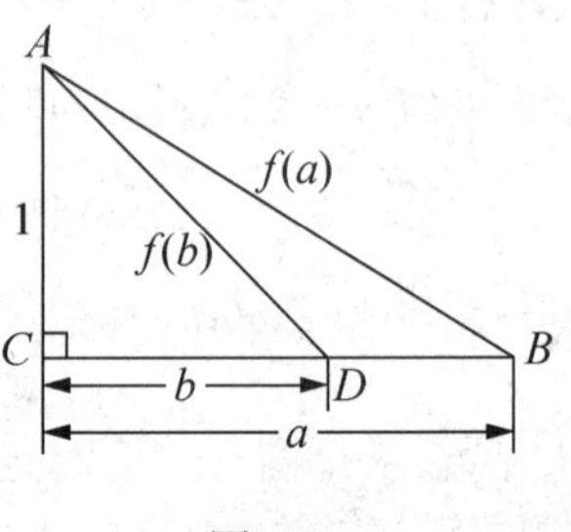

图 3-50

证明： 构造如图 3-50 所示的图形，在△ADB 中，$0<AB-AD<BD$，即 $0<f(a)-f(b)<a-b$，也就是 $|f(a)-f(b)|<|a-b|$.

例 15

若x，y，a，b都是正数. 解关于x，y的方程

$$\sqrt{x^2+a^2-\sqrt{3}ax}+\sqrt{y^2+b^2-\sqrt{3}by}+\sqrt{x^2+y^2-\sqrt{3}xy}=\sqrt{a^2+b^2}.$$

证明： 如图 3-51 所示，构造两直角边长分别为a，b的直角三角形ABC，其中$\angle C=90^\circ$. CE，CF将$\angle C$三等分. 设$CF=x$，$CE=y$，则

$$AE=\sqrt{y^2+b^2-\sqrt{3}by},$$
$$EF=\sqrt{x^2+y^2-\sqrt{3}xy},$$
$$FB=\sqrt{x^2+a^2-\sqrt{3}ax},$$
$$AB=\sqrt{a^2+b^2}.$$

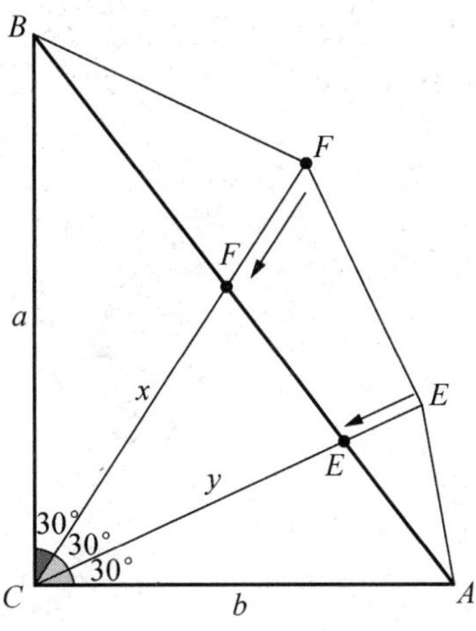

图 3-51

由所给方程知，E，F在AB上，有$\frac{1}{2}ax\sin 30^\circ+\frac{1}{2}xy\sin 30^\circ+\frac{1}{2}by\sin 30^\circ=\frac{1}{2}ab$.

即$\frac{1}{4}(ax+xy+by)=\frac{1}{2}ab$，$ax+xy+by=2ab$.

由$\triangle BCE$的面积可知，$\frac{1}{2}ay\sin 60^\circ=\frac{1}{2}ax\sin 30^\circ+\frac{1}{2}xy\sin 30^\circ$，

即$\sqrt{3}ay=ax+xy$，所以$\sqrt{3}ay+by=2ab$，解得$y=\frac{2ab}{b+\sqrt{3}a}$. 同理，由$\triangle ACF$的面积可知，$\frac{1}{2}bx\sin 60^\circ=\frac{1}{2}xy\sin 30^\circ+\frac{1}{2}by\sin 30^\circ$，即$\sqrt{3}bx=xy+by$，

所以 $ax+\sqrt{3}bx=2ab$，解得 $x=\dfrac{2ab}{a+\sqrt{3}b}$.

例 16

设 a 为实数，证明：以 $\sqrt{4a^2+3}$，$\sqrt{a^2-a+1}$，$\sqrt{a^2+a+1}$ 为边可以构成一个三角形，并且这个三角形的面积是个定值.

分析： 若 $a=0$，易知长为 $\sqrt{3}$，1，1 的三条线段可以构成三角形，并可计算其面积为 $\dfrac{\sqrt{3}}{4}$. 若 $a<0$，只是后两个式子交换了一下，所以可以只就 $a>0$ 的情况来讨论.

如图 3-52 所示，作平行四边形 $ABCD$，使 $\angle DAB=60^\circ$，$AD=DF=BC=a$，$AB=DC=BE=1$，$\angle ABE=120^\circ$，$\angle FDC=60^\circ$，$AE=\sqrt{3}$，$\angle CBE=120^\circ$，$CE=\sqrt{a^2+a+1}$，$\angle EAF=90^\circ$，$EF=\sqrt{4a^2+3}$，$CF=\sqrt{a^2-a+1}$.

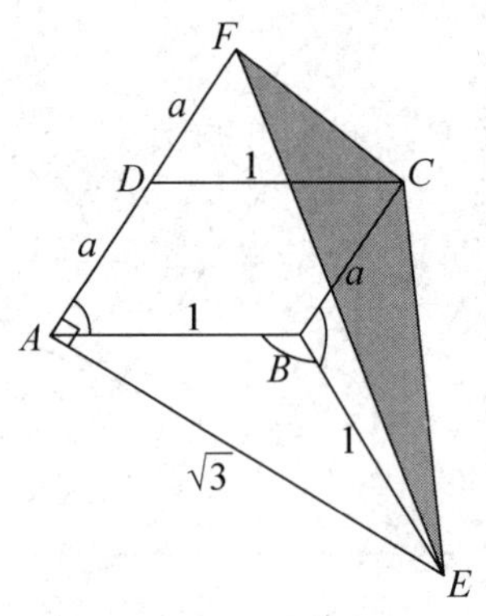

图 3-52

$\triangle CEF$ 的三边恰为所给的三个式子.

$$S_{\triangle CEF}=S_{\triangle CDF}+S_{ABCD}+S_{\triangle ABE}+S_{\triangle CBE}-S_{\triangle AEF}$$
$$=\frac{\sqrt{3}a}{4}+\frac{\sqrt{3}a}{2}+\frac{\sqrt{3}}{4}+\frac{\sqrt{3}a}{4}-\sqrt{3}a=\frac{\sqrt{3}}{4}\text{（定值）}.$$

注：这是 1987 年由人大附中颜华菲同学给出的解法，有一定的创新性！

例 17

若 $a>0$，$b>0$，$c>0$，求证：$\sqrt{a^2-ab+b^2}+\sqrt{b^2-bc+c^2}\geqslant\sqrt{c^2+ca+a^2}$，等号成立的充要条件是 $\dfrac{1}{b}=\dfrac{1}{c}+\dfrac{1}{a}$.

解： 如图 3-53 所示，作$\triangle AOC$，$\triangle BOC$，使$AO=a$，$CO=b$，$BO=c$，$\angle AOC=\angle COB=60°$．由图 3-53 易见$\sqrt{a^2-ab+b^2}+\sqrt{b^2-bc+c^2}\geqslant\sqrt{c^2+ca+a^2}$成立，当且仅当$C$点落在$AB$上时等号成立，此时$\frac{1}{2}ab\sin 60°+\frac{1}{2}bc\sin 60°=\frac{1}{2}ac\sin 120°$，即$ab+bc=ac\Leftrightarrow\frac{1}{c}+\frac{1}{a}=\frac{1}{b}$.

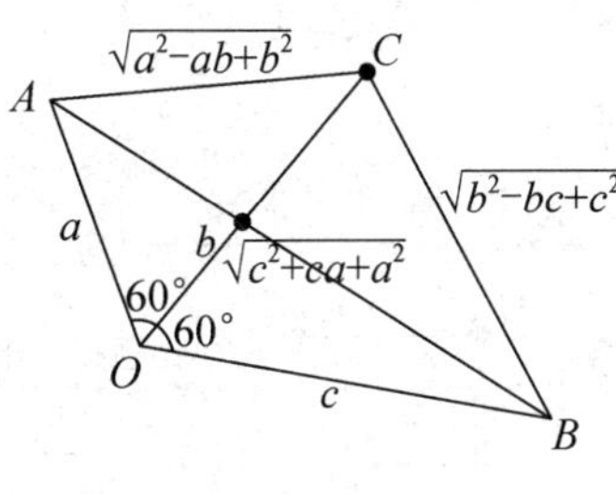

图 3-53

例 18

正数x，y，z满足方程组$\begin{cases}x^2+xy+\frac{y^2}{3}=25\\ \frac{y^2}{3}+z^2=9\\ z^2+xz+x^2=16\end{cases}$，试求$xy+2yz+3xz$的值.

解： $\begin{cases}x^2+xy+\frac{y^2}{3}=25\\ \frac{y^2}{3}+z^2=9\\ z^2+xz+x^2=16\end{cases}$ 等价于 $\begin{cases}x^2+\left(\frac{y}{\sqrt{3}}\right)^2-2x\left(\frac{y}{\sqrt{3}}\right)\cos 150°=5^2\\ \left(\frac{y}{\sqrt{3}}\right)^2+z^2=3^2\\ z^2+x^2-2xz\cos 120°=4^2\end{cases}$.

由图 3-54 可知，$S_{\triangle AOB}+S_{\triangle AOC}+S_{\triangle BOC}=S_{\triangle ABC}$，即

$$\frac{1}{2}xz\sin 120°+\frac{1}{2}z\cdot\frac{y}{\sqrt{3}}+\frac{1}{2}x\cdot\frac{y}{\sqrt{3}}\sin 150°=\frac{1}{2}\cdot 3\cdot 4.$$

所以$\frac{\sqrt{3}xz}{4}+\frac{\sqrt{3}yz}{6}+\frac{\sqrt{3}xy}{12}=6$，可推得$3\sqrt{3}xz+2\sqrt{3}yz+\sqrt{3}xy=72$，

所以$xy+2yz+3xz=24\sqrt{3}$.

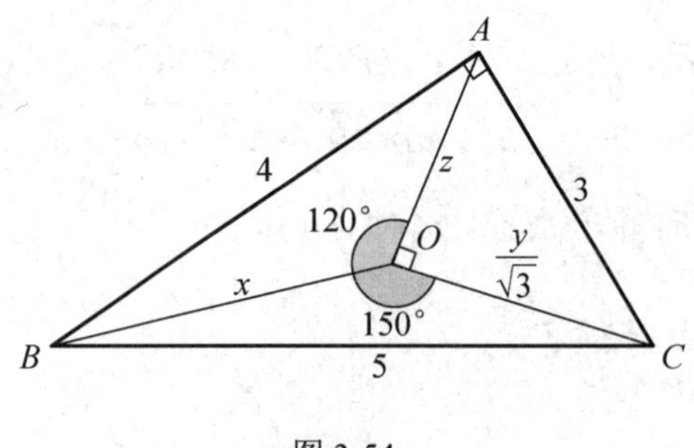

图 3-54

例 19

设 a，b，c 是满足 $\sqrt{a}+\sqrt{b}+\sqrt{c}=\frac{\sqrt{3}}{2}$ 的正数. 试证：方程组

$$\begin{cases}\sqrt{y-a}+\sqrt{z-a}=1\\ \sqrt{z-b}+\sqrt{x-b}=1\\ \sqrt{x-c}+\sqrt{y-c}=1\end{cases}$$

有唯一的实数解 x，y，z.

证明： 如图 3-55 所示，作边长为 1 的正三角形 ABC，在形内作 $l_1/\!/BC$，使 l_1 与 BC 的距离为 $\sqrt{a}$；再作 $l_2/\!/CA$，使 l_2 与 CA 的距离为 $\sqrt{b}$. 这时 l_1 与 l_2 有且仅有一个交点 P. 这时 P 到 BC 的距离 $PD=\sqrt{a}$，P 到 CA 的距离 $PE=\sqrt{b}$，由已知 $\sqrt{a}+\sqrt{b}+\sqrt{c}=\frac{\sqrt{3}}{2}$（正三角形内一点到三边的距离之和等于正三角形高的长度），可知 P 到 AB 的距离 $PF=\sqrt{c}$.

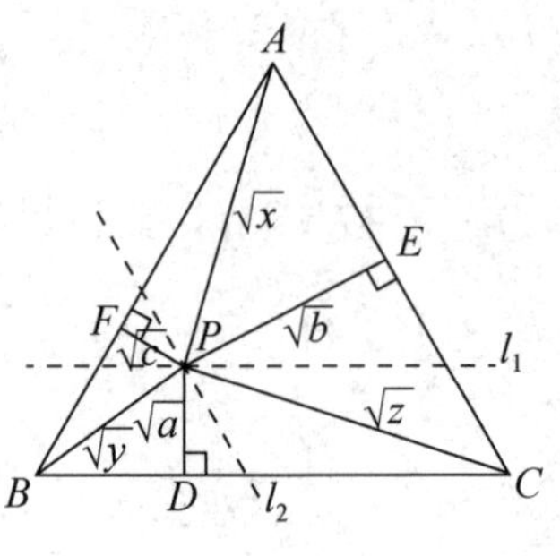

图 3-55

设 $AP=\sqrt{x}$，$BP=\sqrt{y}$，$CP=\sqrt{z}$，则 $AF=\sqrt{x-c}$，$BF=\sqrt{y-c}$，$BD=\sqrt{y-a}$，$CD=\sqrt{z-a}$，$CE=\sqrt{z-b}$，$AE=\sqrt{x-b}$.

而 $BD+CD=1$，$CE+AE=1$，$AF+BF=1$，恰满足题设的方程组 $\begin{cases}\sqrt{y-a}+\sqrt{z-a}=1\\ \sqrt{z-b}+\sqrt{x-b}=1\\ \sqrt{x-c}+\sqrt{y-c}=1\end{cases}$，因此方程组有实数解.

现证明，方程组的解是唯一的. 假设还有另一组解 x_1，y_1，z_1，不妨设 $y_1>y$，

则由第一个方程知 $z_1 < z$，由第二个方程知 $x_1 > x$，再由第三个方程知 $y_1 < y$，得出矛盾！所以，该方程组只有唯一一组实数解.

例 20

有 100 个正数，其和等于 300，其平方和不小于 10000. 求证：其中至少有三个数的和大于 100.

分析：本题可转换为，不妨设 $a_1 \geqslant a_2 \geqslant a_3 \geqslant \cdots \geqslant a_{100}$，且满足 $a_1 + a_2 + a_3 + \cdots + a_{100} = 300$ 与 $a_1^2 + a_2^2 + a_3^2 + \cdots + a_{100}^2 \geqslant 10000$. 求证：$a_1 + a_2 + a_3 > 100$.

证明：若 $a_1 = a_2 = a_3 = \cdots = a_{100} = 3$，则 $a_1^2 + a_2^2 + a_3^2 + \cdots + a_{100}^2 = 9 \times 100 < 10000$。

所以必有这 100 个数不全相等，因此 $a_1 > a_{100}$.

或者由 $a_1 + a_2 + a_3 + \cdots + a_{100} = 300$，根据平均数原理，至少有一个 $a_{100} \leqslant 3$.

而 $100a_1^2 > a_1^2 + a_2^2 + a_3^2 + \cdots + a_{100}^2 \geqslant 10000 \Rightarrow a_1^2 > 100 \Rightarrow a_1 > 10$，所以 $a_1 > a_{100}$.

构造如图 3-56，由图我们只要证明，若 $a_1 + a_2 + a_3 \leqslant 100$，对角线上那 100 个小正方形，不可能把左上角的边长为 100 的正方形填满即可.

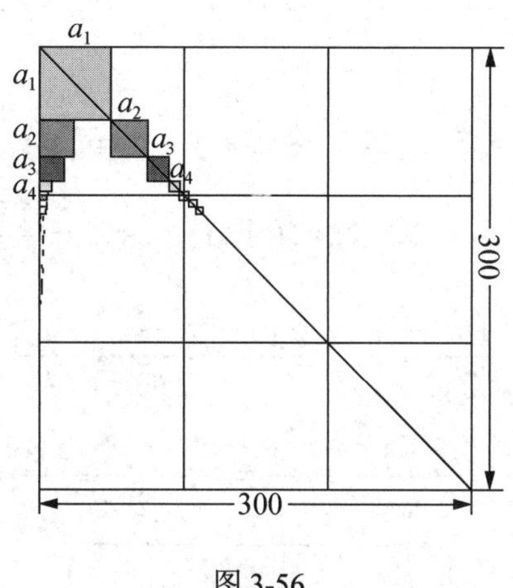

图 3-56

为此，只要把所有的小正方形向左平移至左边线处. 注意到，

但依据题设题条件 $a_1 + a_2 + a_3 + \cdots + a_{100} = 300$ 时，$a_{100} \leqslant 3, a_{100} < a_1$，

$$
\begin{aligned}
& a_1^2 + a_2^2 + a_3^2 + \cdots + a_{100}^2 < a_1 \times 100 + a_2 \times 100 + a_3 \times 100 \\
& = (a_1 + a_2 + a_3) \times 100 \\
& \leqslant 100 \times 100 \\
& = 10000
\end{aligned}
$$

与题设条件$a_1^2+a_2^2+a_3^2+\cdots+a_{100}^2\geqslant 10000$矛盾!

所以成立$a_1+a_2+a_3>100$.

说明： 本题是图形构造与反证法相结合，要比直接对数的不等式的讨论简单.

例 21

在实数范围内解方程组：

$$\begin{cases} a\sqrt{z+x-y}\cdot\sqrt{x+y-z}=x\sqrt{yz} \\ b\sqrt{x+y-z}\cdot\sqrt{y+z-x}=y\sqrt{zx} \\ c\sqrt{y+z-x}\cdot\sqrt{z+x-y}=z\sqrt{xy} \end{cases}，（其中 xyz\neq 0）.$$

分析： 若方程有解x，y，z，则a，b，c应满足以下条件.

由$xyz\neq 0$可得，$x\neq 0$，$y\neq 0$，$z\neq 0$.

$x+y>z$，$y+z>x$，$z+x>y\Rightarrow x+y+z>0$.

若$x<0\Rightarrow y<0$，$z<0$，从而$x+y+z<0$与$x+y+z>0$矛盾!

所以必有$x>0$，$y>0$，$z>0$. 这时容易判定只能$a>0$，$b>0$，$c>0$.

寻找突破口：类比.

设x，y，z为$\triangle XYZ$的三条边，令$x+y+z=2p$.

因为$\sin\dfrac{X}{2}=\sqrt{\dfrac{1-\cos X}{2}}$，由余弦定理得$\cos X=\dfrac{y^2+z^2-x^2}{2yz}$,

$$所以 1-\cos X=1-\frac{y^2+z^2-x^2}{2yz}=\frac{2yz-y^2-z^2+x^2}{2yz}$$

$$=\frac{x^2-(y^2-2yz+z^2)}{2yz}=\frac{x^2-(y-z)^2}{2yz}=\frac{(x+y-z)(x-y+z)}{2yz}.$$

$$则 \sin\frac{X}{2}=\sqrt{\frac{1-\cos X}{2}}=\frac{1}{2}\sqrt{\frac{(z+x-y)(x+y-z)}{yz}},$$

$$同理 \sin\frac{Y}{2}=\frac{1}{2}\sqrt{\frac{(x+y-z)(y+z-x)}{zx}},$$

$$\sin\frac{Z}{2}=\frac{1}{2}\sqrt{\frac{(y+z-x)(z+x-y)}{xy}},$$

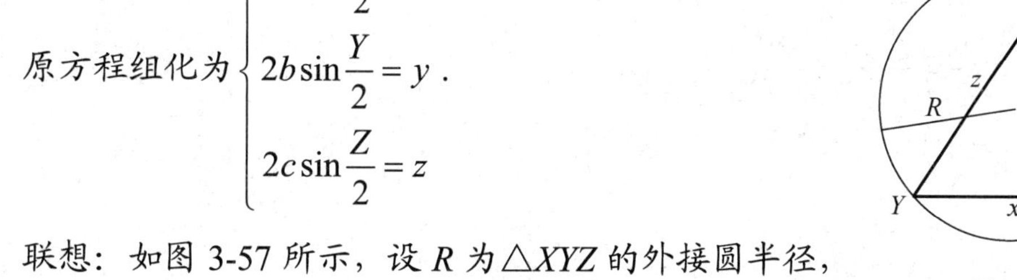

原方程组化为$\begin{cases}2a\sin\dfrac{X}{2}=x\\2b\sin\dfrac{Y}{2}=y\\2c\sin\dfrac{Z}{2}=z\end{cases}$.

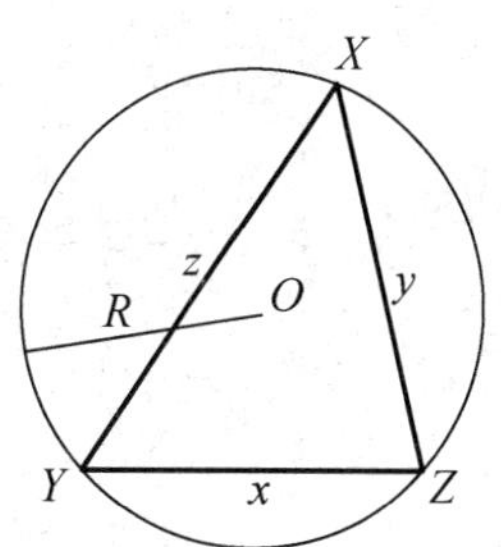

图 3-57

联想：如图 3-57 所示，设 R 为$\triangle XYZ$的外接圆半径，由正弦定理得

$$\begin{cases}2a\sin\dfrac{X}{2}=2R\sin X\\2b\sin\dfrac{Y}{2}=2R\sin Y\\2c\sin\dfrac{Z}{2}=2R\sin Z\end{cases}.$$

即$\begin{cases}a=2R\cos\dfrac{X}{2}=2R\sin\left(\dfrac{\pi}{2}-\dfrac{X}{2}\right)\\b=2R\cos\dfrac{Y}{2}=2R\sin\left(\dfrac{\pi}{2}-\dfrac{Y}{2}\right)\\c=2R\cos\dfrac{Z}{2}=2R\sin\left(\dfrac{\pi}{2}-\dfrac{Z}{2}\right)\end{cases}$.

令 $A=\dfrac{\pi}{2}-\dfrac{X}{2}$，$B=\dfrac{\pi}{2}-\dfrac{Y}{2}$，$C=\dfrac{\pi}{2}-\dfrac{Z}{2}$，则$\begin{cases}a=2R\sin A\\b=2R\sin B\\c=2R\sin C\end{cases}$.

因为 A，B，C 均为正角，且 $A+B+C=\pi$，

可以联想构造：a，b，c 为$\triangle ABC$的$\angle A$，$\angle B$，$\angle C$所对的边.

所以$\begin{cases}\cos\left(\dfrac{\pi}{2}-\dfrac{X}{2}\right)=\cos A=\dfrac{b^2+c^2-a^2}{2bc};\\\cos\left(\dfrac{\pi}{2}-\dfrac{Y}{2}\right)=\cos B=\dfrac{c^2+a^2-b^2}{2ca};\\\cos\left(\dfrac{\pi}{2}-\dfrac{Z}{2}\right)=\cos B=\dfrac{a^2+b^2-c^2}{2ab}.\end{cases}$

即$\begin{cases} \sin\dfrac{X}{2}=\dfrac{b^2+c^2-a^2}{2bc} \\ \sin\dfrac{Y}{2}=\dfrac{c^2+a^2-b^2}{2ca} \\ \sin\dfrac{Z}{2}=\dfrac{a^2+b^2-c^2}{2ab} \end{cases}$.

于是解得$\begin{cases} x=2a\sin\dfrac{X}{2}=\dfrac{a(b^2+c^2-a^2)}{bc} \\ y=2b\sin\dfrac{Y}{2}=\dfrac{b(c^2+a^2-b^2)}{ca} \\ z=2c\sin\dfrac{Z}{2}=\dfrac{c(a^2+b^2-c^2)}{ab} \end{cases}$.